新型职业农民培育工程通用教材

名优水产生态养殖与管理

◎ 李传武　黄向荣　主编

中国农业科学技术出版社

图书在版编目（CIP）数据

名优水产生态养殖与管理／李传武，黄向荣主编．—
北京：中国农业科学技术出版社，2016. 5
（新型职业农民培育工程通用教材）
ISBN 978－7－5116－2587－8

Ⅰ．①名…　Ⅱ．①李…　②黄…　Ⅲ．①水产养殖
Ⅳ．①S96

中国版本图书馆 CIP 数据核字（2016）第 084525 号

责任编辑　张国锋
责任校对　李向荣

出 版 者　中国农业科学技术出版社
北京市中关村南大街 12 号　邮编：100081
电　　话　(010)82106636(编辑室)　(010)82109702(发行部)
(010)82109709(读者服务部)
传　　真　(010)82106631
网　　址　http://www.castp.cn
经 销 者　各地新华书店
印 刷 者　北京昌联印刷有限公司
开　　本　850 mm ×1168 mm　1/32
印　　张　8. 5
字　　数　246 千字
版　　次　2016 年 5 月第 1 版　2016 年 5 月第 1 次印刷
定　　价　28. 00 元

《名优水产生态养殖与管理》
编　委　会

主　编　李传武　黄向荣

副主编　胡爱斌　王　湛

编　者　王金龙　江　辉　何志刚　徐永福　刘明求
黄华伟　万译文　邓时铭　邹　莉

前　言

名优水产是相对于大宗常规鱼类而言，包括鳜、鳅、鳝、鲟等优质鱼类，龟、鳖、虾、蟹、蛙、鲵等特种水产养殖动物。名优水产品营养丰富、风味独特、市场价值高，在计划经济时代，因为没有人工养殖或者生产规模小，这些品种被称为小水产。随着人民生活水平的提高和渔业产业结构的优化调整，市场对名优水产品需求不断增加，其在渔业中的地位和比例也迅速提升，不少地区已超过常规水产品，名优水产养殖成为农（渔）民致富的重要途径。相对于常规鱼类，名优水产除营养、味道和价值优于常规水产品外，养殖投资高、风险大，在条件和技术上也有许多特别之处，农民朋友不可盲目跟风、一哄而上。生态养殖技术，是根据不同养殖生物间的共生互补原理，利用自然界物质循环系统，在一定的养殖空间和区域内，通过相应的技术和管理措施，使不同生物在同一环境中共同生长，实现和保持生态平衡、提高养殖效益的一种养殖方式。应用生态养殖技术，养殖名优水产，可以保护生态、降低风险、提高品质和效益。正是出于这样的目的，本书着重介绍了池塘混养、稻田种养结合等生态养殖模式及配套技术，期望对读者有所帮助。

本书编写分工：第一章黄华伟，第二章万译文，第三章邓时铭、邹莉，第四章和第九章胡爱斌、王金龙，第五章徐永福，第六章和第八章王湛、江辉、第七章和第十章何志刚，第十一章刘明求，李传武编制提纲、组织编写，李传武和黄向荣统稿审稿。在编写过程中，得到作者所在单位和同事的大力支持，参考和引用了不少专家和同行的文献资料，在此一并表示衷心感谢。由于编者水平有限，书中错误疏漏之处在所难免，请读者朋友指正并见谅。

编　者

2016 年 3 月

目　　录

第一章　中华鳖养殖

第一节　鳖的生物学习性

一、形态特征

中华鳖体略呈圆形（或椭圆形），背腹扁平，除背、腹甲板外无其他角质盾片，且覆以柔软的革质皮肤，背甲边缘的结缔组织发达，构成“裙边”，分头部、颈部、躯干部和尾部。

二、生态习性

在我国，中华鳖除宁夏、新疆、青海和西藏外，其他地区均有分布，多生活于江河、湖沼、池塘、水库等水流平缓、鱼虾繁生的淡水水域，也出没于山溪中。

中华鳖喜欢安静、清洁、避风向阳的水域，性情怯弱、胆小但机警，受敌攻击时，表现得很凶猛，生性好斗，摄食量大，耐饥能力强，不主动追袭食物，喜欢“晒背”，不怕光，见光也不回避。中华鳖是水陆两栖动物，以肺呼吸为主，在水面时，常露出吻尖呼吸空气，潜伏水中利用辅助呼吸器官呼吸。中华鳖是典型的变温动物，对体温的调节能力极差，体温与环境温度差异 0.5～1℃，其适宜生长温度为 25～35℃，最适 28～30℃。水温高于 35℃，摄食减弱，出现“夏眠”；水温低于 15℃，停止摄食，12℃开始潜伏泥沙中，10℃以下时，进入冬眠状态，每年 10 月至翌年 3 月为冬眠期，潜伏在水深 2～3m 的水底泥沙中冬眠。

三、食性

中华鳖食性广，为杂食性动物，以动物性饵料为主，取食各种小型无脊椎动物及水草等植物，而且不同生长期，不同的生活环境，其食性有所差异。稚幼鳖阶段，主食大型浮游动物、虾幼体、鱼苗、水生昆虫、鲜嫩水草、蔬菜，成鳖喜欢摄食螺、蚌、鱼、虾、蚯蚓、水草、蔬菜、瓜果等，人工高密度养殖条件下，以配合饲料、畜禽下脚料、瓜、果等单一或配合食物为主。

四、繁殖

自然条件下，中华鳖的性成熟年龄大于 3 龄，人工养殖条件下也有 18 个月即达成熟。每年 4—8 月、水温 20℃ 以上为繁殖期。雌性多次产卵，一般可产卵 3 ~ 5 次，每次间隔 10 ~ 30 天，每次 8 ~ 15 枚，平均产卵 30 ~ 70 枚，孵化时间 45 ~ 60 天。产卵时雌鳖在夜间爬到岸上，掘漏斗状洞穴（深 10 ~ 12cm，直径 10 ~ 15cm），将尾巴伸入洞内产卵，产完一窝卵，便用后肢扒土覆盖洞穴，抹平，并用腹甲压实沙面后，再爬回水中。

第二节　养殖条件与设施

中华鳖为变温动物，生长、发育、繁殖及品质易受环境的影响。因此，根据鳖的生物学习性和养殖水域条件进行养鳖场整体规划与布局，保持良好稳定的养殖环境，保证产品优质安全，是人工养鳖成功高效的前提条件。

一、场址选择

水产健康养殖场应选择在水源上游 3km 内无工业和污染源，远离公路、噪声大的工厂和喧闹的场所，在阳光充足，温暖避风，环境安静的良好生态环境建场。水质应符合养殖用水标准，能排能灌，土质、地形、气候条件适合鳖养殖，交通便利。

1. 水源水质

选择水源充足，生态环境良好，无污染、水质清新、溶氧充足、排灌方便、交通运输便利的地域；宜用地面水，也可利用井水、泉水，温泉、工厂余热水等。

一般水质溶解氧4～5mg/L，pH值7～8，透明度20～30cm，浮游生物生长旺盛，水色嫩绿为佳。

养鳖场向外排放的废水，须采取沉淀、过滤、生物净化等方法处理，将污染物质分离或转化为无害物质，使养殖排放水符合SC/T 9101要求。

2. 气候条件

适宜温度范围内，动物摄食量、生长速度随生存环境温度的升高而加快，生长周期变短。因此，选址时应向当地气象部门了解气候状况，例如全年最低、最高气温，平均气温，降水量，日照时数，阵雨、台风等发生的时期，全年无霜期等，选择平均气温较高，光照较充足，阴雨天气较少，刮风时期不多或风力较小的地区建场，达到节约能源的目的。

3. 土壤

建池的土质以黏壤土为好，砂壤土次之，其他的土质则不适宜，酸性土壤或盐碱地也不宜选建养殖场。黏壤土保水性和透气性好，渗透性差，有利于池中有机物分解和浮游生物繁殖和池塘水位的稳定，能创造良好、稳定的养殖水质环境。池底土质条件符合GB/T 18407.4（农产品安全质量无公害水产品产地环境）要求。砖砌水泥池，地理位置适宜，一般不计较土质条件。

4. 周边环境

养鳖场环境要求阳光充足，避风保暖，安静，干扰少。周围无畜禽养殖场、医院、化工厂、垃圾场等污染源，环境空气质量符合GB 3095要求。宜选择在鱼、螺、蚌等水生动物饵料资源丰富的区域建场。

5. 交通电力

选择交通方便、供电充足、通讯发达的区域进行鳖养殖，以便苗种、饲料、养殖产品等畅通运输，保证养殖生产正常运行和及时了解市场行情，以获得较好的经济效益。

二、养殖设施布局

鳖养殖场的规划与布局需从地理环境、自然资源、经济效益等多个方面综合考虑，因地制宜地布局好养殖场，尽可能使场内布局紧凑、美观、节约土地、工程量小，创造良好生态环境，最大限度地满足鳖的生长繁殖需要，同时要便于管理，经济实用。

1. 符合鳖生活习性

鳖养殖场设计以满足其生活习性要求为目的，合理设计养殖池的形状、走向、面积、水深、坡面、晒背台、饵料台、防逃设施等条件。中华鳖养殖池类型、规格、防逃设施、食台等各设施符合SC/T－1010要求。

2. 布局合理

合理规划，布局好生活区、生产区，以及生产区内各类养殖池、辅助设施。水源水经过蓄水池后进入养殖池，排水经过处理池后再排出，进、排水严格分开；稚鳖和幼鳖温室、孵化室、值班室、工具室、实验室、工作间等连成一体，便于生产管理。

3. 经济实用

因地制宜，就地取材，减少建设费用，不求奢华，只求实用，保证养殖池不渗漏、温室保温、棚架牢固。

三、配套设施

1. 进、排水系统

进、排水系统由水源、水泵房、进水口、渠道、水闸、集水池、分水口、排水沟等组成。进水口常高出水面，可自动增加水体溶氧，进、排水口常对角设置。排水口以排干底层水为宜，位置较低。进、排水口都装有拦栅，防止鳖逃逸，同时阻拦杂物、敌害生物和野杂鱼进入。进水沟可拉长，让水进行曝气、曝光、消毒、增氧。出水沟应集中，线路宜短，养殖废水集中消毒杀菌再排放。

采用机埠—贮水池（水塔）—管道—阀门结构。进水管一般采用镀锌铁管，规格因水流量的不同而有所差异。输送热水可用硬塑管或无缝钢管，用闸阀控制进水。

以排水系统自动排完所有池水为原则设置排水设备。排水口低于池底约10cm，排水道低于池底约20cm，总排水渠口低于池底30cm以上，全场总排水口位置宜选择在场外地势低洼、具有蓄积全场排水量且能防止倒灌的地区。

鳖养殖池进、排水系统需分开建设，且进、排水管宜建在相对的两条池堤上，尽可能缩短长度，减少投资。

2. 增氧设备

养鳖密度大，对水体溶解氧要求较高，需配备足量的增氧设施。常温型养鳖池通常选择充气增氧，设备简单，性能可靠，机动性好，噪声比较小。加温型水体通常选择微型叶轮式增氧机，利用叶轮的转动，增加了水体溶解氧，也消除了水层温差。

3. 道路设计

水产健康养殖场主干道宽应不低于4m，支道宽2～3m，干、支相连。并配置相应的绿化及必要的照明设施，陆地绿化率应在8%以上。

4. 工作室分配

（1）饲料和药品仓库　根据生产规模选购饲料粉碎机、搅拌机、冰箱、混拌饲料盆、缸等容器。饲料仓库要求清洁干燥，通风良好。饲料按规定条件贮存，每堆不超过20包，并按照生产日期先后顺序摆放，防止饲料受潮、鼠害、受到有害物质污染和其他损害，在保质期内用完。

药品仓库，配有冰箱、药柜、记录本等，专用于渔药的保管和配制。所用药品须备有生产许可证、批准文号、生产执行标准等相关资料，并按照规定要求保存，防止药品过期或变质。渔药选用严格按照用药处方来进行，严禁乱用、滥用药物，并填好用药记录。

（2）实验室　养殖场可设有实验室2～3间，配备显微镜、高压灭菌锅、培养箱、pH值计、无菌室、水质分析仪等相关仪器设备，可分析水质和检测鱼病。

（3）档案室　生产管理档案室，用于保存相关的生产和技术档案资料，档案室面积 12～15m^2，并配备必要的档案柜、干湿度计和吸湿机等设备。

（4）值班室　设立值班室，供养殖值班人员专用，值班室面积 10～15m^2。

（5）电力配置　配电室单独设置，专门设有变电站，线路安全可靠，能保证养殖场正常生产所需用电。备用一套发电机设备，设备能承担最大用电负荷，以备急用。

四、技术管理

1. 资质条件

水产健康养殖场应有县级以上人民政府颁发的《中华人民共和国水域滩涂养殖使用证》，符合区域产业规划，通过无公害产地认证。

2. 技术人员

水产健康养殖场技术负责人具有 4 年以上水产养殖及管理的经验，并持有渔业行业职业技能培训中级证书，并配备 2～3 名养殖技术人员及若干名具有渔业职业技能的养殖工人。

3. 质量管理

建立养殖生产档案，完善 3 项记录，详细记载苗种投放、饲料投喂、疾病用药、产品销售等情况，有利于质量安全管理和产品溯源。

五、养殖池的构建

一般，养殖场除需要常规的提水机械、排灌水系统、饵料加工、库房等设施外，还需建造大量不同规格的鳖池。养鳖场应有稚鳖池、幼鳖池、成鳖池、亲鳖池、暂养池及病鳖隔离池。不同规模或生产目的的养鳖场（苗种、商品鳖场），其总体布局和各种池所占面积比例不一样。如果养鳖池面积较小，可将亲鳖、成鳖、3 龄

幼鳖同池饲养。

1. 亲鳖池构建

亲鳖池主要供亲鳖培育和产卵繁殖用，由池身、晒台、休息场、产卵场和防逃墙组成，常位于室外僻静的地方，多为土池，池底铺有约30cm厚的泥沙，平坦，向出水口一侧倾斜，池底斜坡与水面约成30°。池塘长方形，东西走向，长宽比接近5：3，池深2.0～2.5m，水深1.5～2.0m，面积以500～3 500m^2为好。

（1）防逃墙　用砖砌高60～70cm，墙基深入泥土中20～30cm，墙内壁粉刷光滑，墙顶向内出檐10～15cm，防止鳖逃逸和敌害的入侵。

（2）食台　用长3m、宽1～2m的水泥预制板（或竹板、木板）斜置于池边，板长一边入水下10～15cm，另一边露出水面，坡度约为15°。食台高度与溢水口在同一水平线上，食台外侧设一高度为1cm的挡料埂，防止饵料滑入水中。食台数量根据养殖水面和鳖的放养量来确定。

（3）晒台　用毛竹、木板等材料搭成拱形，浮出水面，面积大小视养殖水面和亲鳖数量而定。或用长2～3m、宽1～2m的竹板或聚乙烯板斜置于池边水面。或在鳖池向阳面利用池坡用砖块或水泥板使池边硬化，做成与池边等长、宽约1m的长方形斜坡。

（4）进出水口　亲鳖池由明沟进水，进水口高出池塘最高水位30cm以上，以跃水式进水，出水口以排尽池水为宜，进、出水口设防逃网。

（5）产卵场　产卵场是鳖产卵、“晒背”和栖息的场所，宜建在背风向阳、地势较高、地面略倾斜（不积水）的池岸上，北面紧靠防逃墙。产卵场多为长方形，高出水面50～70cm，内铺粒径0.5～0.6mm的沙粒约30cm，上方搭建遮雨棚。产卵场有2种形式。

①产卵沙坪：东南堤岸上挖一个或几个长1～10m、宽30～50cm，深20cm的坑，填入粒径0.5～0.6mm沙子，厚30cm，可掺入20%～30%黏土。上方搭设避雨棚，每个1m^2。

② 产卵房：采取水泥池修建，大小为5～10m²，高1.5m，沙厚30cm。卵受侵害可能性小，收卵方便，可避免产卵沙坪易积水的影响，待产完最后一批卵后还可以兼作孵化房。

2. 稚鳖池构建

稚鳖池是用于培育刚孵化稚鳖的池体，由于稚鳖体弱娇嫩，免疫力低，对外界环境的适应能力差，所以稚鳖池的构建要求较高，最好建在具有良好保温效果，通风、防暑性好的地方，以室内为最佳。

稚鳖池需安静，背风向阳，面积不宜过大，一般10～15m²，长方形，长宽比为（1～1.5）：1，东西走向，池深1.2～1.5m，水深0.8～1.0m。池底铺细沙3～5cm厚，池底向出水口倾斜，在离出水口不远处设挡沙墙，高度与沙厚一致，出水口外接溢水倒管。出水口上方设一竹框架食合（兼作晒台），宽0.5m，长度小于培育池宽度。在出水口的对面，池顶设进水口，以跌水式进水，进、出水口用网拦住，防止稚鳖逃跑。池底、池壁为水泥抹面，池壁内部预先砌入若干个圆钢弯制的控台钩，高度比池顶低10cm，便于盖棚，以挡风寒，有利过冬。池周设有5cm宽的出檐，防逃。泥池转角做成圆弧形，转角半径应大于5cm。稚鳖池四周设网栏，防鼠、蛇、鸟等敌害生物侵入，防人偷。

3. 幼鳖池构建

在快速养殖生产过程中，养殖场往往不专门分开稚鳖池和幼鳖池。幼鳖池采用水泥砖结构，一般面积500～1 500m²为宜，长方形，东西走向，池深1.5～2.0m，水深1.0～1.5m，池底铺细沙20～30cm，池顶四周有出檐防逃，池底向出水口倾斜，池底设挡沙墙，高度与沙厚一致，出水口外接溢水倒管。在出水口上方设一竹框架食台（兼作晒台），长度为培育池宽度80%。幼鳖池进出水口设有网栏。

4. 成鳖池构建

成鳖池是指用于商品鳖或后备亲鳖的饲养池，常建于室外，有水泥池和土池两种，水泥池500～1 000m²。

池塘面积3～5亩（1亩≈666.7m^2）为宜，池深1.0～1.5m，长宽比为（1.0～1.5）：1，池四周50cm高的防逃墙，池底从进水口向出水口倾斜，坡降0.8%左右，出水口上方设有食台，出水口和食台均位于池南端，池中间搭建晒台。土质池塘池底淤泥不宜过厚。为了便于管理，成鳖池最好连片集中，方向以东西向为好。

5. 鱼池改建鳖池

增设食台、晒台，或扩宽堤坝。增修防逃设施。清整池底，减少淤泥。如改成亲鳖池需修建产卵场。

6. 温室的构建

我国常用塑料棚温室和砖混结构温室，保温通风，经济实用。

（1）塑料棚温室　主要由加温池、保温棚和供热系统等组成。加温池为水泥结构，面积大小和深度根据生产用途而定；保温棚用镀锌管、竹木等搭成屋脊形骨架，外盖两层塑料薄膜；供热系统一般由热源、供热管和排风散热设备等组成，热源水可为工厂余热水、锅炉加热水、温泉水等。

（2）砖混结构温室　用钢筋混凝土做框架，屋顶为轻型预制板结构，窗户双层，密封性能好，热量散失少。混凝土池底，砖砌池壁，池底和四壁及房顶均填充保温材料。

第三节　池塘鱼鳖混养技术

将鳖、鱼等水生动物混养同一水体，充分利用水体空间和天然饵料，提高水体利用率和鱼鳖产量，增加经济收入，又能充分利用水体生物循环，改善水中的溶氧，加速淤泥中有机物的氧化分解，保持水体生态系统的动态平衡，维持良好水质，减少发病率，提高成活率和产品质量，是一种值得推广的综合性养殖方式。鱼鳖混养又有以鳖为主和以鱼为主两种模式，主要混养的鱼类以鲢、鳙为主，适当配以草食性和杂食性鱼类。

一、池塘条件

池塘水深1.5~2.0m，池深2.0~2.5m，淤泥不能过厚，10~20cm，水源充足，水质良好，符合NY 5051要求，有分开的进排水道，有增氧设施。

池塘周围用砖砌成50cm高的防逃墙，或者池塘埂外侧用石棉瓦埋入地下0.2m，地上0.5m作为防逃墙，外围用高1.8m聚乙烯网片做围墙，网脚埋入土下夯实。

利用防逃墙内向阳、安静，宽度为0.5m以上的空地作为晒背、休息场所。在水陆交界处将部分向阳塘埂削坡，设置栅栏型食台。或以石棉瓦作食台，位于鳖池边，部分淹于水下，大半露出水面。

二、池塘准备

1. 清塘消毒

排干池水，清除表层淤泥，暴晒5~7天。每亩水面用75~100kg生石灰化浆全池均匀泼洒消毒，隔日注入新水30cm。

2. 种草移螺

每亩水面分别施加4kg尿素和过磷酸钙作底肥，种植1/4~1/2水面积的金鱼藻、轮叶黑藻等水生植物。放养鳖体之前或之后，池体每亩水面投放100~300kg鲜活螺蛳和抱卵虾3kg，摄食大量浮游生物和底泥有机质，自然繁殖出虾苗和小螺蛳，作为中华鳖天然饵料。同时移植水葫芦、浮萍等植物，占水面1/5，固定池塘特定位置。进入池塘的水草、螺等用5~10mg/L漂白粉或10mg/L高锰酸钾或3%食盐消毒后才能进入池体。

三、鳖、鱼放养

1. 放养时间

由于各地气候条件不同，鳖、鱼放养时间不一定相同，鳖种和鱼种可同时放养，也可先后放养。放养幼鳖一般在3—5月的晴天

上午。放养时，特别注意放养池塘与原来水体温差控制在2～3℃以内为宜。

2. 鳖、鱼消毒

晴天上午，挑选无伤无病，大小一致的健康鳖放养同一池塘，下水前用放养池塘水配制1%～3%食盐溶液药浴10～15min后，将其放在食台边，让其自行爬入池塘。稚鳖由于个体小，体质弱，不进行混养。投放的鱼种用3%食盐水浸浴5～10min后下塘。

3. 放养密度

生态养殖时，鳖苗种放养密度不宜过大，以免对水环境造成压力，增加疾病发生率。每亩放养规格200g左右的鳖种100～150只为宜。

4. 套养鱼类

套养鱼种类及数量是根据养鳖池水体的肥瘦而定。水体有机质含量高，可套养鲢鳙鱼种200～300尾，若淤泥较多，水体肥，套养量可适量增加，并套养适量底层鱼类如鲫鱼等；采用水下投饵的鳖池，不套养摄食性鱼类，仅套养滤食性鱼；若水体小杂鱼较多，可套养少量肉食性鱼类，如鳜鱼，控制杂鱼摄食鳖饲料。

一般以浮游生物食性的鲢、鳙、白鲫等为主要的混养对象，适当配养鲤、鲫、罗非鱼等杂食性鱼类，也可配养一定量的草鱼、团头鲂等草食性鱼类。鱼种的搭配比例为，鲢55%～65%，鳙鱼10%～15%，草鱼、团头鲂20%，鲤、鲫鱼5%～10%。

四、饵料投喂

1. 鳖饵

以机制配合饲料为主，添加新鲜动物性饵料，包括鱼、虾、螺、蚌等和新鲜蔬菜、胡萝卜、土豆和山芋等植物性饵料。随着水温的逐步回升和鳖体重的增加，逐步增加鳖的饵料量。坚持定时、定质、定量、定位、看季节、看天气、看水质、看鳖活动情况进行投饵。每天分2次投喂，上午一次，占日投饵量的40%，下午占60%，以2h内吃完为度。投喂新鲜动物性饵料必须消毒后投喂。越冬前一个月添加10%鱼油投喂，增加体内营养物质积累，有助于鳖体越冬。

2. 鱼饵

以配合饲料为主，草食性鱼类增加投喂青饲料。鱼类投喂时间先于鳖 30min，投饵点远离鳖食台。

五、日常管理

在生长季节，每隔 30 天施一次生石灰，每次每亩用量 30kg。根据天气、水质、水温等具体情况，及时加注新水，增加溶氧，改善水质，防止鱼类严重浮头和泛池事故的发生。

1. 水质管理

随着鳖个体的逐步增大和水温的上升，鳖池水位逐步提高，可达 1.2m。春秋季节，15 天加水一次，夏季每周加水一次。高温季节或水色过浓时，应及时换水，每次换水量为 20cm 左右，水体透明度保持 20～30cm。养殖生产过程中，定期消毒水体，当水体 pH 值大于 8.0，选用漂白粉全池泼洒消毒，pH 值低于 7.0 时，选用生石灰（15kg/亩）化浆泼洒消毒水体。水体消毒 7 天后，全池泼洒光合细菌、EM、芽孢杆菌等微生物制剂，减少水体有毒有害物质。整个生产过程中不施肥，常打开增氧机，保持水体溶解氧在 4～5mg/L。

2. 病害预防

以生态预防为主，药物治疗为辅。定期消毒池水，适时换池水；及时清除残饵，定期消毒饵料台和投饵工具；定期拌饵投喂疫苗、大蒜素、2% 光合细菌、EM、低聚糖、中草药制剂等防病药物，不投喂腐败变质饵料；一旦发现病鳖，马上隔离治疗。

3. 巡塘

养殖生产过程中，每天坚持早、中、晚巡塘，观察鳖、鱼的摄食和活动情况，及时调整投饵量。观察水质变化情况，定期检修防逃设备和进排水系统，发现问题及时解决。

4. 日志

每天如实填写好工作情况，记录鳖鱼摄食与活动情况、日投饵量、投饵时间与次数，鳖鱼病害防治等各方面的内容。

六、捕捞

主要采用笼捕、网捕或干塘捕捉。

第四节　稻（莲）田养鳖技术

稻（莲）田养鳖是指利用稻田在种植稻谷、莲藕等经济农作物的基础上，再进行鳖的立体生态种养殖技术，它不影响经济农作物的产量，可增加稻（莲）田的利用率，提高经济效益。由于操作简便，效益明显，是促进农村经济发展的一种实用新技术。

一、养殖条件

选择避风向阳、环境安静、便于看护、保水保肥、水质良好、进排方便的稻（莲）田养鳖，养鳖稻田以种植单季稻为宜。

在养鳖稻（莲）田四周建设防逃设施，材料可选用砖、水泥板、石棉瓦、聚乙烯网、塑料板。用砖砌高 60～70cm，墙基深入泥土中 20～30cm，墙内壁粉刷光滑，墙顶向内出檐 10～15cm，防止鳖逃逸和敌害的入侵。

稻（莲）田挖环沟 1 条，田中间“十”字形沟，沟深 30～40cm，宽 40～50cm，沟面积占 10%～15%。利用鳖喜欢泥沙的习性，可以在鳖沟底部先铺上水泥板，水泥板上铺 20cm 的细沙，提供躲避场所或栖息之地，也方便日后起捕。

用水泥瓦或竹木板搭建饵料台，顺沟坡斜放在沟的两边，也可作晒背台用。

稻田的进、出水口处用铁丝网设拦，网目不超过 5cm，出水口上方可做一个溢水口，便于及时排泄超水位水。

二、作物栽培

1. 田地整理

中华鳖放养前 7～10 天，稻（莲）田须进行翻耕，平整，暴晒，每亩田泼洒生石灰 70～80kg 消毒。

2. 水稻栽培

可采取水稻直播或移栽方式种植。直播稻根系分布浅，群体大，易倒伏，应选择苗期耐寒性好、前期早生快发、分蘖力适中、抗病力强、植株较矮、抗倒力强的早熟或中熟品种。整地施肥直播稻对整地质量要求较高，要做到早翻耕，耕翻时每公顷施腐熟的有机肥 11.25t、高效复合肥 225kg、碳铵 450kg 作底肥。田面整平，高低落差不超过 3cm，残茬物少。一般每隔 3m 左右开 1 条畦沟，作为工作行，以便于施肥、打农药等田间管理。开好“三沟”，做到横沟、竖沟、围沟相通，沟宽 0.2m 左右、深 0.2～0.3m，使田中排水、流水畅通，田面不积水。等泥浆沉实后，排干水，厢面晾晒 1～2 天后播种。

3. 莲藕栽培

选用优质、高产、高抗品种。植藕前 7～10 天将莲藕田深翻 1～2 次，每亩施入腐熟厩肥 2.5～3t 或绿肥 3.5～4t 和多元复合肥 30～50kg，然后翻耕，耙平，放水，当气温上升到 15℃时即可栽植。选新鲜、无病虫，无破损、有 2 个以上节位。单支重 0.5kg 以上的莲藕。栽植前，用 50% 多菌灵或甲基托布津 800 倍液加 75% 百菌清可湿性粉剂 800 倍液喷雾种藕后，用膜覆盖消毒 24h，晾干后即可播种。栽植密度 2m×0.5m。栽植时，各行种植穴交错排列，藕头左右相对，边缘藕头一律向内。藕头要稍微向下斜插入土中 8～12cm，后节稍向上翘，前后与水平线呈 20°左右。

三、鳖种放养

1. 放养时间

对于稻田养殖，在稻田秧苗竖立返青后，选择体质健壮，无伤病，规格一致的中华鳖，用 3% 盐水或 20mg/L 高锰酸钾溶液消毒 10～15min，然后轻放鳖沟里，任其游走。对于莲藕田，水温上升到 20℃以上时可放养鳖种。

2. 放养密度

一般放养鳖种的个体体重为250～500g，放养密度为200～300只/亩。同时搭配放养少量鲫鱼、鲢鱼、鳙鱼、草鱼，以充分利用水体和补充鲜活饵料。

四、饵料投喂

可投喂动物性、植物性及配合饲料，也可混合投喂。配合饲料日投喂鳖体重的3%～5%，搅拌制作成团块，投于食台上。混合投喂的方法是，1份配合饲料加3～4份动物性饵料，搭配1%～2%蔬菜和植物油，充分绞碎混合后捏成小团状投喂。

1天投喂2次，上午9点和下午3点（盛夏5～6点）各一次，投喂量要根据季节、水温、天气、水质、饵料质量和鳖的摄食、活动情况及时调整，每次投喂量应以2～3h内吃完为宜。

五、水质管理

稻（莲）田前期水位低，鳖放养后，水位要逐渐加高。7—9月份，温度高，投饵多，水质容易变坏，应勤换水注水；荷叶密度太大时，要从基部砍疏一部分，以增加光照；每隔15天每亩泼洒生石灰5～10kg，每隔30天每亩泼洒漂白粉0.3～0.4kg，以改善水质。

六、作物追肥

施肥不仅可满足水稻及莲藕生长的需要，还可促进田间浮游生物和底栖生物的繁殖和生长，为鳖和鱼提供更多的天然饵料。对于稻田，可将全部肥料施于水稻生长前期，多采用重施基肥、早施攻蘖肥的分配方式，一般基肥占总施肥量的70%～80%，其余肥料在移栽返青后即全部施用；也可注重稻田的早期施肥，强调中期限氮和后期氮素补给，一般基蘖肥占总肥量的80%～90%，穗、粒肥占10%～20%，适用于生育期较长，分蘖穗比重大的杂交稻；也可减少前期施氮量，中期重施穗肥，后期适当施用粒肥，一般基、蘖肥占总肥量的50%~60%。穗、粒肥占40%~50%。对于莲藕田，要合理施肥，以施基肥为主，并应少量、多次，还要将肥用土拌匀，揉成团，深施于泥土中。可追施立叶肥和结藕肥，每次每亩用腐熟厩肥 250 ~ 300kg。荷叶封行后可叶面喷施 1 ~ 2 次 1% 尿素、0. 1%~0. 2% 磷酸二氢钾、0. 05%~0. 1% 硼酸溶液。

七、作物病虫害防治

水稻田，常常下够底肥，养殖期间不追肥，禾苗打药时，选用高效低毒的生物农药。药物如为粉剂，将鳖驱赶到鳖沟，在太阳未出来时叶面带有清晨露水时进行施药。露水一干，马上停止撒药。药物如为水剂，选择晴天中午，对准晒卷了的叶面喷洒，让叶面尽快吸收，不流入到鳖沟里，防止鳖体中毒。稻田禾苗施药时，不宜选择阴天或雨天，不能对准鳖沟和饲料台喷洒药物。不同时期要针对性防治不同的主要害虫，其综合治理措施主要有：明确当地水稻不同生育期的主要害虫；创造不利于害虫滋生的环境，最大限度地利用自然的力量，减少化学农药的使用；向稻田生态系引入生防物及其产物；培育选用抗虫耐害的优质高产良种；安全科学使用农药，推广应用高效、低毒、低残留农药品种。

莲藕田，可实行2 ~3 年轮作，特别是水旱轮作对减轻病害有重要作用。同时，选用无病种藕彻底消毒后栽种，发现病害时彻底清除发病藕田病株及病残体，并深埋或集中烧毁。此外，要合理施肥，基肥应以有机肥为主，肥料必须充分腐熟。对酸性重、还原性强的土壤宜重施石灰，石灰要早施、多施。生长期间注意氮磷酸肥的配合施用，有条件地方应增施硅肥，提倡补施硼、锌、钼等微肥，切勿偏施化学氮肥，以提高植株抗病能力。再者，要科学管水，生病期深水灌溉，降低地温抑制病菌繁殖。留种莲田每天保持深水浸泡，切勿排干水和冬翻晒垡。非留种田在采完莲子后一律砍伐荷梗翻耕或挖藕，最好栽上一季冬作物。不种冬作物的也要翻耕灌水浸田，减少土壤及病残体的带菌。最后，要及时用药防治，发病初期用 50% 多菌灵可湿性粉剂 600 ~800 倍液，或 50% 托布津可

湿性粉剂 800～1 000倍液，或用 50% 多菌灵可湿性粉剂 600 倍液加 75% 百菌清 600 倍液喷雾。也可用上述混合药粉 500g 拌细土 25～30kg，堆闷 3～4h 后撒入浅水层莲茆下，2～3 天后再用上述混合剂600 倍液或 70% 甲基托布津800 倍液，或多菌灵 200 倍液混合“402”4 000倍液，喷洒叶面或叶柄，连喷 2～3 次，能有效地减轻或控制病情的蔓延。较严重时可用苏云金杆菌、井冈霉素等生物无公害农药防治。

八、中华鳖病害防治

稻（莲）田养殖中华鳖，选择体质健壮鳖体，放养前消毒鳖体，养殖密度小，可大大降低鳖体患病机率。一般稻（莲）田套养鳖，以预防为主，常根据水质变化情况，泼洒生石灰来改善水质。养殖期间也可定期拌饵投喂中草药，预防疾病。

要经常巡查，发现死鳖，立即捞出，深埋或焚化，发现病鳖应及时隔离治疗。日常工具应专用，并定期消毒，严防发病区工具与健康区的混用，以免造成疾病交叉感染。

九、巡田检查

每天早晚要巡查养鳖的稻（莲）田，观察鳖摄食活动情况，检查进、出水口拦栅和防逃设施，及时清除杂物、修复破损，防止逃鳖。

十、作物采收与鳖的起捕

稻田养殖，鳖起捕时间在水稻收割前后，根据市场行情，可诱捕达到商品规格的鳖及时上市，最后放干田水，抓捕。莲藕田养殖，当藕长出许多终止叶时，即可随时采藕上市。鳖可根据需求捕捞上市，可养 1 年，也可养 2 年，鳖的捕捞有笼捕、光捕和干田捕捉等方法。

第五节　疾病防治技术

中华鳖发病原因很多，如种质退化、环境不适、密度过大、投喂不当、滥用药物、机械损伤、病原感染等，鳖病特点为潜伏期长、病程长、继发性感染普遍、并发症多、发病流行时间集中。中华鳖疾病防治应遵循“无病早防、有病早治、防重于治”的原则，常用预防及治疗药物有二氧化氯、强氯精、溴氯海因、二溴海因、生石灰等。下面介绍中华鳖常见疾病的病因、病症、危害及防治方法。

一、病毒性疾病

1. 腮状组织坏死症

鳖腮状组织坏死症俗称鳖腮腺炎，是鳖病中危害最大、传染最强、死亡最快的一种传染病，可分为出血型和失血型腮腺炎。由于鳖腮状组织是鳖在特定环境中除肺之外的主要呼吸器官，一旦发病流行就很难治疗，死亡率50%以上，严重的可达100%。

（1）病原　暂无定论，腮腺炎病毒或病毒与细菌混合感染引起。

（2）病症　患病个体颈部肿大，全身浮肿，眼睛呈白浊状，失明，运动迟缓，不摄食，口鼻流血，腮腺充血鲜红、糜烂，胃部和肠道有大块暗红色淤血或呈白色贫血状态，肝脏呈土黄色，质脆易碎。疾病早期，腹甲呈现赤斑，随后消失呈现灰白贫血症状。

（3）流行季节　流行季节为5—10月，水温25～30℃时候最为严重。

（4）危害对象　主要危害稚鳖和幼鳖。

（5）防治措施

① 选用优质健康苗种，投喂优质饵料，增强机体体质；

② 定期换水、消毒，每15天全池泼洒生石灰50g/m^3，调节pH值，改善水质和底质环境。

③ 隔离发病个体，用100mg/L的福尔马林浸泡，并连续投喂广谱抗菌药饵数天，病重无法进食的个体用穿心莲注射液肌内注射，剂量为2mL/kg鳖重。及时深埋和焚烧死亡个体，消毒养殖水体和环境。

④ 在疾病发病季节，可拌饵投喂病毒克星（根莲解毒散），添加量为投饵量的1%~2%，连喂5天；内服西药，用头孢拉定和庆大霉素各50%以投饵量的1%添加，连喂5天；内服中药，配方为甘草10%、三七10%、黄芩20%、柴胡20%、鱼腥草25%、三叶青15%，用量为饲料量的2%，连喂15天。

2. 白底板病

白底板病是集约化、高密度养殖过程中的一种危害较严重的疾病，死亡率一般是10%~60%，高的可达90%。

（1）病原　由病毒和嗜水气单胞菌、迟缓爱德华氏菌和变形杆菌混合感染引起。

（2）病症　疾病发生早期无明显症状，体表完好，病鳖伸出脖子，浮于水面难以沉底，身体垂直在水面游动、翻转直至死亡。有的雄性个体生殖器突出，有的全身水肿、脖颈肿胀、眼睛出现白浊或完全失明，严重时口鼻出血、肺坏死、肠道外露。

（3）流行季节　流行于春末至夏秋季节，发病高峰在6—8月，水温在26~28℃时最易发生此病，6月中下旬为发病死亡高峰期。

（4）危害对象　主要危害幼、成鳖和亲鳖。

（5）防治措施

① 选用优质健康苗种，投喂优质饵料，增强机体体质。

② 定期换水排水，做好消毒，调节好水质，改善水质和底质环境。

③ 隔离发病个体，及时深埋和焚烧死亡个体，消毒养殖水体和环境。

④ 在疾病发病季节，可拌饵料投喂板蓝根、穿心莲、大黄和金银花，添加量1%以及添加维生素和免疫多糖，增强机体免疫力。

二、细菌性疾病

1. 红脖子病

鳖红脖子病又称鳖大脖子病，俄托克病。

（1）病原　嗜水气单胞菌嗜水亚种。

（2）病症　病鳖不摄食，行动迟缓，颈部充血，伸缩困难，腹甲部可见大小不一的红斑，并逐渐糜烂，口、鼻、舌发红，有的眼睛失明，从口、鼻流出血水，上岸后不久即死亡。解剖观察其肝脾肿大，严重时口鼻出血。

（3）流行季节　流行于3—6月，水温在18℃以上，死亡率较高。

（4）危害对象　主要为成鳖和亲鳖。

（5）防治措施

① 选用优质健康苗种，投喂优质饵料，增强机体体质。

② 定期换水消毒，改善水质和底质环境。

③ 隔离发病个体，及时深埋或焚烧死亡个体，消毒养殖水体和环境。

④ 人工注射嗜水气单胞菌灭活疫苗或红脖子病病鳖脏器土法疫苗，增强机体免疫力。

⑤ 发病早期，可用车前草、穿心莲煮水浸泡病鳖。

2. 红底板病

鳖红底板病又名赤斑病、红斑病、腹甲红肿病、红腹甲病等。

（1）疾病病原　点状产气单胞菌点状亚种引起。

（2）疾病症状　病鳖腹部有出血性红斑，甚至有溃烂，露出甲板；背甲失去光泽，有不规则的沟纹，严重时出现糜烂性增生物，溃烂出血；口鼻发炎充血。病鳖脖子粗大，停止摄食，反应迟钝，常钻进草丛中，很易捕捉，一般2～3天后死亡。

（3）流行季节　一般每年春末夏初开始发病，5—6月份是发病高峰季节。

（4）危害对象　主要危害成鳖和亲龟，有时幼鳖也会感染。

（5）防治措施

① 坚持清塘消毒，勤换新水，避免不同来源的鳖混养；

② 发病高峰期，每10～15天在养殖池中施强氯精或优氯净等消毒一次，用量0.25～0.4g。注意施药间隔期不可太短，以免造成药害；

③ 发病池立即遍洒强氯精等消毒剂，然后内服广谱抗菌药物，每天1次，连喂6天为一疗程；或肌内注射庆大霉素，每千克体重15万单位。

3. 出血性败血症

该病传染性强，流行迅速，潜伏期短，发病快，严重时每天的死亡率可达1%。

（1）病原　嗜水气单胞菌。

（2）病症　患病鳖体表发黑，有时腹甲出现点状或块状血斑，口腔发红充血，严重时口鼻有血水渗出。病鳖内脏和肌肉有充血，心包严重充血，肝脾肿大，肝呈花斑状，肺、肝、肾和脾等器官组织有坏死病灶。

（3）流行季节　流行季节6—9月，适宜水温25～32℃。

（4）危害对象　主要危害稚、幼鳖。

（5）防治措施

① 调节水质，全池遍洒4mg/L漂白粉或20mg/L生石灰，保持水质清新。

② 加强饲养管理，定期投喂动物肝脏等鲜活饵料，拌饵投喂中草药或免疫多糖制剂，增强机体抵抗力，及时清除残饵。

③ 疾病流行季节，土法制备出血性败血症疫苗预防接种。

④ 及时隔离患病个体，可用50～100mg/L福尔马林浸浴，内服卡那霉素、磺胺甲基嘧啶、庆大霉素新霉素等。

4. 腐皮病

此病在鳖的生长季节均可发生，随着放养密度的增加，特别是人工控温养鳖场，患病几率一般50%，死亡率有时10%以上。若得不到有效控制，还能导致疖疮、穿孔等并发病。

(1) 病原　病原以产气单胞菌为主，也包括假单胞菌及无色杆菌等细菌。

(2) 病症　患病鳖的四肢、颈部、尾部、裙边等处的皮肤腐烂坏死，形成溃疡甚至脱落，病重者颈部肌肉外露或四肢骨露出，脚爪脱落，解剖可见病鳖肝脏、胰脏病变，肠道充血，口腔、咽喉出血、发炎。

(3) 流行季节　流行于整个生长期，多发于5—9月。

(4) 危害对象　危害各个年龄段的鳖，尤以生长最快阶段、体重200g以上的鳖感染最重。

(5) 防治措施

① 调节水质，全池遍洒4mg/L漂白粉或20mg/L生石灰，保持水质清新。

② 严格控制养殖密度，稚、幼鳖放养密度保持在每立方米50只以下或2.5kg以内，及时按规格分池饲养，防止鳖互相撕咬。放养前用万分之三的氟哌酸浸洗鳖池。

③ 发病季节前投喂磺胺胍药饵，按每千克鳖用药0.2g，第2~6天药量减半。

④ 及时隔离患病个体，每千克鳖用0.1g四环素拌饲料投喂，同时用土霉素40g/m^{3}消毒，每天1次，连续3天，治疗效果显著。

5. 疖疮病

又名打印病，是一种发病率高，传播速度快，危害性强的细菌性疾病。当环境条件恶化、饲料腐败或营养不全面以及鳖相互噬咬受伤交差感染时，容易诱发该病。

(1) 病原　产气单胞菌点状亚种。

(2) 病症　发病早期，病鳖颈部、背腹甲、裙边、四肢基部长有一个或多个黄豆大小的白色疖疮，随后疥疮慢慢增大并逐渐向外突起，最终表皮破裂。用手挤压四周可见黄白色颗粒状、有腥臭味的内容物。随着病情加重，疥疮自溃，内容物散落，炎症延展，鳖体表皮肤溃烂成洞穴，导致溃烂病与穿孔病并发。病鳖食欲减退或不摄食，体质消瘦，常静卧食台，头不能回，眼不能睁开，直至

衰弱死亡。也有部分病鳖因病原菌侵入血液，迅速扩散到全身，出现急性死亡。

（3）流行季节 流行季节是5—10月，高峰期5—7月，发病温度20～30℃，水温30℃左右更容易发生。该病为温室养殖常见病。

（4）危害对象 幼鳖到成鳖都会被感染，尤其对幼稚鳖的危害更大。

（5）防治措施

① 调节水质，全池遍洒4mg/L漂白粉或20mg/L生石灰，保持水质清新。

② 放养前，稚鳖用10%的食盐水浸洗15min，成鳖、幼鳖以10mg/L的高锰酸钾浸洗10min。

③ 患病个体及时隔离，发病早期，用3支红霉素软膏，1瓶云南白药，混匀，制成棕色药膏涂抹患处。

④ 患病严重的个体，用1mg/L的戊二醛或菌必清药浴10～15min。

6. 穿孔病

又名洞穴病、空穴病、烂甲病，具有多种病原，养殖环境恶劣、饲养管理不善导致细菌感染是诱发该病的主因。穿孔病是鳖的常见病、多发病之一，尤其对个体较大的鳖和温室中的幼鳖威胁最大，一旦发病1～2周内即可死亡，死亡率可达20%～30%。穿孔病初期，病鳖一般食欲正常，活动自如，死亡的大多是背腹甲穿透后细菌直接感染内脏所致。穿孔病通过治疗大多可愈，但会留下疤痕，影响品质。

（1）病原 主要病原有嗜水气单胞菌、普通变形杆菌、肺炎克雷伯氏菌、产碱菌等多种细菌。

（2）病症 发病初期，病鳖背腹甲、裙边和四肢出现一些成片的白点或白斑，呈疮痂状，周围有血渗出，挑开疮痂，下面是一个孔洞，严重者洞穴内有出血现象，孔洞深时可直达内脏引起死亡。未挑的疮痂，不久就自行脱落，在原疮痂处留下一个个小洞，洞口边缘发炎，轻压有血液流出，严重时可见内腔壁。病鳖行动迟缓，食欲减退，长期不愈可由急性转为慢性，除有穿孔症状外，裙边、四肢、颈部还出现溃烂，形成穿孔与腐皮病并发。

（3）流行季节　室外养殖流行季节是4—10月，5—7月是发病高峰期，温室养殖主要发生在10—12月，流行温度为25～30℃。

（4）危害对象　对各年龄段的鳖均有危害，尤其是对温室养殖的幼鳖危害最大，发病率50%左右。

（5）防治措施

① 定时改善水质，保持良好的生态环境，保证饲料质量，不喂腐败变质饲料，并在饲料中添加复合维生素。

② 立即更换池水，并全池泼洒生石灰溶液，浓度15～20mg/L，以后每两周泼洒一次。

③ 隔离患病个体，用庆大霉素或卡那霉素每天每千克鳖重用10万～20万单位拌饲料投喂，连喂5～7天。

④ 及时清除病灶组织中的脓状物质，病灶处用10%的食盐水冲洗干净后让病鳖晒背2～4h，在患处涂抹红霉素软膏或金霉素软膏，并按每千克体重腹腔注射8万～15万单位的庆大霉素，病情严重的，可注射2～3次。

7. 白点病

白点病是温室稚鳖培育中危害较大的疾病之一，该病呈暴发流行，多发生在水质偏酸，溶氧偏低，放养密度较大的水体中。该病发病时间早、传染速度快、死亡率高，潜伏期3～7天，病程一般7～15天，死亡率20%～80%，严重的达100%。

（1）病原　病原为嗜水气单胞菌、产碱杆菌、温和气单胞菌。

（2）病症　鳖患病后摄食量下降，发病早期体表及四肢出现伤痕、表膜溃烂，伤痕处出现芝麻粒大小白点，继而由变性组织形成的白色渗出物覆盖，随着交叉感染，新患病的鳖体表出现粟状白点，将白点挑去，形成轻微的窟窿，随后，白点扩展为穿孔。病灶周围出血，将病灶处坏死组织挑出，形成很深的洞穴，裙边烂穿。

（3）流行季节　在恒温封闭或半封闭温室内发病率较高，控温养殖全年均可患病。发病时间一般在 7—10 月，8—9 月为高峰期，发病水温 25 ~ 30℃。

（4）危害对象　多危害 50g 以下的稚鳖。

（5）防治措施

① 放养前做好消毒，消毒的方法是用 50mg/L 的漂白精泼洒，食台板、隐蔽物等放在药液中浸泡，熏蒸 5 ~ 7 天。稚鳖投放前用 5 ~ 10mg/L 的高锰酸钾浸泡 10min，体弱的鳖及残鳖单池饲养。

② 确定合理的放养密度，一般前期稚鳖不应超过 60 只/m^2，饲养时间不应超过 30 天。

③ 投喂足量的优质饲料，确保鳖对营养的需求，以增强抗病能力。参考配方为：人工配合饲料 45%、鲜活饵料 40%、植物汁 10%、动植物油 3%、微量元素 1%，防病药物 1%。

④ 培养水体中的浮游生物，使蓝藻类、原生动物等优势种群达到生态平衡，水质肥、嫩、爽。光照条件较好的温室，可以移植水葫芦、水花生等漂浮植物，用以净化水质并为鳖提供栖息隐蔽场所。

⑤ 注射嗜水气单胞菌灭活疫苗，增强鳖体特异性免疫力。

⑥ 定期消毒水体，1mg/L 漂白精和 50mg/L 生石灰交替使用，每半个月 1 次。

⑦ 调到水体 pH 值在 7. 5 左右，用 1. 5%~2. 5% 的呋喃唑酮和用红霉素全池遍洒。

8. 肺化脓病

又称肺水肿、肺脓肿、肺脓疡，多为病菌经创伤感染进入肺部引起。

（1）病原　副大肠杆菌、葡萄球菌、链球菌及霍乱沙门氏菌。

（2）病症　病鳖呼吸时头向上仰，嘴张开，呼吸困难，行动迟缓、目光呆滞，食欲降低，常伏于食台或晒背台，少食或不食。病鳖眼球充血、下陷、水肿、有豆腐渣样坏死组织覆盖于眼球上，甚至双眼失明，肺部呈暗紫色，有灶性硬结节或囊状病灶。

（3）流行季节　一般在夏末与秋季，主要在8—10月。在池水污浊，气候干燥时较易流行，春季发病较少。

（4）危害对象　各年龄段鳖。

（5）防治措施

① 放养前生石灰或漂白粉彻底清塘和消毒，保持水质良好，溶氧充足，pH值呈微碱性，透明度25～30cm。

② 加强饲养管理，干燥季节注意定期换水，避免鳖受伤，用2～4mg/L克亚甲基蓝消毒水体。

③ 可在池塘内放养浮游生物食性的中上层鱼，如鲤、鲫、鲢、罗非鱼等，以摄食消除池中腐败有机质，改善水质。

④ 发现病鳖，及时捞出，隔离治疗，患病鳖用50mg/L的高锰酸钾溶液浸浴5～10min，剔除病灶部位豆渣状组织，涂抹氟哌酸软膏，连续2～3次。

⑤ 在饲料中按每千克鳖体重拌入0.1～0.2g土霉素、0.2～0.5g金霉素等抗生素药物投喂，一天一次，连续3～5天，严重的一次腹腔注射链霉素10万IU/kg体重。

9. 白眼病

又称红眼病、眼炎病，白眼病是由于放养过密、饲养管理不善、水质恶化、水体碱度过大、尘埃等杂物入眼等因素引起。发病率20%～30%，个别严重的可达60%，病程较长，死亡缓慢。

（1）病原　初步认为是一种副大肠杆菌。

（2）病症　发病早期，病鳖眼眶周围覆盖一层白色分泌物，双眼难以睁开。随后，病鳖眼部发炎充血，眼睛肿大，眼角膜和鼻黏膜因炎症而糜烂，使鳖视觉和呼吸受到影响，病鳖躁动不安，常用前肢摩擦眼部或沿池壁扑打池水缓缓游动。最后，病鳖眼睛失明，无法摄食，瘦弱而死。

（3）流行季节　发病季节是春季、秋季和冬季，高发期4—5月。

（4）危害对象　危害各年龄段的鳖，尤其对幼鳖危害最大。

（5）防治措施

① 使用的工具用10%的食盐浸泡30min消毒，或用10mg/L的漂白粉消毒；发病季节，每隔15～20天用1.5mg/L的漂白粉或0.8～1.0mg/L的呋喃西林全池遍洒，预防。

② 加强饲养管理，越冬前后喂给动物肝脏，加强营养，增强抗病力。

③ 隔离患病个体，用1%的呋喃西林或呋喃唑酮涂抹，每次涂抹病灶40～60 s，每天1次，连续8天。

④ 呋喃西林或呋喃唑酮浸洗，稚鳖用药浓度20mg/L，幼鳖用药浓度30mg/L，连续浸洗3～5天。

⑤ 遍洒2mg/L的呋喃唑酮或3mg/L红霉素或链霉素0.2%。

⑥ 严重的个体，注射链霉素20万单位/kg体重，或内服呋喃唑酮40mg/kg体重。

三、真菌性疾病

1. 水霉病

又称肤霉病或白毛病，由水霉、绵霉、丝囊霉及腐霉等真菌附生于鳖体表引起的真菌性疾病。水霉病是继发性疾病，只有当鳖机体受伤后才会遭受感染。

（1）病原　水霉、绵霉、丝囊霉及腐霉等真菌。

（2）病症　发病早期，在病鳖、龟的背甲、腹甲、头颈、四肢和裙边上出现小白点，接着扩大成白色斑块，出现白云状病变，病灶在水中呈现出肉眼可见的棉絮状，手摸有滑腻感。病鳖表现焦躁不安、负担过重、拒绝进食，最终消瘦而亡。

（3）流行季节　此病遍及全国各地，一年四季均有发生，但多在水温20℃以下发病。

（4）危害对象　对稚、幼鳖危害较大，尤其是在孵化后15天内的发病率最高，冬眠结束后1个月内，幼鳖的发病率也较高，严重时可引起大批死亡。

（5）防治措施

① 除去池底过多淤泥，并用200mg/L生石灰或20mg/L漂白

粉消毒，保持水质优良。

② 加强饲养管理，投喂营养全面、优质的饲料，增强鳖机体免疫力。

③ 放养和分池时候避免稚鳖受伤，避免个体规格差异大的鳖同池饲养造成损伤，受伤的个体可用10%高锰酸钾水溶液或福尔马林消毒，受伤严重时每千克体重可肌内或腹腔注射链霉素5万~10万单位。

④ 温室饲养，要注意气温和水不能相差大，尤其是稚鳖；尽量缩短越冬停食期，在越冬前加强饲养管理，确保鳖体健壮后越冬。

⑤ 隔离患病个体，全池泼洒4mg/L的食盐和小苏打或2~5mg/L的亚甲基蓝，患病严重时在病灶部位涂抹亚甲基蓝，每天涂1~2次，连续5天，条件允许时，让病鳖每天在太阳下晒30~60min，一天一次，连续数天。

2. 白斑病

白斑病，又称毛霉病、白霉病，是稚鳖养殖过程中一种较常见疾病。毛霉菌属的一种霉菌附生在鳖皮肤所致，受到损伤的皮肤最易感染。染上白斑病的鳖，体表发生白斑状或白云状的病变。该病在气温低、水温变化大的室内加温养殖池极易发生，且传染快，死亡率高，感染率达60%，死亡率在30%左右。

（1）病原　毛霉。

（2）病症　病鳖四肢、颈部、裙边等处形成一块块白斑，表皮坏死，脱落，甚至出血，病鳖通常烦躁不安、水面狂游，或目光呆滞、伏于食台和晒台上，极易抓捕。

（3）流行季节　全年均可发生，在养殖水温较低，水较清的环境中容易流行，4—6月和10—11月为高发季节。

（4）危害对象　主要危害稚鳖和幼鳖，尤以冬眠苏醒后的幼鳖和温室饲养20~60天的稚鳖发病率最高。

（5）防治措施

① 细心操作，勿使鳖体受伤，受伤的鳖要及时用药物浸浴或

涂抹处理，避免继发性感染。

② 放养前做好鳖体消毒，一般为2%的食盐水浓度浸泡10min，也可用市售1%的龙胆紫药水再以1：80的水配成浸泡液浸泡20min或食盐和小苏打合剂浸浴。

③ 调节好养殖水温和透明度，适当肥水使透明度不高于25cm，室内养殖水温在鳖苗放养前调到28℃以上，既利于鳖的摄食生长，又能抑止真菌的生长。

④ 发病后，隔离病鳖，用5mg/L的土霉素全池泼洒，配合用复方硫胺甲噁唑片拌饵投喂。

⑤ 白斑病治疗，先用10mg/L高锰酸钾泼洒，一天后再用中药艾叶10%、石菖蒲10%、五倍子40%、羊蹄根20%、乌梅各20%合剂以每立方米水体第一次40g，第二次30g，第三次25g的量煎汁泼洒，每次间隔3天。

四、寄生虫性疾病

1. 水蛭病

水蛭病是常见的鳖病，也称蚂蟥病。水蛭少量寄生时一般不会影响鳖的生长，但会影响鳖体质引起其他病原感染，大量寄生会使鳖因失血过多而死亡。

（1）病原　由水蛭寄生引起，这些蛭包括鳖穆蛭、扬子鳃蛭和拟扁蛭等。

（2）病症　病鳖体表可见虫体，呈淡黄、橘黄或深黑色，黏滑。严重的有寄生到鳖的头部、眼睛和吻端。鳖被水蛭寄生后，鳖体无力，四肢和颈部收缩无力，鳖体消瘦，皮肤苍白多皱。虫体手触微动，遇热则蜷曲但并不脱落，强行剥落虫体，可见寄生部位严重出血。患病严重的鳖烦躁不安，有的趴在晒背台上不愿下水。当寄生在眼、吻端时，鳖头往后仰，并四处乱游，病程长的食欲减退，体表消瘦，腹部苍白，呈严重的贫血状。

（3）流行季节　多在夏季发病，温室养殖时无季节性，流行面广。发病池多是室外的利用江河、水库、湖泊的水作水源的鱼鳖混养池、亲鳖池和高产精养池，特别是大量投喂螺蛳的池中较为严重。

（4）危害对象　各年龄段的鳖。

（5）防治措施

① 采用清新水源，不用被污染或富营养化的水养殖，养殖水入池时用细筛绢网过滤。

② 要有充足、良好的晒背场，经常晒背可有效防止水蛭寄生。

③ 定期泼洒生石灰，调节水质呈碱性，使水蛭不适应碱性环境而死亡，同时消毒池水，防止并发症。

④ 发病池，用 0.7mg/L 的晶体敌百虫、10mg/L 高锰酸钾或 0.7mg/L 硫酸铜溶液全池泼洒。

⑤ 对发病鳖，用 10% 的氨水或 2.5% 的盐水，在水温 10～32℃时，浸洗病鳖 20～30min，蛭类会脱落死亡；清凉油涂抹寄生处，蛭受刺激立即脱落；发病严重的鳖，用 2mg/L 硫酸铜溶液浸浴 1h，连续 2 天可治愈。

2. 钟形虫病

钟形虫病多为水源传入或随活饵带入，钟形虫虽不侵袭宿主组织，但大量附生后，影响鳖的行动和摄食，使鳖萎瘪而死；或使组织损伤，导致细菌或其他原生动物大量感染，增强了致病性。病鳖食欲减退、体质消瘦，生长缓慢，特别是附着于稚、幼鳖脖颈后，影响其气体交换，易造成死亡。

（1）病原　由钟虫、单缩虫、聚缩虫和累枝虫等固着类纤毛虫。

（2）病症　发病早期，该虫一般固着在鳖四肢窝部和脖颈处，严重感染时，背甲、腹甲、裙边、四肢、头颈等处都被寄生，肉眼可见鳖表面有一层灰白色或白色的毛状物，呈簇状，当池水呈绿色时，因虫体的细胞质和柄也随之变成绿色，而病鳖也会呈绿色状。

（3）流行季节　全国各地均有发生，没有明显的季节性。在水质较肥、营养丰富的水体更容易发生。

（4）危害对象　危害各年龄段的鳖，对稚鳖和幼鳖危害更大。

（5）防治措施

① 保持水质清洁，及时捞出池中吃剩的残饵，且经常向养殖池加注消毒后的清洁水。

② 每隔15～20天用40～50mg/L的生石灰或2～3mg/L的漂白粉消毒鳖池。

③ 隔离患病个体，用8mg/L的硫酸铜或20mg/L的高锰酸钾浸泡30min。

④ 用1mg/L的福尔马林或0.01%的新洁尔灭溶液或10mg/L的漂白粉浸浴病鳖4h，每天一次，连续4～5天。

⑤ 分别用0.5～1mg/L的新洁尔灭、5～10mg/L高锰酸钾、3mg/L的硫酸锌全池泼洒。

⑥ 用0.3～0.5mg/L晶体敌百虫（90%以上）全池遍洒，每10～15天一次，连续2～3天。

3. 头槽绦虫病

头槽绦虫属蠕虫类，虫体扁带形，由许多节片组成，头节略呈心脏形，顶端有顶盘，两侧2个深沟槽。

（1）病原　头槽绦虫。

（2）病症　病鳖摄食减少，机体消瘦，严重时导致死亡。解剖可见前肠形成胃囊状扩张，打开前肠扩张部位，可见白色带状虫体聚居。

（3）危害对象　危害各年龄段的鳖，对稚幼鳖危害更重。

（4）防治措施

① 加强饲养管理，不投喂变质饲料，在饲料中添加适量维生素E。

② 每千克鳖口服90%敌百虫0.04～0.1g或用90%晶体敌百虫2.5g拌1 000g蚯蚓投喂，连续6天。

③ 全池泼洒1mg/L的90%晶体百敌虫或0.8～1mg/L硫酸铜硫酸亚铁合剂。

④ 用500mg/L生石灰或100mg/L的漂白粉消毒。

五、非生物因素致病种类

由非生物因素，主要包括物理、化学、营养代谢等因素而引发的鳖病。

1. 脂肪代谢不良病

（1）病因　由于饲料缺乏维生素或过量的投喂腐烂变质的饵料，被鳖大量摄食后，导致饵料中的变性脂肪酸在鳖体内大量积蓄，造成鳖的肝、肾功能障碍，代谢机能失调，而酿成疾病。

（2）病症　病情较轻时，外表不易识别，剖开腹腔后可观察到原本是白色或粉红色的脂肪组织变成了土黄色或褐黄色，肝脏发黑，骨质软化，并能嗅到恶臭味。病情较重时，出现外表症状，身体隆起变高，过于厚重，腹甲暗褐色，有较深的灰绿色斑纹，体高与体长之比在0.3以上，四肢和颈部肿胀，表皮下出现水肿，体态异样，行动迟缓。鳖病后一般不易恢复体质，逐渐转为慢性病，最后停止摄食而死亡。

（3）流行季节　无明显流行季节。

（4）危害对象　危害各年龄段的鳖。

（5）防治措施　采用全价优质的配合饲料养鳖，一般不会引起此病；保证饵料新鲜，不投喂腐败变质的动物性饵料；每千克饲料中添加维生素 E 40～70mg，防止饲料中蛋白质、脂肪氧化变质。

2. 萎瘪病

萎瘪病又称干瘪病、萎瘦病。该病流行区域没有特定性，危害较大，造成稚幼鳖的死亡率较高。

（1）病因　饲料中植物性饲料比例太大，造成稚、幼鳖营养失调所致；或水质环境恶化导致稚、幼鳖中毒（如慢性氨中毒）拒食，造成萎瘪现象。

（2）病症　病鳖极度虚弱，背面观骨骼外凸非常明显，枯瘦干瘪，体表失去光泽，呈暗黑色；腹部腹甲柔软发红，可见明显肋骨轮廓；裙边向上卷缩，边缘呈刀削状；病鳖反应迟缓，目光呆滞，活动减少，常匍匐于岸边或食台上。稚幼鳖一旦患此病，极难

恢复，往往萎瘪消瘦而死亡。

（3）流行季节 全国各养殖区均有发病，多发于8—10月的稚鳖阶段。

（4）危害对象 危害各年龄段的鳖，对稚幼鳖危害更大。

（5）防治措施

① 增加饲料的营养成分，使动物性食料占70%~80%，植物性饲料占20%~30%，并添加3%~5%玉米油，5%的血粉，2%的酵母粉。

② 注意水质的清新，及时消除残饵和排泄物，经常更换池水，防止水质恶化。

③ 每隔15~20天用20mg/L的生石灰泼洒，以改良池水水质。

3. 黄肝病

鳖的肝病也叫肿肝病、坏肝病，是一种病因复杂、治疗难度大的综合性疾病。

（1）病因 饵料变质，饲料中油脂添加过量，长期大量使用磺胺类药物、氯霉素、四环素等，造成肝脏损害；红脖子病、红底板、白底板、鳃腺炎、氨中毒等疾病，使肝脏发生变性和坏死。

（2）病症 营养性肝病鳖病大多体厚裙窄薄，四肢失调性肿胖，行动迟缓，如是成鳖，前期生长快、后期生长慢并逐渐变成僵鳖。如是亲鳖，产卵与受精率降低，有的甚至不产。解剖可见肝脏肿大，并伴有胆囊肿大。

药害性肝病发病鳖大多突然停食，行动失常，有的呈严重的神经症状在池中水面转圈，不久后死亡。解剖可见肝胆肿大，肝叶发脆并呈灰黄或灰白色病变，有的严重腹水，肝组织变性、肝功能下降。

继发性肝病病原生物感染、侵害鳖体后，除表现出各自发病体征外，大多行动迟缓，食物减少或停食。解剖可见肝胆肿大，大多肝呈紫黑色，质脆，肝叶切面有大量出血点，也有的肝叶呈大理石状的花肝。

（3）流行季节 无明显流行季节。

（4）危害对象　危害各年龄段的鳖。

（5）防治措施

① 加强饲养管理，保持优良水质，定期泼洒消毒剂，定期测定水质，必要时要改换水源或加大换水量。

② 用药时，选副作用小的药物，不可盲目加大剂量，避免长期用药。用药治疗时，最好先做药敏试验，筛选出高敏药物，以缩短治疗时间和避免用药的盲目性。

③ 饵料中添加植物油或鱼油的比例1%~3%，应添0.05%维生素E以防鱼油氧化，饵料尽量用新鲜优质原料。使用配合饲料，要搭配10%~40%鲜活动物性饵料和10%左右鲜嫩植物性饵料。

④ 投喂中草药预防：茶叶20%、蒲黄20%、荷叶25%、山楂20%、红枣15%合剂磨成80目细粉在温水中浸泡2h，按1.5%~2%连药带水添到饲料中投喂，每月10天。或者：黄芩20%、蒲公英15%、甘草15%、猪苓20%、黄芪15%、丹参15%合剂磨成80目细粉在温水中浸泡2h后，按1.5%连药带水添到饲料中投喂，每月10天。

4. 氨中毒

（1）病因　养殖水中氨浓度太高，会引起氨中毒。

（2）病症　四肢腹甲部出血、溃疡、浆泡，随着病情的发展，甲壳边缘长满疙瘩，并逐渐溃烂。特别是在稚、幼鳖阶段，以致引起腹甲柔软发红、身体萎瘪，肋骨外凸，背甲边缘逐渐往上卷缩。稚、幼鳖一旦患此病较难恢复，陆续死亡。

（3）流行季节　在控温养殖池常年均有发生。

（4）危害对象　危害各年龄段的鳖。

（5）防治措施

① 加大换水量和换水频率，定期用生石灰调节净化水体。

② 应搭晒背台和栖息台，以利鳖在遇到不良水环境时躲避。

③ 加强科学投饵，减少饲料散失对水体的污染，并选择质量好的饲料投喂，在饲料中添加5%左右的新鲜瓜果菜浆汁，以提高鳖的抵抗力和消化率。

5. 碱中毒

水体消毒时，大量生石灰残留池底沙泥中，难以冲洗干净，残留在沙泥中的生石灰释放到水中，引起水体 pH 值急骤上升。一般 pH 值大于 9.5，会产生鳖的碱中毒。

（1）病因　养殖水中 pH 值过高，会引起碱中毒。

（2）病症　鳖刚放入池中立即挖沙潜泥，因沙泥中 pH 值过高，随后立即钻出沙泥，有的爬到晒台上，有的沿池壁拼命往上爬，爬到一定程度落入水中，有的头部露出水面身体水平游泳。鳖身体颈部、腹部、四肢等严重脱水，皮肤紧皱，眼睛紧闭，若放人清水中，眼睛能睁开，可以存活，否则无法救治。

（3）流行季节　常年均可发生。

（4）危害对象　危害各年龄段的鳖。

（5）防治措施

① 用生石灰清池，用量不宜超过 500mg/L，放养时间一般要在 7 天以后。

② 使用生石灰消毒的池塘，若发现碱中毒现象，应及时大量换水，直到水体 pH 值低于 8.0 以下。

③ 对碱中毒的鳖，用 3%～5% 食盐水药浴 1 天，防止细菌再度感染。

6. 越冬死亡症

越冬死亡症又叫冬眠死亡症，是一种综合性疾病，全国各地均有发现。

（1）病因　鳖冬眠期间病原体感染、放养密度过大、营养不良、体质虚弱以及底质环境恶化、鳖受冻不能安稳冬眠均可引起鳖冬眠期间或越冬后死亡。

（2）病症　病鳖机体消瘦，四肢无力，背甲颜色呈深黑色，失去光泽，有时可见肋骨，摄食活动能力差，常匍匐于岸边或晒台上，不久便死亡。

（3）流行季节　一般流行于每年 11 月至次年 5 月。

（4）危害对象　各年龄段的鳖。

（5）防治措施

① 加强冬眠前期强化培育，增强鳖的体质，如在饲料中添加适量动物肝脏、鱼油、玉米油、水解乳蛋白、维生素 E 和维生素 C 等，增加投喂次数与投喂量。

② 将越冬池池水排干，暴晒 2～3 天，用漂白粉或生石灰消毒。

③ 水温降到 20℃ 左右后，每隔 10 天用 1mg/L 漂白粉泼洒一次。

④ 加强冬眠期管理，保持足够的水深。冬眠期间不搅动池水，不放鳖鱼入池，不泼洒药物，减少外界干扰。

第六节　生产管理

一、水质管理

水质调节管理的核心就是保持与维护好水质的肥、活、嫩、爽，促进水体能良性循环，及时清淤排污，适时施肥，合理排水与进水。

根据鳖的生长情况和季节、天气变化情况等，适时注新水和换水，通常高温季节两天换一次水，换水深度为 10～20cm，每次换水可为池水总量的 1/3 左右，水温 25～28℃ 的季节，每周换一次水，其他季节可少换水或不换水，换水时先排后进。由于鳖生长发育的钙质需要量较多，还需投放适量的生石灰，在鳖生长的旺季，每隔 30 天投放 1 次，用量为 30kg/亩左右，既可满足鳖的生长需要，又能改善水质。

二、投饲管理

鳖主要摄食高蛋白质的动物性饵料，如：活的螺蛳、动物内脏、小杂鱼、蚯蚓等，也摄食富含淀粉的植物性饵料，如黄豆、玉米、麦麸、菜饼等。

进入5月以后，水温25～30℃，是鳖生长发育的最佳季节，需要有充足的饵料投喂，每日投喂2次，即8:00～9:00，16:00～17:00各1次，日投喂量占鳖体重5%～7%；在5月前和10月底后，水温在25℃以下时，每日投喂1次，日投喂量占鳖体重1%～3%。

饲料以优质配合饲料为主，要求营养全面均衡，饲料投喂坚持“四定、四看”原则，每日投饲量要根据天气、水质等综合情况来掌握调整，一般在投喂后2h内吃完为准，如天气恶劣、闷热或气温过高、过低，可不喂或减量，不投喂腐败霉变的饲料，动物性饵料做到现采现投，确保新鲜，并及时清除残饵，以防污染水质。

三、越冬管理

鳖的越冬管理在人工养殖过程中是一个非常重要的工作，尤其是对于稚、幼鳖，稍有不慎，就会造成严重损失。在越冬期来临之前，养殖管理者应要做好以下准备和管理工作。

1. 越冬前准备

（1）越冬前的强化培育　冬季来临前一个月，加强鳖培育，尽可能多投喂一些高蛋白质和脂肪的鲜活饵料，如动物内脏、蚌壳肉、鱼等或在饲料中添加适量鱼油，增强机体抗寒能力，保证机体安全越冬。

（2）越冬池的选择　宜选择背风向阳、环境安静的池塘作越冬池，池底用漂白粉或生石灰消毒，并暴晒池底3～5天，避免越冬期间疾病的发生。

2. 越冬期管理

（1）水质　鳖进入冬眠之前，越冬池塘换水一次，使鳖生活在新鲜水中；越冬期间，池塘水位1.5m以上，溶氧4mg/L以上，并保持稳定。

（2）四周环境　鳖越冬期间，保持四周环境安静。工作人员巡查或换水时，注意脚步声和放水声，避免惊扰冬眠鳖。

四、病害防治

疾病的发生与病原存在密切关系，通过控制或消灭病原体是做好鳖类疾病预防工作的重要内容之一，严格检疫，彻底消毒是控制与消灭病原体的主要措施。

1. 严格检验检疫，尽量避免病原体携入

外购苗种时，详细了解苗种引入地的疫情情况，选择检验检疫合格的鳖苗种。

2. 提高机体免疫力

选择体质健壮、规格整齐、抗病力强的苗种养殖；合理投饵，及时调节投饵率；用口服疫苗或中草药拌饵投喂，提高机体免疫能力。

3. 生物预防

在养鳖池中搭配少量白鲢和鳙鱼，调节水质；养鳖池中种植水浮莲或水葫芦或其他漂浮性水生植物，吸收水体 N、P 营养物质，还可为鳖遮阴。水生植物种植面积不超过水面的 1/5，可用框架或绳索固定生活水域。

4. 消毒防病

鳖池每 1～2 年干池清淤，用生石灰或漂白粉消毒；每月用漂白粉 1mg/L 或生石灰 30mg/L 化浆全池遍洒，两者交替使用；根据水质状况，相隔 15～20 天，泼洒适宜微生物制剂。

下塘和分池时，用药浴法，消毒鳖体；投喂的新鲜动、植物饵料，先清洗干净，用 20mg/L 高锰酸钾或 3% 食盐浸泡 5～10min，再清水冲洗后投喂；生产工具暴晒，用高锰酸钾或食盐水或漂白粉溶液浸洗，每周 2～3 次；食台、晒台及周边，每周一次，用漂白粉和氯制剂溶液泼洒消毒。

五、管理日志

做好“五勤”和“五查”工作，即勤巡视，勤排污，勤做卫生，勤防治，勤记录；查水温，查水质，查摄食，查病害，查生

长。鳖养殖全过程，水产技术工作人员必需每天如实地填写工作日记，记录养殖池的投入、投饵、吃食、活动、生长、疾病、用药等各项工作具体内容，便于日后生产技术总结，经济效益分析和产品质量溯源。

第二章　乌龟养殖

第一节　乌龟的生物学习性

乌龟（*Chinems reevesii* Gray），别称金龟、草龟、泥龟和山龟等，分类上属于脊椎动物门、爬行纲、龟鳖目、龟科，是常见的龟鳖目动物之一。

一、形态特征

乌龟由龟甲和躯体两大部分组成。龟甲分为背甲和腹甲，两侧通过甲桥连接。背甲棕褐色，呈六边形，由边缘向中间隆起，自龟头向龟尾形成背脊。背甲表面有38块盾片，中央13块较大，呈六边形。腹甲黑白相间，似大理石，比较平整，仅在边缘向背甲弯起。腹甲表面有12块盾片，每块盾片交接处呈白色条纹。

乌龟躯体可分为头部、颈部、躯干、四肢及尾部五个部分。乌龟头部较粗，前端较尖，略呈三角形。吻钝，为采食主要器官。颈部粗长，近圆筒形，颈部皮肤能伸缩，当颈缩入壳内时，其颈椎呈“U”形弯曲。躯干是全身主要部分，宽短而略扁，背面呈椭圆形，主要器官均位于此，外有骨板形成的硬壳，起保护作用。四肢粗短而扁平，为五指形，位于体侧，能缩入壳内。尾短而细小，尾部从壳缘伸出，能缩入壳内。

二、生态习性

乌龟是变温动物，其体温随着外界温度的变化而变化，但略高于外界温度。乌龟以发达的肺呼吸，既可以在水中活动和摄食，也可以在潮湿的陆地上活动。乌龟主要栖息于湖泊、河流，白天一般在水中活动、摄食，或在水边的树枝、岩石上晒太阳，一旦受到惊吓，即钻入水中，夜晚常在岸边或稻田中觅食。

当气温低于10℃时，乌龟即静栖于池底淤泥中，或钻入岸边洞穴，或在覆盖有稻草的松土中，不进食不活动，进入冬眠。到次年4月出蛰，当温度上升到15℃以上时，才开始正常摄食和活动。

三、食性

自然界中，乌龟的食性广，小鱼、小虾、蚯蚓、蠕虫、螺蛳、蚬蛤、蜗牛、植物茎叶（如蔬菜等）以及稻、麦等都能吃。在饲养条件下，也吃花生麸、豆饼等商品饲料；投喂动物性饲料，更有利于其生长。

乌龟的摄食强度随季节的变化而变化，4月中旬开始摄食，6—8月为摄食旺盛期，10月份食量下降。摄食时间随季节变化而不同，春、秋两季气温较低，乌龟早晚不太活动，一般在中午前后摄食；盛夏时节，乌龟在中午不活动，一般在傍晚摄食。乌龟摄食时，通常是咬着饲料潜入水中吞咽。

第二节　养殖条件与设施

一、场地条件

1. 水质

养龟水源以江河湖库水为好，要求水量充足，水质良好，无工农业污染。有条件的地方可采用未受污染的电厂余热水、地下温泉等水源，减少养殖过程中的能源成本。

2. 土壤

乌龟养殖池的土质以保水性能好、渗透性差的黏土或黏壤土为佳。底土上层如有15～30cm厚的淤泥和细砂的混合土更为理想。酸性土壤或盐碱地不宜建养龟场。

3. 环境

养龟场要求进排水方便，电力、交通等配套设施齐全，周边环境清静，场区空气清新、背风向阳、光照好。

养龟场选址还要考虑鲜活饵料来源，防逃、防盗管理，以降低生产成本。

二、养殖设施

1. 防逃设施

乌龟善攀沿、易逃，养龟场必须有良好的防逃设施。龟池四周砖砌防逃墙，墙面四壁光滑，垂直高出地面30cm，顶部向池内出檐10～15cm。

养龟场的进出水口应安装防逃设施。可使进水口上面的池壁垂直高出水面30cm，同时将进水管口伸入池内20cm，以防龟在进水时逃跑。养龟池排水时，要在排水管上套上防逃筒，防逃筒用钢管焊成，根据龟的大小钻上若干个排水孔。在排水闸口安装栏栅或鱼网。

2. 亲龟池

亲龟池以长方形为好，水陆面积比约7：3，水深1.0～1.5m，水池三边最好为陡坡，使龟不能上下；另一边为缓坡，用作产卵场，坡比1：3为好。产卵场宜建在亲龟池的南北向，水面与产卵场以30°斜坡相接，便于亲龟爬到沙池掘洞产卵。亲龟池的防逃墙高度50cm，以防止各池乌龟相互逃窜。亲龟池四周应多栽种树木花草，尽量模拟自然生态环境，有利于龟的繁殖。

3. 稚/幼龟池

稚龟池一般为砖混结构，室内外均可建造。面积约10m^2，池深70～80cm，水深30～50cm。可建成长条形池，池中也可再分成若干小格，池子长度可视生产规模而定。池中用竹木板架设食1m^2左右的（晒）台，进、出水口要设防逃栏栅。在稚龟池上方罩上铁丝网或者鱼网，防止敌害侵袭。

目前幼龟养殖多采用加温饲养的方式。幼龟池面积30～50m^2，

长方形，砖混结构，池深 1m 左右，池底铺一层 10cm 厚的细砂，池的一侧用砖块或水泥板砌成一块与水面平行的平台，供龟栖息、晒背。紧靠水泥平台处用水泥板或木板设置饲料台，面积视放养龟的密度而定。幼龟池的进排水系统要配套，进出水管要安装调节阀门，能随意排放冷、热水以调节水温。出水口要装栏栅，防止幼龟逃走。温棚加温饲养，保持水温 26～30℃，使幼龟常年快速生长。

4. 成龟池

成龟池分室外池和室内池两种。室内恒温成龟池结构与幼龟池基本相同，但面积要大一些，通常 50～150m^2，水池深 1.5m，蓄水 1～1.2m。池底同样设计成进水口一端稍高于排水口一端，便于换、排水操作。排水口用钢网拦栅防逃。在池的一面搭设木板、石棉瓦等，供龟摄食和离水休息，木板、石棉瓦等食台上要安置高度为 2cm 左右的挡板，防止饲料落入水中，造成饲料浪费和败坏水质。室外池的结构与亲龟池相似，为东西走向的长方形，池深 1.5～2m、注水深度 1.2m，池周建 30～40cm 高防逃墙，池底 20～30cm 厚软泥或 20cm 厚细沙。面积无特别要求，一般每口池面积 1～3 亩，并在北坡留出坡度比为 2∶1 的陆地，离防逃墙 2～3m，供龟上岸活动。北坡沿水岸线用水泥抹面，做出 50cm 左右宽度的硬化带作饵料台，也可用木板、石棉瓦等制成。

5. 加温设施

乌龟为变温动物，生长速度受温度制约明显。采用温室养龟，不仅打破了乌龟冬眠的习性，经过人工增温加温等技术措施，将乌龟的生长期缩短 12～14 个月，而且显著提高了稚龟的成活率。因此，因地制宜建造各种类型的温室，或者利用养鳖的加温设施，是提高乌龟养殖成活率和提升经济效益的重要措施。

目前，养龟用的温室主要有塑料棚温室、全封闭式温室和节能温室。

（1）塑料棚温室　塑料棚可用于加温池，也可用于保温池。这种温室用材省、投资少，适合农村广大地区养殖户。塑料棚保温室内的龟池一般为土池，不加温，而是通过塑料棚覆盖，合理采光，以保证在早春或晚秋有适宜的养殖温度，延长乌龟生长期。塑料棚保温池的保温在相当程度上依赖于光照。光照与保温池的方位有直接关系。当阳光照在保温池上空时，保温池室内光照强度主要取决于直射光，入射角度越小，室内光照强度越大。

加温塑料棚，要在寒冷的冬季通过加温使水温在 26 ~ 30℃，须加强隔热保温措施，一是在棚的边墙填加一定厚度的隔热材料，二是塑料薄膜必须覆盖两层，两层内留有一定的空隙。

（2）全封闭温室　从结构和功能上分为两大类，一类为全封闭温室，如砖混结构的车间式温室；另一类为利用地下人防工程改建的地下温室。全封闭温室保温性好，不受外界环境的影响，可设计为多层龟池，面积利用率高，可达到 130%。加温池为砖混或混凝土结构。全封闭温室一次性投资大，室内缺乏光照，生态条件较差。水体无自净能力，要勤换水，全靠电光源照明，耗电比较大。

（3）节能温室　结构介于全封闭温室与塑料大棚温室之间，汲取两者保温和透光的优点。保温效果与全封闭温室相当，单层池或多层池结构，高效低耗，骨架选用毛竹、木材、角钢均可，造价较低，投资小，资金回收快，抵御市场风险能力强。

6. 加温方式

常用的有锅炉、地热、工厂余热、电能加温等。

（1）锅炉加温　生产上使用最多，但燃料来源受到限制、劳动强度大、生产成本较高。

（2）地热加温　利用我国丰富的地热资源养龟具有节省常规能源、成本低、无污染、易于管理等优点。如果直接利用地热水养龟，水温须经过调节才能注入池中。另外，其水质必须符合无公害渔业用水标准。

（3）工厂余热加温　利用大型电厂或其他工厂余热水建成加温养龟场，与利用地热具有同样的优势。

（4）电能加温　采用新的节能型加温装置，自动控温或人工控温，适用于工厂化养龟生产。电加温适合在电价较低的地区家庭

控温养龟和规模孵化中使用。

7. 孵化室

孵化室要选择地势高、排水条件好的地方修建，面积大小依据繁殖的生产规模确定，一般单个孵化室面积10～20m²。孵化室形状不限，四周用砖砌成，也可利用空余的住房或办公室进行改造。在墙基和墙壁开凿排水孔和通气孔，排水孔和通气孔要用铁丝网罩住，并沿外墙四周开挖一条环形沟，沟宽20cm、深15cm，并向沟中注水，防止老鼠、蛇、黄鼠狼、猫等敌害生物由通气孔和排水孔进入孵化室。孵化室内地面要设置成有一定坡度的斜面，便于保持室内干燥。

孵化室内用木架或不锈钢架抽屉式摆放孵化箱。孵化箱一般用1.5cm厚的杉木板或铝材制成，一般长、宽、高分别为45cm、35cm、8cm，箱底打有若干滤水孔。

孵化加热器一般用电加温，使用方便安全，控温也比较简单。

8. 病龟隔离池

规模化养龟场必须建有病龟隔离池2～4个。隔离池面积50～100m²，结构及要求与幼龟池相似，主要用于病龟的隔离、观察和治疗。

9. 商品龟暂养池

商品龟暂养池为单纯的水泥池，配有进排水管，但池子内壁必须用水泥抹平或贴上磁砖，防止龟底板擦伤而影响商品龟售价。商品龟暂养池大小由商品龟生产销售的规模而定。

10. 其他附属设备

完整的养龟场除上述养殖设施外，还包括管理办公设施、电力设施、防盗监控设施、实验室、储藏室和值班室等。特别是随着信息化进程的加快和网络技术的普及，现代养殖场应当建立网络信息平台，一是做好生产记录等电子信息，便于管理，二是保证能够及时、准确掌握市场动态，建立营销网络，三是有助于随时了解养龟技术进展，进行疾病远程诊断，提高科技水平。

第三节　池塘鱼龟混养技术

幼龟培育结束后进入成龟养殖阶段。幼龟出池时间一般5—6月，规格150～200g。此时温室内外温差较小，有利于龟的快速生长。为避免出池时温差过大引起死亡，在幼龟移出温室前要逐渐降温，每天只能降低2℃，如果室外水温是25℃，那么从室内的30℃水温降到室外的25℃约需3天的时间。室外成龟养殖的目标，是将150～200g的幼龟通过4～5个月的高温季节，饲养达到400g左右的商品规格。

一、池塘准备

池中有龟有鱼，在建池时要考虑便于人工拉网操作，形状以长方形为好，单个池塘面积1～4亩为宜。

在龟、鱼放养前，要对池塘进行消毒，常用的消毒药物为生石灰和漂白粉。干池消毒每亩用生石灰50～75kg；如果保留池水深1m，每亩用生石灰125～150kg，或者漂白粉13～13.5kg，或者用漂白粉5～6kg加生石灰60～80kg。全池泼洒彻底消毒后，经10天左右，毒性消失即可放养。

二、龟鱼放养

池深在2～2.5m的龟鱼混养池，只要管理得当，饲料充足，可实现亩产龟150kg、鱼500kg。由于混养池中，一方面有乌龟代谢物的大量排入，另一方面难免有残饲沉积，而使水质变肥，可以繁殖丰富的浮游生物，因此龟鱼混养时，以投放滤食性鱼类为宜。

乌龟的放养密度为每平方米放幼龟5～7只，鱼类（亩产500kg）放养方案：鲢鱼（100g）500尾；草鱼（250g）150尾；鳙鱼（150g）30尾；团头鲂（100g）200尾；鲤鱼（100g）15尾；鲫鱼（7cm）50尾。

乌龟在开春之后，水温稳定在15℃以上放养。在冬末、春初，

切不可将市场上收购的龟放入池中，因为这种龟打破了冬眠的习惯，受到寒冷伤害，成活率很低。鱼种一般在年前放养，放养前以2.5%的食盐水浸洗5～10min。

三、饲料投喂

1. 饲料种类与投饲量

（1）龟饲料　成龟饲料有蝇蛆、螺蚌肉、蚯蚓、禽畜内脏、米饭、发酵或蒸熟的混合饲料和人工配合饲料等，动物性饲料与植物性饲料所占比例相近，还可投喂一些砍碎的瓜果皮、蔬菜叶。日投喂2次，上、下午各1次。日投饲量为龟体重的4%～5%，不同季节适当调整，以吃饱、吃完为原则。

（2）鱼饲料　开春前，对吃食性鱼应适当投喂些配合饲料或精饲料（麦麸、糠饼、碎米等），并投施一些腐熟的人畜粪，以培肥水质；开春后，草食性鱼以嫩草为主，早春有黑麦草、莴苣叶等，夏天以苏丹草、旱草为主。青饲料的日投喂量为草食性鱼体重的30%左右，精料约为吃食性鱼体重的3%～4%。龟鱼混养池因为充分利用了龟的排泄物，可以比常规鱼池少施肥，故应特别注意水质变化。

2. 龟鱼分开投喂

龟鱼分别搭设饲料台，间距尽量远一点，鱼的食台（精料台）一般在距水面以下35cm处，而龟的食台大部分在岸上，伸入水中部分只占食台的1/3。龟鱼分别投喂，先投鱼的饲料，后投龟的饲料。

3. 日常管理

坚持巡塘，及时掌握龟、鱼的生长情况，防止泛池等事故的发生。每天早、中、晚巡塘，黎明前后看有无鱼浮头；午后察看龟、鱼的摄食；日落检查全天的情况，有无浮头预兆、龟有无逃失等。在巡塘时一定注意不要过多地惊扰乌龟，以免影响其生长。龟鱼混养池要经常加注新水，以保持水质的清新。水位也要经常调节，低温时，饲养早期水可浅一些，高温季节适当加深。

4. 防治病害

池塘周围和陆地栖息处要经常清除杂草，防止虫、蚁孳生和蛇、鼠隐蔽；对龟、鱼的饲料台要经常清扫消毒；发现不正常的龟、鱼应及时捞出检查，发现病害尽快采取措施，对症下药。

四、收获

龟鱼混养池的产品可年底一次性起水，也可以轮捕轮放，一般是起多少补多少。

第四节　稻田养龟技术

稻田养龟是一种动植物互生互利的生态养殖新技术。既不占用其他土地资源，又节约养龟成本，又减少稻田施肥用药，不影响水稻产量，却能大大提高经济效益。稻田养龟产出（增重）是投入量的1～2倍，产值是种稻的4～8倍。

一、田间设施

选择水源条件好，排灌方便，不易遭受洪涝、旱灾的田块作养龟田，土质以壤土、黏土为好。在稻田四周用厚实塑料膜围成50～80cm高的防逃墙。有条件的可用砖石筑矮墙，也可用石棉瓦等围成，原则上以龟不能逃逸即可。田间开几条水沟供龟栖息，沟深30～50cm、宽40～60cm，沟面积占田面积的20%左右。进、出水口用铁丝网拦住。稻田中间建一个长5m、宽1m的产卵台，可用土堆成，田边做成45°斜坡，台中间放上沙土，以供雌龟产卵。

二、龟种放养

水稻栽植后，即可放入龟种，若以繁殖为主，一般每亩水田可放养亲龟120只（雌雄比2∶1）；若养商品龟，每亩放80～100g的幼龟600只（当年起水），或放稚龟2 000只（2～3年起水）。选择健壮无病的龟入田，避免病龟入田引发感染。养龟稻田还可套

养少量清洁水质的鱼种，每亩放 10cm 以上的鲢 100 尾、鳙 50 尾。

三、饲料投喂

每天要定点、定时、定量、定质投放饲料。因稻田内有昆虫类水生小动物等可供龟摄食，故可减少部分饲料用量，比常规日投量（占体重的 3%）减少一半（指全价饲料）。若在稻田内预先投放一些田螺、泥鳅、虾类等，这些动物可不断繁殖后代供龟摄食，节省饲料则更多。还可在稻田内放养一些红萍、绿萍等小型水草供龟食用。

四、田间管理

龟喜吃植物性饲料，田间不宜施用除草剂；龟自身的排泄物可以肥田，田间施肥量比常规施肥减少一半左右，一般每季稻每亩只需施尿素 15kg 即可；田间平常水位保持田面 3 ~ 10cm 深的水，高温季节，要经常灌跑马水，保持水质新鲜。

五、防高温

在双季连作稻田间套养龟类时，头季稻收割适逢盛夏，收割后要对水沟遮阴，可就地取材把鲜稻草扎把后盖在沟边，以免烈日暴晒，导致水温超过 42℃ 而死龟。

六、防敌、药害

由于龟喜食昆虫、飞蛾等，水稻中下部一般虫害甚少，稻秆上部叶面害虫偶有发生，可使用高效低毒农药喷治。施药前，可先给龟饲喂解毒药预防；或者采用诱饵引诱龟上岸进入安全地带；也可分田块分期转移后施药：还可先捞龟暂养一旁后施药。经 2 ~ 3 天后龟便可入田饲养。一般中、成龟的硬壳有抵御敌害作用，而幼小龟时，要防止大蛇、水鼠、鱼鹰入田为害。

七、防病

由于饲养密度低，龟一般较少发病。每半月在饲料中拌入中草药防治肠胃炎，如铁苋菜、马齿苋、篇蓄草、地锦草等。

八、起捕

每年秋收后，可将龟起捕出售，或转入池内或室内饲养越冬。

第五节　疾病防治技术

乌龟是水陆两栖爬行动物，主要生活环境就是水和陆地休息场。在天然条件下，乌龟抗病力较强，疾病少。但在人工养殖条件下，由于生态环境变化、放养密度过高、饲料营养不全、管理操作不当等不利因素影响，使乌龟免疫力下降、病原体大量入侵，导致疾病发生。

一、龟病预防

乌龟养殖中的防病措施主要有清塘、消毒和免疫。

1. 清塘

在放养前 7 ~ 10 天对养龟池清塘消毒。干池清塘每亩用生石灰 50 ~ 75kg，带水清塘水深 1m 每亩用生石灰 120 ~ 150kg，将生石灰兑水全池泼洒即可。用茶饼清塘，平均水深 1m 每亩用量 20 ~ 25kg。用漂白粉清塘，平均水深 1m 每亩用量 13. 5kg。

2. 消毒

小型工具如小手网、面盆、木桶、搪瓷桶等应在硫酸铜 10×10^{-6}浓度溶液中浸泡 5 ~ 10min，大型用具和网具每次使用后在阳光下暴晒，杀灭病原体。鲜活饵料如水蚯蚓、螺蚌、蝇蛆等，先用清水洗净，再在 5% 食盐水浸泡 5min，用清水漂洗后投喂。青饲料切碎前先在清水中浸泡 30min，洗去水溶性农药。龟体消毒常用药物及用量见表 1。

表 1　龟体常用消毒药物及用量

药物名称	浓度	水温（℃）	浸洗时间（min）	可预防的疾病	注意事项
硫酸铜	8×10^{-6}	10～15	20～30	钟形虫、水蛭病	浸洗时间视龟健康程度和水温灵活掌握
		15～25	15～20		
漂白粉	10×10^{-6}	10～15	30～40	烂板壳病、白眼病、腐皮病等	漂白粉含氯量为30%，使用需即配即用
		15～25	20～30		
高锰酸钾	20×10^{-6}	10～20	25～35	钟形虫、穿孔病、累枝虫病	浸洗用水需干净，浸洗时避免阳光直射
	15×10^{-6}	20～30	20～25		
食盐	2.5%	10～32	15～20	钟形虫病、水蛭病、穿孔病。也可用于蝇蛆、水蚯蚓等鲜活饲料消毒	水温低于10℃，适当延长浸洗时间
	5%		10～15		

3. 免疫

土法免疫，在鱼、鳖养殖中应用获得良好效果，制备和使用方法如下。

（1）组织浆制备　选择患病的龟数只，取其肝、肾、脾、腹水和肠系膜，放在玻璃皿中称重，剪碎后放研钵或匀浆器内按1∶10的比例加入0.85%生理盐水（即1g组织，加10mL生理盐水），研碎后用双层纱布过滤成均匀的组织浆。如有条件，应将组织匀浆用离心机(4 000转/min）离心40min后取其清液备用，替代过滤，离心过的组织浆清液没有颗粒，使用时不会阻塞针孔。

（2）灭菌　将组织浆放入恒温水浴锅内，加温使之保持60～65℃，加温过程中要摇动数次，使温度一致，2h后，再加化学纯或分析纯的福尔马林（含甲醛40%）使之成为1%的浓度，使用时需稀释1倍。

（3）保存　将灭菌后的组织浆装瓶，用石蜡或不干胶封口，放在冰箱内保存，通常可保存2～4个月，低温冰箱可保存1年；放在阴凉处，则可保存一个半月。

疫苗是用多种病龟的内脏制备而成，是混合类毒素，可预防多种龟病，也可制备某一种病的单一疫苗。

（4）疫苗使用　一般在后肢基部肌内注射，先用酒精棉球消毒注射部位，针头与腹部呈10°～15°角，注入深度1.0～1.5cm，体重180g以下的龟注射量0.1～0.15mL，200～400g的龟注射0.2～0.3mL，500g以上的龟注射0.5mL。

二、乌龟常见疾病及防治

1. 出血病

（1）症状　出血病是常见的动物被病毒感染后发生的疾病。龟的出血病与其他动物症状类似，在其咽、呼吸道、肠道、肠系膜有明显的出血性病变。肝、肾脏也有出血病变，其肌肉组织则有发炎和充血现象。从稚龟到成龟均可发病，以稚龟、幼龟死亡率为高。发病时间是初夏和初秋。龟病往往迅速传染，大批死亡。

（2）防治方法　生石灰、漂白粉间隔泼洒：每亩1m水深先用0.3～0.4kg漂白粉全池泼洒，5～7天后用15～20kg生石灰调节酸碱度，3～5天后再泼洒漂白粉0.3～0.4kg，可达到消毒和调节水质效果。

加强饲养管理：除喂养人工配合饲料外，增加天然动物性和新鲜植物性饲料的投喂，加强营养，提高龟自身对病毒的免疫力。

药物治疗：龟在患病毒性出血病初期，可使用磺胺制剂、抗菌素（红霉素等）。目前，国内外对出血病尚无特效药。发生出血病早期喂药加上水体消毒可以控制病情，若延误至大量感染，治疗效果不好，造成大的损失。

出血病疫苗注射：出血病预防和治疗的方法一般以出血病疫苗注射疗效较好。有时还可将综合性发病的龟用于疫苗的制备，其效果更好。幼龟50g时注射出血病疫苗，可获得一年左右的抗出血病毒免疫力，保护率达到90%以上。

2. 白眼病

（1）症状　病龟眼部发炎充血，眼睛肿大。眼角膜和鼻黏膜因炎症而糜烂，眼球外表被白色分泌物盖住，然而眼睛内部的炎症

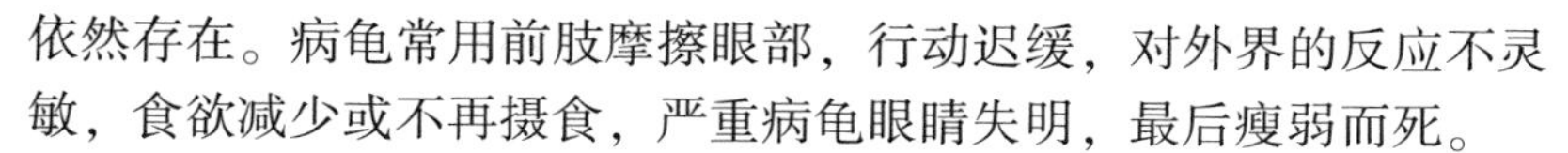

依然存在。病龟常用前肢摩擦眼部，行动迟缓，对外界的反应不灵敏，食欲减少或不再摄食，严重病龟眼睛失明，最后瘦弱而死。

（2）防治方法

① 加强饲养管理：越冬前喂给动物肝脏（牛肝、羊肝、兔肝、猪肝），加强营养，增强抗病能力。越冬复苏后开始摄食时，同样要加喂肝脏。

② 池塘消毒：将病龟捕出，另行治疗。池水深 1m 每亩用漂白粉 1～1.5kg 遍洒，4～5 天后，再用漂白粉全池遍洒一次。

③ 氟哌酸或新霉素浸洗：每升水加 0.02g 药物混匀后浸洗幼龟，幼龟以上则用每升水 0.03g 药物浸洗，浸洗时间每次 20min。这既是预防措施，又可用作早期治疗。必要时，每天浸洗一次，连续浸洗 3～5 天。

④ 注射链霉素治疗：每千克龟重注射 20 万国际单位。

3. 腐皮病

（1）病状 病龟颈部、四肢、尾部、裙边等处皮肤糜烂或溃烂，严重时，组织坏死，形成溃疡。有时爪脱落，四肢的骨骼外露，多数骨骼外露的病龟会死亡。

（2）防治方法 水体保持 pH 值在 7.2～8.0，每亩使用生石灰 20～25kg 预防疾病发生。

浸洗：链霉素或磺胺类药物等，每升水用药 0.01g，溶解后浸洗病龟 48h，暂养一天后再浸洗。3～5 次可痊愈。

全池泼洒：池水深 1m，防病消毒每亩用漂白粉 1～1.5kg，治疗每亩用漂白粉 2～2.5kg。

注射卡那霉素：治疗用量每千克龟重 20 万单位，腹腔注射，5～6 天后可再注射一次。预防应在放养前注射，剂量为每千克龟重 10 万～12 万单位。

4. 肠炎病

（1）症状 饲养中投喂不洁饲料特别是喂了腐败变质的动物性饲料或水质严重恶化时易发生。是感染产气单胞菌所致，一般发生于夏天，病龟精神不好，反应迟钝，减食或拒食，腹部和肠内发炎充血，偶尔呕吐。该稀便或消化不全的食物，如不及时治疗，易致死。

（2）防治方法　保持水质清洁，定期施用生石灰 20 ~ 25kg/亩全池遍洒，维持 pH 值 7.5 ~ 8.0，投喂新鲜饲料。

药饵投喂：每千克饵料加 5g 土霉素或氟哌酸制成药饵，投喂7 天。

注射：对重症龟可注射氟苯尼考或庆大霉素，每千克体重 4 万单位。

5. 腐甲病

（1）症状　在饲养条件差，池底酸性物质浓。水中厌氧菌易侵入龟甲损伤处，导致龟甲壳腐烂发炎，严重的溃烂成缺刻状。

（2）防治方法　加强饲养管理，减少对龟甲壳的碰撞。发病期多喂营养价值高的动物性饲料，如肝脏、鱼肉等，以增强体质提高抗病能力。发生外伤，用 5% 的食盐水浸泡 30min 左右。

治疗：用 3% 双氧水涂抹病灶部位数次，再用高锰酸钾晶体粉末涂搽；或用 10% 食盐水浸洗，再用金霉素软膏涂搽患处；也可用 1% 的新霉素或霉夫奴尔水洗涤病灶。

6. 绿脓假单胞菌败血症

（1）症状　乌龟食欲减退或停止，呕吐、下痢，褐色或黄色脓样粪便。解剖可见：肝、脾肿大，表面有针尖状出血点，胃壁高度水肿、肥厚，胃黏膜溃疡化脓，肠黏膜溃疡化脓，肠黏膜广泛出血。胃肠内充满混血褐色的脓样黏稠内容物。病原为绿脓假单胞菌，此菌广泛存在于土壤、污水中。主要经消化道、创伤感染。

（2）防治方法　注意养殖池卫生，每月定期用生石灰、漂白粉泼洒进行水质调节，勤换水，可预防此病。

患病乌龟体内注射链霉素，每千克体重腹腔注射 20 万单位，每天 1 次，连续 3 天。

7. 疖疮病

（1）症状　病龟颈、四肢有一或数个黄豆大小的白色疖疮，用手挤压四周，有黄色、白色的豆渣状嵌入物。病原为嗜水气单胞

菌点状亚种，常存在于水中、龟的皮肤、肠道等处。病龟初期尚能进食，逐渐少食，严重者停食，反应迟钝。一般 2 ~ 3 周内死亡。水环境良好时，龟为带菌者，一旦环境污染，龟体受伤，病菌大量繁殖，极易发病。

（2）防治方法　养殖池用生石灰（每亩 20 ~ 25kg）、漂白粉（每亩 1 ~ 1.5kg）泼洒调节水质，注意勤换水，可预防此病。

乌龟分池、转池时，操作轻快，避免受伤；用 1% 的高锰酸钾水溶液浸泡消毒 10 ~ 15min。

已患病乌龟要及时隔离饲养。将病灶的内容物彻底挤出，用碘酒搽抹，敷上土霉素粉。

对病龟可在动物性饵料中添加抗生素类药物。

8. 出血性败血症

（1）症状　由嗜水气单胞菌引起的传染性疾病。龟皮肤有出血的斑点，严重者皮肤溃烂、化脓。解剖观察，肝肿大，肺充血，脾淤血，肠黏膜充血，肠内容物污黑。

（2）防治方法　养殖池严格消毒，土池要清淤晒塘；在养殖期间注意水质调节，使养殖池水水质清新；不引入受污染的水源，病龟池操作工具严格消毒。

将病龟按轻、重分池。对轻度病龟投喂麦迪霉素、乙酰螺旋霉素等，用氟哌酸溶液浸泡 24h；严重时可肌内注射青霉素。

9. 红甲板病

（1）症状　夏天龟活动多或运输中腹甲损伤，池子粗糙引起磨损龟甲后而致角甲内局部红肿发炎，而且多数见于腹甲内部有出血斑块，并向四周浸润型扩散。严重时可波及整个龟甲，引起败血症而死亡。池子水质差，消毒少，水底氧气少时易产生大量单孢杆菌是引起此病的元凶。

（2）防治方法　可以采用向池子内充气、增氧，让池水活动起来。特别是高密度放养或小池子水质不良的条件下，勤换水也是实用有效的预防方法。

对病龟，可注射小诺霉素或庆大霉素，每 500g 龟每天用 1.5

万国际单位。对病重的龟，最好先用针挑破患处，挤出血水，用食盐涂擦，再用水冲洗，最后用紫金锭加醋调至糊状后涂患处，数次可愈。

10. 水霉病

（1）症状　水霉病可能是乌龟养殖生产中最普遍、传播最快也较难以杜绝的一种疾病，其病原体是藻状菌纲的水霉、绵霉。通常温室养殖时水霉病较少，防治效果也比较好。进入露天池后，由于放养密度较高，排泄废物与残饲在水体、底泥中积累，加上乌龟特有的气味，水质容易变坏，伴随一些藻类的大量繁殖，水霉病也应运而生。水霉先从四肢、颈部着生，后蔓延至龟甲，最后整个乌龟就被水霉完全包裹住，形成毛绒绒的一团，因此通常称其为白毛病。患有水霉病的乌龟一般行动迟缓，摄食困难，生长停滞，身体瘦弱，体表受水霉的侵蚀，外观也较差。

（2）防治方法　生产操作仔细小心，避免乌龟受伤；彻底清塘消毒，消灭水中孢子；在每千克饲料中添加1g维生素E，可有效预防此病。

药物治疗外伤：用新霉素1%水溶液涂抹伤口，或用新霉素0.02～0.03g溶于1L水中，浸洗龟体20～30min，或水深1m每亩用新霉素0.7～1kg全池遍洒。

治疗：用1%亚甲基蓝涂抹约1min，暂养隔离池中，第二天再涂一次，连续3～4次，直到菌丝杀死而脱落；用亚甲基蓝1：15 000浓度浸洗5～7min，可有效治疗水霉病。

11. 口霉病

（1）症状　此病又叫念珠菌病、消化道真菌病，患病初期，龟口腔唾液胶黏，出现口烂，咽部黏膜常形成黄乳色干酪状物，并可蔓延至食道，或有薄膜被覆其上。波及胃时，病变黏膜肿胀、出血和发生溃疡。此时，病龟精神不振，少食、拒食或排稀粪，上消化道发炎严重时可致死。病龟的消化道和粪便都有此菌，人也有被感染的可能。

（2）防治方法　此病主要是卫生环境不好所致，因此，要经

常对龟池内外用1%氢氧化钠溶液或2%甲醛溶液消毒，并及时更换池水。

治疗：对病龟隔离治疗，先除去口腔内白膜，涂上消炎药，喂服氟苯尼考，每次10～20mg，1万～2万单位，每天2次，连服6天；或用0.01%的龙胆紫（或0.025%的雷凡诺液）浸泡，每天上午投喂后浸2h。

12. 钟形虫病

（1）症状　肉眼能见到病龟的四肢、背、腹甲、颈部等处呈现一簇簇白毛，严重时全身呈灰白色，如用显微镜检查白毛，可以辩认是钟形虫类的原生动物附在龟体表形成的，而不是菌丝体。

（2）治疗方法　1%高锰酸钾涂抹：每天一次，涂抹后经过30～40min放隔离池。连续涂抹两次，此法能杀死附着虫体。

食盐水2.5%浓度浸洗：当水温在10～32℃，浸洗龟体10～20min，每天一次，连续2天。

硫酸铜浸洗：硫酸铜0.08g溶于1L水中，浸洗20～30min，可以杀灭虫体。

13. 血簇虫病

（1）症状　血簇虫感染强度不高，一般外表难以发现症状。从血液染色涂片可见，被感染的红细胞内常挤满了血簇虫，红细胞的核被挤到一边，细胞严重膨大、变形，失去正常生理功能；特别是当血簇虫在红细胞内进行裂体增值时，会造成红细胞大量解体，外周血中出现许多幼红细胞，这是一种代偿性增生。白细胞表面常能看到许多伪足状突起，表明其生理活动增强。

（2）防治方法　消除池底过多淤泥，并消毒。

由于血簇虫必须通过水蛭完成生活史，因此及时杀灭水蛭，可预防此病。

14. 水蛭病

（1）症状　病龟体表有长条状的水蛭寄生，水蛭身体由许多体节组成。有2个吸盘，前吸盘小，后吸盘大，它以后吸盘牢固地附着在龟体上。水蛭有黄褐色、灰黑色，体色与龟体色接近，不易发现。水蛭通常在龟四肢腋下等处，呈群体丛状寄生或零星分布，以吸血为生。活体解剖发现病龟鼻、咽腔和直肠中均有微小的透明体幼蛭寄生。水蛭寄生可直接使乌龟生长停滞、繁殖力下降，严重时致龟死亡。

（2）防治方法

① 用生石灰清塘消毒：水蛭在碱性水中难以生存而死亡。

② 食盐水浸洗：水温在 10 ~ 32℃，用 2.5% 食盐水浸洗 15 ~ 25min。

③ 硫酸铜浸洗：硫酸铜 0.08g 溶于 1L 水中，浸洗 20 ~ 30min。

④ 氨水浸洗：用 10% 氨水浸洗 20min，可使水蛭脱落。

15. 龟感冒

（1）症状　龟感冒常见于春初和深秋，常因气候剧变而引起。室内饲养的龟有时是通风不良引起。病龟眼光暗淡，有时流泪水，呼吸有哮喘声，鼻子流涕或冒水泡。严重时鼻孔结痂，眼圈发白，呼吸困难，此时大多发展为肺炎。

（2）防治方法　龟感冒和肺炎以防为主。日常管理中尽量保持少惊扰，尤以初春天气多变季节要少捞出水面或长途运输，如有必要，在运输过程中要注意保暖。冬春换水时，注意新旧水体温度尽量相近，不可温差太大。

如发现龟感冒，初期每 500g 龟可用病毒灵 0.2g 加维生素 C 0.1g 饲喂；也可用康泰克 0.1g 加维生素 C 0.1g 饲喂。同时用万分之一福尔马林药浴 15min。对发病严重的龟，注射青霉素 15 万国际单位，也可注射头孢苄 0.5g，连用数天。

16. 软龟甲病

（1）症状　软甲主要表现背甲凹凸不平，软脚，长期栖息在草洞中，不爱爬动，不主动觅食。繁殖的亲龟产软壳蛋。

（2）防治方法　饲料中添加富含钙质的物质，如贝壳粉、牡蛎粉、甲壳素等；室内养龟应定期晒龟，尤其幼龟更应注意；饲料中补充新鲜动物肝脏和加入少量鱼肝油。

治疗：注射丁胺性钙，每天每千克龟 1mL，肌内注射；或口服

乳酸钙片，每天2次，每次1片，连续一周。

第六节　生产管理

一、水质调控

乌龟池水以绿褐色、透明度30～40cm，pH值为7.5～8.5为宜。乌龟的排泄物和高蛋白质的饲料残渣，容易影响龟池的水质。采取以下措施可以取得比较理想的效果。

① 及时加注新水或换水。

② 每隔20天用生石灰或漂白粉消毒水体，生石灰能调节水体的pH值，并能使水体中的悬浮物沉淀，达到水质改良的作用。

③ 在池塘中适当种植水生植物，如水葫芦，可以防止水温过高，并能对池水起到吸污净化的作用。

④ 水质改良剂可以促进水体中有机物质的分解，可与生石灰交替使用。

二、日常管理

（1）巡塘　做好巡视工作。

（2）清洁　维护场地整洁安静，及时清除污物，养殖池四周的树木、果树影响采通风时要及时清整。

（3）防病　做好池塘、水体、龟类、饲料和工具的消毒工作。加强药物预防和病害隔离。

（4）防逃　进出水口都需安装有固定的防护栅栏。防逃墙一般高50cm以上。

（5）防盗　白天、夜晚加强巡塘，检查防护设施，防止人为损坏和偷盗。

三、生产记录

坚持做好生产记录、用药记录、销售记录，包括每天天气、温度、水质、投饲、用药、龟鱼活动情况等。生产记录越详细越好，最好是各级养殖池分别记录，分类归档。如孵化时详细记录收卵时间、数量、孵化温度、湿度、孵化时间、出苗数等，及时统计受精率、孵化率。从外地引种和对外调种时，要注明调种时间、来源、去向、规格、数量等，在养殖过程中的下池、出池数据记录、生长情况检查、产品销售去向与价格等信息，都可以作为以后生产计划的参考、调整依据。

有条件时，最好做成电子档案，便于管理、分析和总结、交流。

第三章　虾类养殖

第一节　虾的生物学习性

虾类属于节肢动物门，是多种甲壳动物的总称，经济价值高、淡水养殖较多的种类主要有克氏原螯虾（小龙虾）、日本沼虾（青虾）、凡纳滨对虾（南美白对虾）等。虾类体型多为梭形，修长，腹部发达。

一、小龙虾

小龙虾适应性强，生长速度快，是世界上分布最广、人工养殖最多的淡水螯虾。虽然我国人工养殖起步较晚，但是发展迅速，小龙虾已成为我国重要的养殖虾类。

1. 外部形态

小龙虾形似虾而甲壳坚硬，常见个体全长约4～12cm。未成熟个体呈黄褐色、淡褐色、红褐色不等，成熟个体呈暗红色或深红色。整个身体由头胸部和腹部共20节组成，除尾节无附肢外，共有附肢19对。

小龙虾头部分为5节、胸部分为8节，头部和胸部愈合成一个整体，称为头胸部，头胸部呈圆筒形。腹部共有7节，其后端有一扁平的尾节与第六腹节的附肢共同组成尾扇。

小龙虾头部有触须2对，大颚1对，小颚2对。胸部有颚足3对，胸足5对。第1～3对胸足末端呈钳状，第4～5对胸足末端呈爪状。第1对胸足特别强大、坚厚，具有攻击和防卫的作用，故称螯虾。腹部有6对附肢，是主要的游泳器官，兼具繁殖功能。

小龙虾雌雄异体，雌雄个体外部特征十分明显，容易区别。其鉴别方法如下。

①雄虾第一、第二腹足演变成白色钙质的管状交接器；雌虾第一腹足退化，第二腹足羽状。

②雄虾的生殖孔开口在第五对胸足的基部；雌虾的生殖孔开口在第三对胸足基部。

③体长相近的成虾，雄虾螯足粗大，腕节和掌节上的棘突长而明显；雌虾螯足相对较小。

2. 生活习性

小龙虾栖息在湖泊、河流、水库、沼泽、池塘、沟渠及稻田中，为夜行性动物，营底栖爬行生活。白天常潜伏在水体底部光线较暗的角落、石块旁，草丛及洞穴中，夜晚出来摄食。喜活水新水、遇微流则逆水上溯。稍遇惊吓，即弹跳躲避。环境不适时，爬上陆地，寻找适宜栖息处。小龙虾对水温适应能力强，可生活温度0～37℃，最适温度18～31℃，因而分布地域跨越热带、亚热带和温带。小龙虾雌性个体寿命3～5年；雄性性成熟个体寿命较短，一般2.5～4年。

（1）掘洞　小龙虾有较强的掘洞能力。在水位升降幅较大的水体和繁殖期，掘洞较深；在水位稳定的水体和越冬期，所掘洞穴较浅；在生长期，基本不掘洞；其掘洞行为多发生在繁殖期。观察表明，小龙虾能利用人工洞穴和水体内原有的洞穴及其他隐蔽物，在养殖池中适当投入人工巢穴，可大大减轻对池埂、堤岸的破坏性。

（2）食性　小龙虾是杂食性动物，对各种谷物、饼类、蔬菜、陆生牧草、水体中的水生植物、着生藻类、浮游动物、水生昆虫、小型底栖动物及动物尸体均能摄食，也喜食人工配合饲料。耐饥力强，十几天不进食仍能正常生话；在适温范围内随水温的升高，摄食强度增加。在正常情况下，小龙虾捕食鱼苗和鱼种的能力较差。在食物缺乏或密度过大时会互相残杀或残食自己所抱的卵；自相残杀时，大虾吃小虾，壳硬的吃壳软的，故其在蜕皮时以及蜕皮后不

长的一段时间内最易被残食。饵料不足会致使其越塘逃离。

（3）生长　小龙虾与其他甲壳动物一样，必须蜕掉体表的甲壳才能完成其突变性生长。8 月底至 10 中旬脱离母体的幼虾平均全长约 1.0cm，平均重 0.035～0.045g，在条件良好的池塘或稻田里，刚离开母体的幼虾生长 2～3 个月即可达到上市规格。小龙虾的蜕壳与水温、营养及个体发育阶段密切相关。水温高，食物充足，发育阶段早，则蜕壳间隔短，幼体 4～6 天蜕壳一次，幼虾 5～8 天一次，后期蜕壳间隔一般为 8～20 天，性成熟的雌、雄虾一般一年蜕皮 1～2 次。蜕壳多在夜晚进行，白天较少见。

二、青虾

日本沼虾又名青虾、河虾，仅产于我国和日本，是重要淡水食用虾。

1. 外部形态

青虾体形短粗，体色一般呈青蓝色，并常伴有棕黄绿色的斑纹。青虾的体色深浅随栖息水域而变化。

青虾整个身体由头胸部和腹部共 20 个体节组成，除尾节无附肢外，共有附肢 19 对。头胸部由 5 个头节、8 个胸节相互愈合而成，外被一整块坚硬的头胸甲。胸部有颚足 3 对，步足 5 对。步足末端呈钳状或爪状，为摄食及爬行器官，雄性成虾的第二步足长度可超过体长的一半以上，雌虾的第二步足长度一般不超过体长。腹部有 6 对附肢，是主要的游泳器官。第六附肢宽大，与尾节合称尾扇。

2. 生活习性

青虾广泛生活于湖泊、河流、水库、沼泽、池塘中，尤其喜欢生活在沿岸软泥底质、水流缓慢、水深 1～2m、水生植物繁茂的水域。青虾营底栖爬行生活，游泳能力差，昼伏夜出，白天潜伏于草丛、砾石、瓦片或者洞穴，傍晚日落后出来觅食。稍遇惊吓，即弹跳躲避。

（1）行为　青虾有明显的领域行为，在捕食、栖息和交配时表现得尤为明显，通常以第二触角为半径形成的空间为青虾的领域空间。常将第一触角张开伸向前方、上方，第二触角伸向两侧，并不停摆动，直到感到安全为止。通常在养虾池中，要人工种植适量的水草或设置人工虾巢，以增加青虾栖息和隐蔽的领域空间。

（2）食性　青虾是杂食性动物，对各种谷物、饼类、蔬菜、陆生牧草、水体中的水生植物、着生藻类、浮游动物、水生昆虫、小型底栖动物及动物尸体均能摄食，也喜食人工配合饲料。青虾用三对颚足和第一、第二步足捕食，但因其游泳能力较弱，故捕食能力也较差。青虾只能捕食到活动较缓慢的水生昆虫、环节动物及底栖动物，然而天然水体中这类食物较少，故自相残杀就成了青虾获得动物性饵料的重要途径。高密度养殖条件下，为了减少青虾的自相残杀，提高成活率和青虾的规格、产量，在投喂颗粒饲料的基础上，应增加投喂适量的动物性饵料，来满足青虾的摄食需求。

青虾在水温上升至10℃开始摄食，18℃以上摄食旺盛。4—11月份是青虾的强烈摄食期，此期间出现两个摄食高峰，即4—6月和8—11月。4—6月是老龄虾需要摄取大量营养物质促进性腺发育，8—11月是当年虾育肥阶段形成的摄食高峰。而中间的6—7月份由于青虾正处繁殖期，产卵之前青虾停止摄食，故是摄食强度的低谷。

（3）生长　青虾生长快，寿命短，一般寿命14～18个月，且雄虾寿命比雌虾更短。青虾与其他甲壳动物一样，必须蜕掉体表的甲壳才能完成其突变性生长，一生中蜕壳20次左右。蜕壳与水温、营养及个体发育阶段密切相关。水温高，食物充足，发育阶段早，则蜕壳间隔短。幼体1～3天蜕壳一次，经过8～9次蜕壳后进入幼虾阶段，幼虾7～11天蜕壳一次，后期蜕壳间隔一般为15～20天蜕壳一次。青虾蜕壳昼夜皆可进行，但以黄昏和黎明前较多，蜕壳前不进食，蜕壳后因颚齿尚未坚硬，一天内亦不摄食，待肢体强壮后逐渐恢复摄食。

三、南美白对虾

南美白对虾是广温广盐性热带虾类，具有个体大、生长快、营养需求低、抗病能力强等优点，是当今世界养殖产量最高的三大虾类之一。南美白对虾原产于南美洲太平洋沿岸海域，中国科学院海洋研究所率先由美国引进，1992 年突破育苗关，从小试到中试直至全国推广养殖，成为我国第一位的对虾养殖品种。

1. 外部形态

南美白对虾外形酷似中国明对虾、墨吉明对虾，成虾最大体长可达 24cm。南美白对虾体长而左右略侧扁，体表包被一层透明的具保护作用的几丁质甲壳，正常体色为浅青灰色，全身不具斑纹，仅尾扇最外缘为带状红色，其前端两条长须则为粉红色。

南美白对虾整个身体由头胸部和腹部共 20 个体节组成，除尾节无附肢外，共有附肢 19 对，头胸甲与腹部的比例为 1∶3。头胸部由 5 个头节、8 个胸节相互愈合而成，外被一整块坚硬的头胸甲；胸部有颚足 3 对，步足 5 对。3 对颚足基部具有鳃的构造，辅助呼吸。步足常呈白垩状，故有白肢虾之称。步足末端呈钳状或爪状，为摄食及爬行器官。腹部有 6 对附肢，是主要的游泳器官。第六附肢宽大，与尾节合称尾扇。雄虾的生殖孔开口在第五对步足的基部；雌虾的生殖孔开口在第三对步足基部。

2. 生活习性

南美白对虾昼伏夜出，常缓游于水的中、下层。稍遇惊吓，即弹跳躲避，在日照下显得不安宁。南美白对虾喜栖息在泥沙质底，但是一般的土质底和铺膜底也可适应。南美白对虾平均寿命超过 32 个月。

（1）广温广盐性　南美白对虾对水温的适应能力强，在自然海区栖息的水温为 25～32℃，人工养殖适应水温在 15～40℃，最适水温为 20～30℃。南美白对虾盐度适应范围在 0.2‰～34.0‰，最适盐度为 10‰～20‰。在淡水也可养成，但是必须经过逐渐淡化。

（2）摄食习性　南美白对虾为偏肉食性的杂食动物，以小型甲壳类或桡足类等生物为主食，以夜间摄食为主。人工养殖的南美白对虾，白天和夜间均可摄食，一天投喂 3～4 次，夜间食量占 70% 左右。饲料蛋白质含量 25%～30%，就可满足生长基本需求。

（3）生长和蜕壳　对虾的生长速度与两大因素有关：一是蜕壳频率；二是成长增殖率（每次蜕壳后到下次蜕壳前所增加的体重）。南美白对虾的蜕壳与其他对虾相同，一般在农历初一或十五月缺或月圆时的上半夜，蜕壳的数量为总数量的 45%～73%。幼体阶段在水温 28℃时，30～40h 蜕壳 1 次；1～5g 幼虾 4～6 天蜕 1 次；而中虾和 15g 以上成虾两次蜕壳间隔约 15～20 天。低盐度和高水温可增加蜕频率，有利于虾生长。

第二节　养殖条件与设施

一、养殖条件

1. 气候条件

在适宜温度范围内水生动物摄食量、生长速度随生存环境温度的升高而加快，生长周期变短。因此，养殖场建设选址时要向气象部门了解当地全年平均气温、最高气温、最低气温、日照时数、降水量、无霜期、台风等气候状况。

2. 场址选择

养虾场应选择在取水上游 3km 范围内无工矿企业、无污染源，生态环境良好的区域；场址交通方便，供电充足，通讯发达，虾饵料来源充足；周边安静，避开公路、工厂等喧闹场所及风道口；周围无畜禽养殖场、医院、化工厂、垃圾场等污染源，具有与外界环境隔离的设施，内部环境卫生良好，环境空气质量符合 GB 3095 各项要求。

3. 水源

水源包括江河、溪流、湖泊、地下水等，要求水源充足，水质

良好，排灌方便，不受旱、涝影响，远离洪水泛滥地区和污染源，符合 GB 3838（Ⅲ）和 GB 11607 渔业水质标准要求。

4. 水质

虾类养殖用水要求水质清新，无异味，无有毒有害物质，水质符合《NY 5051 无公害食品　淡水养殖用水水质》要求。同时养殖用水的理化因子，如氨氮、溶解氧、硫化物、pH 值等各项水质指标均要满足虾类生长发育的需求。养殖用水的排放应符合 SC/T 9101 的要求。

5. 土质

池底土质条件应符合《GB/T 18407. 4 农产品安全质量　无公害水产品产地环境要求》，土质以壤土或黏土为宜。砖砌水泥池一般对土质条件不作要求。

二、养殖设施

1. 增氧设备

增氧设备是小龙虾、青虾养殖中经常使用的机械设施。常用的有：叶轮式增氧机、微孔增氧。

微孔增氧利用鼓风机通过微孔管将新鲜空气从池塘底部均匀的以微气泡形式逸出，微气泡与水充分接触产生气液交换，氧气溶入水中，达到高效增氧目的。微孔增氧机的增氧能力是叶轮式增氧机的 3 倍。

2. 虾巢设置

设置虾巢可为虾提供隐蔽栖息场所，满足虾的掘洞习性，是取得高产的关键措施之一。虾巢主要采用水草、网片等设置。

① 3—4 月向池内投放水花生、水葫芦、水雍菜等水草，每亩水面 50kg。水草入池前，先用 8mg/L 的硫酸铜溶液浸泡半小时或漂白粉溶液消毒，再用绳索将水草固定在池边，避免到处漂浮。夏季水草生长旺盛时，要除去过多水草，保持遮阴面积不超过 1/5。

② 在池塘中悬挂旧密眼网片，占池塘面积的 1/4 左右。网片两端用竹竿固定后拉紧架成“∧”或“M”形，以 10°～30°的倾

角插入水中，以便投饵和虾的爬行。网片上缘设在水面下20～30cm处，下缘离池底20cm左右，网片长短相间，以增氧机为中心呈辐射状排列。

3. 进、排水系统和防逃设施

养殖场进、排水系统必须严格分开，以防自身污染。进排水系统由水源、水泵房、进水口、各类渠道、水闸、集水池、分水口、排水沟等部分组成，进水水源经过蓄水池、净化池后进入养殖水体，进水口应高出水面，产生迭水，自动增加水体溶氧，进水口与排水口应对角设置。排水口高度应低于池底以能排干底层水为宜。在池塘中间开挖一条宽5m、深0.4m，逐渐向池塘排水沟倾斜的集虾沟。在集虾沟的排水口前挖一个30m^{2}的集虾坑，以便起捕。进、排水口都要安装栏网，防止鱼虾逃逸，还有阻拦杂草、杂物和敌害生物进入的作用。青虾、小龙虾均为底栖爬行动物，尤其是小龙虾掘洞能力强，要做好防逃和保护池埂的工作。如果是土池，则需用网片将池埂四周封闭。岸上的防逃最好采用石棉瓦，将石棉瓦截成高70cm左右的小块，相互咬合垂直插入池埂。

4. 养殖废水的处理系统

养殖虾蟹需要投入大量饲料才能获取产量，残余的饲料和鱼虾代谢产物势必造成池塘有机污染物的增多。处理好废水、减轻对环境的破坏是养虾业持续健康发展的保障。养殖废水的净化处理可采取物理、化学、生物、人工湿地等方式，养殖废水必须经过处理后达标排放。

5. 电力配置

必须保证养殖场正常生产所需用电，电力设施为380V，配备独立的变电、配电房，确保线路安全可靠。

第三节　池塘鱼虾蟹混养技术

根据生态平衡、物种共生互利和对物质多层次利用等生态学原理，将互相有利的虾、鱼、蟹、贝、藻等多种养殖对象搭配混养，

充分利用养殖水体，提高生态和经济效益。青虾为池塘鱼虾混养最常用的虾类。

一、虾、蟹、鱼池塘混养模式

青虾、河蟹与鱼类同池混养，常用的有两种模式：一是以河蟹养殖为主、套养青虾和常规鱼类，一般亩产河蟹 40～50kg，高的可达 60～70kg，每亩产青虾 30kg 以上，常规鱼类 100kg 以上；二是以青虾为主、套养河蟹和常规鱼类，一般亩产青虾 80～90kg，河蟹 15～25kg，常规鱼类 50kg 以上。这两种模式如增加名特优品种放养，如鳜鱼、翘嘴红鲌、细鳞斜颌鲴等，一般可产优质鱼类 10～20kg，亩纯收益在 3 000元以上。以池塘主养青虾、河蟹，搭配常规鱼类，套养鳜鱼为例，相关养殖技术介绍如下。

（1）池塘条件　池塘面积 10～50 亩，水位 1.5～2.0m，每 10 亩安装一台 1.5kW 的增氧机，或 0.2kW/亩铺设微孔管道增氧设施。因为鳜鱼主要以小鱼虾等为饵料，所以混养鳜鱼的池塘，进水口不需设置过密网目的筛绢网来阻止野杂鱼进入。

（2）放养前准备工作

① 池塘清整。在冬季干塘后，进行池塘冻晒整修，清除过多的淤泥和杂草。放养前 20 天，池塘水深保持在 20cm 的条件下，按 30kg/亩的茶籽饼杀灭野杂鱼，放养前 10 天排干池水，再次按 75kg/亩的生石灰对池底进行消毒。用硫酸铜进行全池喷杀，用量为 0.5kg/亩，也可使用杀青苔的成品药，这样可有效地防治养殖过程中的青苔。池塘清淤消毒后，使用 1kg/亩的 EM 原露配红糖 1kg 稀释 100 倍，均匀喷洒在池底、池壁，在池塘进水后，再按 1kg/亩施 EM 原露。

② 适时施肥。放虾种前一周，向池中适当注水，每亩施放发酵消毒后的有机肥 100kg 左右进行早期培肥水质，后期再根据池塘水质情况进行适当追肥。

③ 栽种水草。在池塘种植水草，能为虾蟹提供隐蔽场所、饵料，还能净化水质。一般种植水蕹菜、水葫芦、水花生等，较易成

活。具体水草覆盖率为：春季25%~40%，夏季40%~60%，秋季30%~40%。尽量种在离池埂2~3m，形成水草带。

（3）苗种放养　蟹种放养规格120~200只/kg，放养数量500~600只/亩，安装微孔管道增氧设施的塘口放养量可增加为700~800只/亩。池塘面积较大的，需要在靠近进水口处用网片围成面积占全池1/10的深水区域作赞养区，暂养时间不超过5月份。虾种、苗分春季和夏季两次投放，春季放养时间一般为2月底前，每亩放2~3cm的虾种8~12kg，也可在夏季放当年繁育的1.2~1.5cm的虾苗1万~2万尾。

池塘中放养鲢鱼、鳙鱼调节水质，每亩20~30尾，规格6~8kg/尾，鲢、鳙比3：1；鳜鱼每亩放养5~7cm的大规格鱼种10~15尾；细鳞斜颌鲴放养量为30~50尾/亩。

（4）饵料投喂　虾蟹喜夜间活动，投喂时间应在傍晚17:00，高温季节上午可增加投喂一次，上午投喂总量的30%~40%，傍晚投喂60%~70%，根据天气、水温等灵活投喂。虾、蟹对饲料的要求基本相似，喜食动物性饵料有螺蛳、蚕蛹、鱼粉、小杂鱼等，也喜食植物性饵料如豆饼、米糠、大麦、玉米等。一些活饵料如螺蛳的投放可分批次，4月每亩投放200kg，7月每亩投放200kg，8月每亩投放50~100kg，避免一次性投入过大，造成水质清瘦。可根据不同时期的营养需求进行配比，5月份开始增加投喂量，7月份开始以植物性饵料为主、投喂量为4%~5%，8、9月份以动物性饵料为主、投喂量为8%~10%。鳜鱼饵料鱼为池中小杂鱼。

（5）捕捞　在虾苗过塘养殖60天左右，就可以收第一遭虾了，可常年捕捞、捕大留小、均衡上市。到农历8、9月份，把混养的鱼虾蟹全部捕捞上市。

二、小龙虾与鱼类池塘混养模式

池塘单养小龙虾，水体空间利用率低，产量和效益不高。中、上层鱼类和生活在底层的小龙虾混合养殖能有效利用水体空间，提高水体的生产潜力和产出率，增加养殖效益。下面介绍池塘小龙虾

与鱼种混养的养殖技术。

（1）池塘条件　池塘面积 5～10 亩，水位在 1.5～2.0m，坡比 1∶3。每 10 亩安装一台 1.5kW 的增氧机，或 0.2kW/亩铺设微孔管道增氧设施。进排水方便，装有防逃设施。

（2）放养前准备工作　放养前的准备工作主要有池塘清整、适时施肥、栽种水草等，与池塘鱼虾蟹混养模式的要求相同。

（3）苗种放养

① 放养方式一：8 月下旬投放小龙虾种虾，种虾要求体质健壮、无病无伤、活动力强，平均尾重 40g 以上。种虾放养前用 0.5mg/L 的聚维酮碘浴洗 5～10min，杀灭寄生虫和致病菌。同一池塘放养的种虾规格要一致，一次放足，每亩投放量约为 20kg，雌雄性别比为 5∶1。次年 1 月底投放鱼种，每亩投放 50～100g/尾的鳊鱼 80 尾，，30～50g/尾的鲫鱼 200 尾，100～150g/尾的白鲢 200 尾，100～200g/尾的花鲢 100 尾。鱼种投放前要用 3%～5% 的食盐水浴洗 5～10min，杀菌消毒。

② 放养方式二：小龙虾在 3 月中下旬至 4 月中旬放养，虾苗种应规格整齐、体质健壮、附肢齐全、无病无伤，虾苗规格 0.8cm 以上或虾种规格 3cm 左右，同一池塘规格一致，一次放足，一般亩放 100～200 尾/kg 的幼虾 1.5 万尾，6 月每亩投放白鲢夏花 5 500尾、鳙鱼夏花 500 尾、银鲫夏花 300 尾。投放方法是先把虾苗、鱼苗放进塑料盆内，慢慢添加少量池水至盆内水温与池水接近，并按盆内水量加入 3%～4% 食盐浸浴 5min 消毒，再沿池边缓缓放入池中。

（4）饵料投喂　小龙虾食性杂，且贪食，饵料有新鲜野杂鱼、螺、蚌等动物性饵料和饼粕、谷粉、米糠、豆类等植物性饵料，饵料的成分和投饲量根据小龙虾的生长阶段调整，做到“两头精，中间青”。体长 1.5～3.0cm 的幼虾期，以投喂鱼糜和绞碎的螺蚌肉等动物性饵料为主，辅以植物性饵料，日投喂量是虾体重的 7%～8%；体长 5～8cm 的中虾阶段逐渐转向投喂植物性饵料为主，搭配动物性饵料，日投喂量大约是虾体重的 5%；后期成虾阶段多投喂动物性饵料，日投喂量大约是虾体重的2%~3%。一般以投饵后2~3h内基本吃完为宜，要投足投匀，避免小龙虾自相残杀，具体投喂量根据天气、水温、水质、小龙虾摄食等情况，及时进行调整。投喂时间应在傍晚17:00，高温季节上午可增加投喂一次，上午投喂总量的30%~40%，傍晚投喂60%~70%。

（5）捕捞　可以在4月开始用虾篓或地笼捕捞规格达到10cm以上的小龙虾上市，捕大留小，常年捕捞，也可在6—7月和11—12月集中捕捞。先用地笼网、手抄网等工具捕捉，最后再干池捕捞。鱼种在秋天或次年春天捕捞销售。

第四节　小龙虾稻田养殖技术

稻田养殖小龙虾，不但能将稻田中的野杂草、水生植物和蚊子幼虫吃食掉，节省种植者的劳动力，减少农药用量，而且不停穿梭于稻田间，能起到松田、活水、通气和增氧的作用，小龙虾自身排泄物起到保肥、增肥的作用，有利于水稻增产、增收。目前，稻田养虾的模式主要有稻虾连作、稻虾共生和稻虾轮作。

一、稻田条件

1. 稻田选择

选择水源无毒无害、水量充沛、水质良好、周围无污染、土壤保水能力强、排灌方便、不受旱涝影响的稻田养虾。

2. 田间工程

（1）田埂　稻田田埂顶部宽1.5m以上，高度宜高出田面0.6~0.8m，田埂加高、加宽时，每一层泥土都要打紧夯实。田埂坡度比为1∶1.2为宜。田埂内坡最好覆盖塑料网布，防小龙虾打洞逃逸。

（2）沟渠　沿稻田田埂内侧1.0~2.0m处四周开挖环形沟，沟宽1.0~3.0m，深1.0~1.2m。稻田面积大，田间宜开挖田间沟，如“十”字形、“井”字形或“日”字形，沟宽为0.5~

1.0m，沟深0.5～0.8m。沟面积占稻田面积的8%～10%。有些稻田开挖虾溜，虾溜可开挖在虾沟的交叉处或稻田的四角，与虾沟相通。一般呈正方形，1m左右，深0.8～1.0m。

（3）防逃设施　进出水口安装竹箔、铁丝网或网片，网目20目，防逃设施深入泥中30cm，上部高出田埂50cm，防止敌害生物入侵和小龙虾逃逸。

田埂四周用塑料薄膜或石棉瓦建防逃墙，下部埋入土下20cm，上部高出田埂60cm，每隔1.0m用木桩或竹竿支撑固定，防逃墙上部内侧有宽度为30cm左右的钙塑板，形成倒挂，以防小龙虾逃逸。稻田四角转弯处的防逃设施要做成弧形。

（4）饵料台　在向阳沟坡处每隔10m设一个饵料台，采用水泥板、木板等搭建，一端搁在环沟埂上，另一端没入水中10cm左右。

3. 水稻品种选择

选择耐肥力强、茎秆坚韧、抗倒伏，病害少，产量较高、适应性强、适宜免耕种植的水稻品种。

二、稻虾连作养殖模式

利用水稻收割完后的闲置稻田，养殖一茬小龙虾，来年种植水稻前收获小龙虾，如此循环。稻虾连作的水稻以种植一季中稻为宜。待稻谷收割后立即灌水，投放小龙虾种虾，到第二年5月份中稻插秧前，将虾全部捕获。如稻田还有剩余的虾，可在中稻收获完毕后留作种虾。

1. 放养前准备

（1）消毒　稻田收割完后，清除沟内浮土，修整沟壁，整平田块，用生石灰75～90kg/亩消毒，5～7天后注水0.8～1.0m。

（2）施底肥　肥料的使用应符合NY/T 394—2000绿色食品肥料使用准则和NY/T 496—2010肥料合理使用准则的要求。常施农家肥，用量为100～150kg/亩，一次施够。施用前每500kg农家肥加入120g漂白粉堆放发酵10～15天再施加于稻田。不宜施加氨水、碳酸氢铵无机化肥。

（3）移栽水生植物　水草面积占沟渠面积的1/3～1/2，零星分布。环形沟种植沉水性植物，如轮叶黑藻、眼子菜、金鱼藻等。田间沟可种植些水面植物，如水葫芦等。

（4）水生动物投放　沟内投放一些有益生物，如水蚯蚓（0.3～0.5kg/m^2）、田螺（8～10个/m^2），河蚌（3～4个/m^2）等，为小龙虾提供动物性饵料，又可净化水质。

2. 苗种放养

（1）小龙虾规格

① 种虾。稻田收割时间一般为9月上旬，因此可直接投放种虾，让其自行繁殖。幼虾能直接摄食稻田水体中的浮游生物，可有效提高幼虾的成活率。

② 虾苗。选择体质健壮，爬行敏捷，附肢齐全，规格一致的合格虾苗在同一稻田投放。

（2）放养密度　30g/尾以上种虾，20～30kg/亩，雌雄比例为（2～3）：1。规格250～600只/kg稚虾，15 000～20 000只/亩。

（3）虾体消毒　种虾用3%～4%食盐水洗浴8～10min，或10～15mg/L高锰酸钾溶液浸泡10～15min。因气温高，虾苗不宜食盐水消毒，可放入稻田后洒石灰水10kg/亩进行水体消毒处理。

（4）放养方法　先取稻田养殖水，放入几尾小龙虾，密切关注虾活动情况。待确认试水安全后，方可投放。

同一稻田投放规格相同的虾苗虾种，一次性放足。选择晴天早晨、傍晚或阴天，沿稻田四周环形沟，多点投放于浅水区或水草较多的地方，让其自行爬到田间沟。

采用干法保湿运输的虾种在放养前应先将虾种在稻田水中浸泡1min左右，提起搁置2～3min，再浸泡1min，再搁置2～3min，如此反复2～3次，再将虾种分开轻放到浅水区或水草较多的地方，让其自行进入水中。

3. 水质管理

（1）水质要求　小龙虾生长要求水体溶氧丰富，水质清新。

9～10月为高温季节，建议每周换水1次，每次换水量为1/4～1/3;10月后每半个月换水1次。平时要注意观察，根据天气、水质变化及时调整水位。如水位过浅要及时补充；水质过浓要及时换水，并应保持水位相对稳定。注水一般在上午10:00～11:00，水温差不宜太大。小龙虾大量脱壳时不宜换水。

（2）合理施肥　养殖过程中，注意调节稻田水体肥度。水体过肥或水质恶化，可换水。水质变瘦，可追肥。生长高峰季节，一般每月一次，施加有机肥或化肥，如尿素5kg/亩，复合肥10kg/亩。施肥前放浅水，让小龙虾集中到沟内。施肥后，加深至正常水位。

（3）水质调节　每20天泼洒生石灰，5～10kg/亩，每月可泼洒适量微生态制剂调水。加注新水、施肥和施药时都须避开小龙虾脱壳的高峰期。

4. 饲料投喂

小龙虾属杂食性，偏食动物性饲料，且贪食，稻田里的底栖动物、各类昆虫、杂草嫩芽等均可作为天然饵料，因此稻田养殖小龙虾时，一般不要求投喂。但为了达到较高产量，也可适当进行人工投喂饲料。投喂做到“四定”原则，即定时、定位、定量、定质投饵。同时坚持“荤素搭配，精粗结合”的原则，以达到科学投喂，吃饱吃好，快速生长的目的。常见人工饵料有动物内脏、螺肉、蚌肉、玉米、小麦、糠饼、小龙虾专用配合饵料等。

饲料投喂量根据水体肥度、季节、气候等多个因素来确定。秋季时期，小龙虾生长迅速，日投饵量为虾体重的6%～8%；冬季每3～5天投喂一次，日投饵量为虾体重2%～3%；来年4月份逐步增加投喂量，日投饵量为虾体重3%～5%。投喂量以2～3h内吃完为宜。饲料应均匀投放在环形沟边饵料台上，或环形沟边沿，以利虾养成集中觅食习惯，避免不必要的浪费。

三、稻虾共生养殖模式

充分利用稻田的浅水环境，辅以人为措施，既种稻又养虾，以提高稻田经济效益。稻田种植水稻品种无要求，早、中、晚稻均可，一年只种一季稻谷，在不种冬季作物的情况下还可继续养虾。

1. 稻田消毒

修整沟壁，查看防逃设备，整平田块，生石灰80～100kg/亩消毒，杀死野杂鱼饿敌害生物，5～7天后加水。

2. 施基肥

水稻秧苗栽种前10～15天，农用有机肥堆放发酵消毒处理，在插秧前一次施入耕作层，用量为60～120kg/亩。或复合肥25～35kg/亩，均匀撒在田面并用机器翻耕耙匀。

3. 水稻栽插

水稻苗先在秧田中育成大苗后再移栽到养虾稻田中。稻苗栽插前2～3天使用1次高效农药，以防水稻病虫害传播。水稻苗栽种以抛苗种植方式最佳。也可采用浅水、宽行、密株的栽插方法进行秧苗种植工作。

4. 小龙虾放养

（1）密度　选择体质健壮、四肢健全、规格统一的幼虾放入同一稻田，规格为2～4cm的幼体虾2 000～5 000尾/亩或30kg/亩，随着投放时间的推迟投放量适当减少，一次性放足。

（2）消毒　3%～4%食盐水洗浴3～5min。

（3）放养方法　5—6月份，水稻种植20天左右，避开太阳直射时段，将小龙虾入田。具体操作方法同稻虾连作养殖模式中“放养方法”。

5. 稻田管理

稻田用于种植水稻时，常常下够底肥，养殖期间不追肥。所以稻田管理主要是晒田、用药防害方面的工作。

晒田时，田沟水位低于田面20cm左右，且必须密切关注小龙虾反应情况。如有异常，立即加注新水。

水稻用药，宜选择高效低毒的农药及生物制剂，禁选菊酯类杀虫药物，严格把握好农药安全使用浓度，确保小龙虾的安全。水稻施药，不宜在阴雨天或有风天进行，不能对准沟和饲料台喷洒药物。药物如为粉剂，在太阳未出来、叶面带有清晨露水时施药；药物如为水剂，选择晴天中午，对准晒卷了的叶面喷洒，让叶面尽快吸收，防止流入沟里导致虾中毒。施药前田间加水，施药后及时换水。

6. 水稻收割

稻谷成熟后，先将稻田的水位快速地下降到田面上 5 ~ 10cm，然后缓慢排水，最后田沟内水位保持在 50 ~ 70cm，然后收割水稻，用船装运稻谷，到陆地脱粒。收割水稻 10 ~ 15 天，青草长出后开始灌水，直至田面水位达到 10 ~ 15cm，进入越冬期。

四、稻虾轮作养殖模式

稻田种一季水稻，待稻谷收割后养殖小龙虾，第二年不种稻，第三年再种一季水稻，每三年一个轮回，如此循环，有利用保持稻田养虾的生态环境，使虾有较充足的天然饵料、较长的生长期，商品虾规格大，价位高。

稻虾轮作养殖模式中稻田的整理消毒、小龙虾的放养技术及管理、水稻的栽种、管理与收割等各方面均可参考稻虾连作养殖模式和稻虾共生养殖模式。

五、捕捞

小龙虾生长速度快，养殖时间短，个体间生长差异性大，即使同一规格放养的苗种，收获也不会同步。因此在养殖过程中，为了减少个体差异引起的相互残杀，提高养殖产量，一般采用轮捕上市。

稻田养殖小龙虾，一般饲养 2 个月即可达到商品规格。捕捞小龙虾上市出售，常用方法有虾笼、地笼网起捕、或抄网虾沟内来回抄捕，或排干田水，全部捕获。开始捕捞时，稻田不需排水，直接将虾笼置放于稻田及环沟内，隔几天转换一个地方，当虾捕获量渐少时，再将稻田中水排出，使虾落入环沟中，集中于环沟中放笼。直至每条地笼捕到的虾低于 0. 3kg 时为止。

9—10月份放养种虾，一般第二年5—6月份即可捕捞，繁殖期禁止捕捞；2—3月份放养的虾苗，9—10月份即可捕捞。

第五节　疾病防治技术

虾病的发生是病原体、环境和宿主三者相互作用的结果。养虾业虽然蓬勃发展，但有关虾类病害方面的问题尚未完全了解，尤其是虾类病毒性疾病，因此对待虾病还得立足“无病先防、有病早治、以防为主、防治结合”的方针，通过提高虾的体质、改善生态环境和切断病原体传播途径等措施，来预防虾病。

一、虾病的预防

1. 选择优质、健康无病原苗种

健康无病苗种不带或少带病原体，机体抗病能力强，发病率低。因此，选择养殖无传染病病原体携带、体质健壮、检验检疫合格的正规养殖场出来的苗种。

虾类苗种质量要求：虾苗体表干净，虾苗肌肉饱满，肉眼可看见腹部肌肉和整个肠道，性腺发育良好；规格大小整齐，附肢完整，体质健壮，游泳、攀爬灵活；虾类苗种不带规定病原，须检验检疫合格。

虾苗下水前，必须消毒处理，防止病原体的带入。

2. 营造良好养殖环境

虾类养殖过程中，一定要保持良好的水质，满足虾类生态需求。

① 加强放养前的清塘（田）消毒工作，杀死有害微生物、野杂鱼和敌害生物。

② 虾类养殖过程中，投入适量生石灰，调节水体pH值；每个月投放微生态制剂，降解水体虾类代谢产物及残饵等，维持稳定的优良藻相和菌相；适时注、换水，保证水体溶解氧5mg/L以上。

3. 优质饲料合理投喂

选择完全能满足虾类所需营养物质的适口饲料，科学投喂，可提高机体抗病力，减少机体的应激性。虾饲料要求无霉变、无有毒有害物质，符合配合饲料 NY 5072 和 GB 13078 饲料卫生要求；坚持四定投饵，投喂量根据季节、气候、水质、生长等情况适时调整。

加强养殖虾类的营养免疫调控，适当拌饵投喂些益生菌、免疫多糖、维生素、中草药等，增强虾类机体非特异性免疫能力；在病害发生初期和环境突变期，少进水或不进水，拌饵投喂维生素 C、大蒜素等，提高虾体抗应激能力，防止疾病的发生和蔓延。

4. 加强消毒和检疫

外购的虾苗虾种，要经过检验检疫，杜绝疫病输入。

每个养殖池配备一套专用工具，生产工具每月消毒 1 ~ 2 次，用 100mg/L 高锰酸钾溶液浸洗 3min，或 5% 食盐溶液浸洗 30min，或 5% 漂白粉溶液浸洗 20min，或太阳下暴晒 0.5 ~ 1.0h，避免交叉感染。

二、主要虾病及防治

1. 甲壳溃疡病

（1）病原　又名褐斑病、烂壳病、黑斑病，是一种综合型疾病。主要由具有分解几丁质能力的细菌侵袭所致，主要病原体有弧菌、假单胞菌、黄色杆菌、贝类克氏菌等约 30 多个菌种。

（2）病症　体表甲壳出现黑（褐）斑或溃疡小孔，初期，斑点小，病重时病灶增大，腐烂，严重时透甲壳进入软组织，影响蜕壳生长，病变部位多在头胸甲两侧及腹甲背部。此病主要流行 5—10 月。

（3）危害　青虾、小龙虾的成虾。

（4）防治方法

① 预防：a. 降低放养密度，避免虾体受伤；b. 养殖池定期生石灰水 5 ~ 10g/m^3 泼洒消毒，每半个月一次；c. 保持水质清爽，定期注、换水。

② 治疗：a. 聚维酮碘 0.1 ~ 0.3mL/m^3 全池泼洒，1 天 1 次，

连用 2 天；b. 池水用 25mg/L 福尔马林液全池泼洒，12h 后换水 1/3～1/2，24h 后，再用 1 次；c. 二氧化氯（8%）$3g/m^3$ 全池泼洒。

2. 固着类纤毛虫病

（1）病原　由纤毛纲的多种原生动物寄生虾体表引起，主要病原体有钟形虫、聚缩虫、累枝虫等。

（2）病症　少量附生时，症状不明显；大量附着时，妨碍呼吸、游泳、活动、摄食和蜕壳机能，影响生长和发育。病虾体表、鳃、附肢、眼柄及卵表面附着有白色棉絮状物，当虫体寄生在鳃部时，可使鳃变黑，内部鳃组织变性和坏死，甚至鳃丝腐烂掉，从而阻碍鳃的呼吸和分泌功能。病虾反应迟钝，不摄食，不蜕壳，生长受阻，在低溶氧的情况下更易大批死亡。

（3）危害　危害青虾幼虾和小龙虾。

（4）防治方法

① 预防：a. 加强养殖池的管理，投饵适量，放养密度合理，排换水及时，减少有机质残留，保持水质清新；b. 定期显微镜检查虾卵及幼体，及时发现问题，及时处理；c. 投饵须消毒处理；d. 养殖阶段经常采用 EM 菌、光合细菌等生物制剂改良水质。

② 治疗：a. 发病池，大量换水，降低水体硬度，减少有机质；b. 用聚维酮碘全池泼洒，幼虾 0.3～0.5mg/L，成虾 1～2mg/L；c. 每天用 0.4mg/L 硫酸铜溶液浸洗 6h，3～5 天为一疗程；d. 成虾池可泼洒 0.5mg/L 硫酸铜进行治疗，同时投喂蜕壳素，次日换水。

3. 黑鳃病（又叫烂鳃病）

（1）病原　病虾鳃部被细菌、霉菌浸染，称细菌性黑鳃；亚硝酸盐中毒出现黑鳃病，称为非寄生性黑鳃病；鳃部被寄生虫感染引起黑鳃称寄生性黑鳃病；某些黑鳃病出现头部红色，但病原体仍为寄生虫或细菌，称为红头黑鳃病。

（2）病症　病虾鳃由红白色变为褐色或淡褐色，直至完全变黑，引起鳃萎缩，鳃功能逐步退化，随后慢慢死亡。患病幼虾活力

差，游动缓慢，体色发白，不摄食，变态期延长或不变态。患病成虾常浮于水面，行动迟缓。

（3）危害　青虾、小龙虾。

（4）防治方法

a. 保持水体清洁，溶氧充足，定期泼洒生石灰，定期加注新水；b. 全池泼洒 15～20mg/L 生石灰，每月一次；c. 食场用漂白粉挂袋消毒；d. 定期泼洒光合细菌、EM 菌等微生物制剂，改良水质和底质；e. 发病高峰季节，拌饲投喂维生素 C、免疫脂多糖、中草药等免疫增强剂，连续投喂 7～10 天；f. 将细菌性黑鳃用 3%～5% 食盐水浸洗 2～3 次，每次 3～5min；g. 寄生虫引起的黑鳃，全池泼洒碘伏 0.1～0.2g/m^3，2 天 1 次，连用 2～3 次。

4. 红体病（又称红头病、红肢病、红腿病）

（1）病原　虾体受伤后有多种弧菌感染引起。病原主要由副溶血弧菌、鳗弧菌、溶藻弧菌等细菌侵入而大量繁殖所致。

（2）病症　患病青虾体表无明显症状，少数病虾表面有少量似黏液的物质。体色略呈灰白，发病后，摄食量明显下降，濒死前活动迟缓，常伏于水面水草或池边泥滩地。剥离甲壳，可见肝胰腺颜色略深，肌肉也显得浑浊。该病多发在夏秋季，以 9 月份为高峰，发病池死亡率 30%～50%，危害严重。

（3）危害　主要是青虾成虾。

（4）防治方法

① 预防：a. 养殖池水用生石灰 15～20mg/L 全池泼洒，发病季节 1 个月用 2 次；b. 常用微生态制剂调节水质；c. 苗种下池前用 0.8%～1.5% 食盐水浸洗。

② 治疗：a. 发病虾池用 0.2～0.3mg/L 三氯异氰脲酸全池泼洒，隔天用 1 次，连用 2～3 次；b. 用聚维酮碘全池泼洒 1 次，幼虾 0.2～0.5mg/L，成虾 1～2mg/L，病情严重时，隔天再重复 1 次；c. 三黄粉 60g 拌饵 1kg 投喂，1 天 2 次，连用 5 天。

5. 白斑综合征

（1）病原　白斑综合征病毒。

(2) 病症　病虾活力低下，附肢无力，无法支撑身体，应激能力较弱，大多分布浅水边，体色较健康虾灰暗，部分头胸甲处有黄白色斑点；解剖可见胃肠道空，部分尾部肌肉发红或者呈现白浊样。此病发展迅速，病程急，死亡快，危害严重。流行季节主要为4—7月初。

(3) 危害　小龙虾。

(4) 防治方法

① 预防：a. 放养健康、优质种苗；b. 提早投喂优质全价饲料；c. 合理的放养密度；d. 加强水质管理，定期清除池底过厚淤泥，勤换水，定时增氧曝气，提高水体溶解氧，保持良好水质，用光合细菌、EM菌等微生物制剂，调节池塘水生态环境；e. 定期泼洒生石灰或漂白粉进行水体消毒；f. 疾病高发季节，饲料中添加酵母免疫多糖和复合维生素等免疫增强剂，增强免疫功能。

② 治疗：a. 用0.2%维生素C+1%的大蒜素+水产用利巴韦林0.05g+生物酶0.2g，拌饲投喂，连续投喂5~7天；b. 用聚维酮碘全池泼洒，使水体中的药物浓度达到0.3~0.5mg/L，连续2次，每次用药间隔2天；c. 发病后及时将病虾隔离，防止病原扩散。

第六节　生产管理

随着养殖产业由产量规模型向着质量效益型转变，虾类养殖向着生态化、规模化、标准化的健康养殖发展，养殖生产的管理对水产品品质、生态资源的持续利用，以及对养殖场的经济效益都有着至关重要的作用。

一、苗种管理

苗种来源：虾苗最好自繁自养。如需外购，选择有资质、信誉好的苗种生产单位。同时还应尽量做到就近购买优质苗种，减少长途运输。

苗种质量：优质虾苗种质纯正、体质健壮，体色正常，四肢健全，个体整齐，体表干净，活力强，虾苗肌肉饱满，肉眼可清楚看见腹部肌肉和整个肠道，对外界刺激反应灵敏。不健康虾苗体色异常，常有黄色、浅黄色或红色等颜色出现。

购买的虾苗必须检验检疫合格，不携带特定病原体。

二、水质管理

养虾用水水质要符合 GB 11607《渔业水质标准》和 NY 5051《无公害食品　淡水养殖用水水质标准》。

水源水进入养殖池，先密网（40 目）过滤，避免野杂鱼和敌害生物进入，再肥水，增加池水中营养物质，使浮游生物处于良好生长、繁殖状态，为虾提供充足适口的饵料。苗种放养前和整个养殖生产过程中均可肥水。生产上通过水色来判断，茶色或茶褐色水、黄绿色水、淡绿色或翠绿色水为优质水。

虾类养殖水体溶解氧必需保持在 5mg/L 以上，pH 值、溶解氧、水温、水深、水色、水体浮游生物组成、天然饵料的丰度等相对稳定，变幅小，减少虾体应激反应，为虾类生长、繁殖提供良好环境。养殖技术人员定期采水检测分析，常测的水质有 pH 值、水温、溶解氧、透明度、亚硝酸盐氮、氨氮、总磷、硫化物等指标，若水质出现异常，需立即采取调节措施。适时换水加注新水，定期用微生物制剂调节水质。大批虾蜕壳时不宜换水。

养虾生产的废水，富含悬浮有机物，氮磷含量高，耗氧量大，不宜直接排入养殖池或其他水域，易引起水域二次污染。养殖后水体在排放前必须适当处理，将水中各种污染物质分离或转化为无害物质，方可安全排放或再次利用。目前养殖排放水的处理一般采用生态化处理方式，也有采用生化、物理、化学等方式综合处理。采用表面流人工湿地处理、生物滤池处理等方法处理养殖废水，达标排放。

三、投入品管理

虾用配合饲料的安全卫生指标应符合 GB 13078 和 NY 5072 的规定，无毒无害；鲜活饲料应新鲜、无腐烂、无污染。专用饲料必须到正规厂家购买，选择质量合格产品。饲料标签标示完整、正确，包装袋内有合格证（检验日期、批次、检验人员和印章）。养殖场必须有专用的房间贮存饲料，贮存房间通风、干燥、避光，防止饲料氧化、回潮、霉变。坚持遵守“定质、定量、定时、定位”投饲原则。

药物选用应按照 NY 5071 和中华人民共和国农业部公告第 193 号的规定执行。严禁使用违禁药品，严禁选用虾类敏感药物，严禁直接向养殖水域泼洒抗生素，严禁使用“三无”渔药。治疗虾病时，按照药物使用说明，准确计算用药量，选择合适的给药方法，避免滥用或超量使用。休药期：是指最后停止给药到水产品作为食品上市出售的最短时间段。遵守渔用药物使用准则，严格执行休药期制度，保证上市商品虾质量安全。

四、养殖档案

坚持早晚巡塘，检查水位、水质，虾蟹摄食、蜕壳、生长，投饵、施肥、病害、用药，出池销售等情况，做好养殖生产、病害用药及产品销售记录，及时整理建立养殖档案，并保存至少 2 年。

第四章　河蟹养殖

第一节　河蟹的生物学习性

河蟹学名中华绒螯蟹（Eriocheir sinensis），因其螯足掌部内外缘密生绒毛而得名，俗称毛蟹、清水蟹、大闸蟹或螃蟹，偏肉食杂食性，摄食鱼、虾、螺、蚌、蠕虫、蚯蚓、水草、水生昆虫及其幼虫等，中国境内广泛分布于南北各地，种群分布主要在长江、瓯江、辽河等水系，其中以长江水系品质最优、生长速度快、成活率高、口感最鲜美。

河蟹喜栖息于水质清新、水草丰富的湖泊、江河等水域，营隐居或穴居生活。河蟹有生殖洄游习性，每年 12 月至翌年 3 月为交配产卵盛期，胚胎发育缓慢，孵化时间长达 3 ~ 4 个月。幼体发育过程中，有显著变态，每次变态和增长都要经过蜕皮。河蟹的生长过程中总是伴随着幼体的蜕皮和幼蟹的蜕壳，从受精卵孵出到最后一次蜕壳大约需要进行 18 次，河蟹通过蜕去旧外皮而继续生长。河蟹寿命 2 ~ 3 年，亲蟹在幼体孵出后陆续死亡。

河蟹对温度的适应范围较广，0℃以上，35℃以下都能生存。河蟹生长温度为 15 ~ 30℃，最适温度为 25 ~ 28℃，通常 5℃以下、32℃以上河蟹基本不摄食。河蟹喜欢光，畏强光，在水中昼伏夜出，人工养殖中饲料投喂应以傍晚为主，上午为辅。

第二节　养殖条件与设施

河蟹的养殖模式多，有池塘养蟹、稻田养蟹、湖泊水库河沟养蟹等，每种各有其特点，对养殖条件和配套设施的要求也有所区别。通过人工创造良好的养殖条件和生态环境，促进河蟹健康快速生长，减少和预防病害发生，可以降低河蟹养殖风险，提高养殖效益。

一、水源水质

河蟹养殖池塘应靠近水源，水源充足，排灌方便。河蟹养殖只要水质适用，水量丰足，一般均可用为水源。如附近有工厂、矿山废水排放，必须引起重视，应对水质加以分析，确定是否含有对河蟹有害的物质。河蟹养殖适宜水温15～30℃，最佳水温22～25℃；溶氧5mg/L以上，尤其是池底溶氧不能低于5mg/L；pH值7.0～9.0，最佳7.5～8.5；水位控制在1m左右，高温期1.2m，透明度保持在60cm以上；其他各项水质指标均应符合我国渔业水质养殖标准的要求。

二、池塘条件

河蟹养殖池塘要求交通便利、环境安静、背风向阳，面积一般以10～20亩为宜，池深1.5m，池塘坡度1：3，池塘成东西向排列。养蟹池四周挖蟹沟，面积较大的池塘还要挖井字沟。池塘蟹沟宽3～5m、深0.8m。有条件的池中可建造高出水面的土埂或岛，占水面8%左右，增加河蟹穴居和栖息地方。蟹池的排灌设施要完善，做到高灌低排，排、灌分开，每口蟹池水能灌得进，排得出，不逃蟹，旱涝保收，稳产高产。土质以黏土最好，黏壤土次之，底部淤泥层不超过10cm。

三、防逃设施

通常养蟹池边一根芦苇、树枝或一个小洞，均能成为河蟹外逃的通道。因此，在成蟹池四周必须有牢固可靠的防逃设备，以防河蟹外逃，一般用水泥防光墙、钙塑板、铁皮，尼龙薄膜、玻璃和油毛毡等，从而达到防逃的目的。

四、增氧设施

河蟹池塘养殖密度大，水体溶解氧是第一限制因子，必须配套增氧设施，湖泊、稻田养殖可不作要求。池塘养蟹主要的增氧设施有增氧机和微孔管道增氧设施。增氧机能有效缓解池塘缺氧问题，但多是水体表面增氧类型，对解决池塘底层缺氧问题作用有限。底层微孔管道增氧设施可有效解决这一问题。微孔管道增氧设施改表层增氧为底层增氧，该局部增氧为全池增氧，增氧效果是传统叶轮式增氧机的2～3倍。微孔管道增氧设施由空气压缩泵、供气管、微孔曝气管、配套材料等组成，一般每亩池塘配套气泵功率为0.18～0.20kW。

五、水草种植

河蟹喜欢在水草丰富、水质清新的水环境中生活，河蟹养殖池塘必须种植水草，水草种植的好坏与河蟹养殖的效果关系极大。河蟹养殖池中的水草主要作用有：是河蟹重要的营养来源；是河蟹不可缺少的栖息、隐蔽、蜕壳场所；是稳定水质、改良底质、优化池塘生态环境的重要保证；可遮阳降温，确保河蟹生活于一个比较适宜的水温内，促进河蟹的生长。生产上常用的水草有伊乐藻、轮叶黑藻、金鱼藻、水花生、水葫芦、黄丝草、苦草、浮萍等。

第三节　河蟹湖泊生态养殖技术

河蟹湖泊生态养殖包括湖泊放流增殖和湖泊网围养殖两种类型，具体使用哪种类型，主要依据湖泊内水生生物量来决定。

一、湖泊条件

选择水质清新、水位较为稳定、溶解氧充足、没有污染、水生生物丰富、便于人工管理的浅水草型湖泊作为养蟹湖泊。丰富的水生生物有利于河蟹摄食育肥。水草以苦草、眼子菜、轮叶黑藻较多为佳，底栖动物数量多寡也影响河蟹生长。如果湖中水草匮乏，可人工种植水草进行环境修复。2—3 月份栽种伊乐藻，每亩栽种 50kg；3—5 月份分期播种苦草，每亩播苦草籽 100g；夏季阶段移栽金鱼藻和轮叶黑藻，每亩栽种 300kg（其中金鱼藻占 90%）。在水体中形成至少 3 种以上水草种群，确保水草覆盖率在养殖中、后期达到 60% 以上。水草种植区主要选择在 1m 以上的浅水区，水草品种主要采用金鱼藻。可将刚栽种的水草分片网围，防止刚生长出来的水草嫩芽即被河蟹食用消灭。

清明前后每亩投放螺类 150kg，丰富水体底栖生物量。

二、湖泊放流增殖

1. 苗种放养

选择正宗的长江水系优质蟹苗投放，最好为土池培育而成。蟹苗（大眼幼体）的放养时间大致是每年的 5 月中下旬至 6 月上、中旬，蟹种放养时间大致在 11 月下旬至翌年的 3 月下旬。蟹苗（规格每 500g 6 万至 10 万只）放流密度一般每亩 500～2 500 只，蟹种（每 500g 60～120 只）每亩放养 10～40 只不等。

2. 管理

河蟹生长期间禁止在养蟹湖泊打捞水草；防止进出水口逃蟹，尤其在洪水季节，蟹种很容易从水口随流动的湖水而逃逸；水草量及底栖动物量减少的湖泊应投喂人工饵料，一般投喂谷物、南瓜、小野杂鱼、螺蚌肉等为佳。投喂时间以傍晚为适宜，投喂季节应重点放在河蟹新陈代谢加快的八、九月份。

3. 捕捞

湖泊捕蟹工具一般有蟹簖、单层刺网、撒网及蟹钓、蟹笼等，以前两种合理结合在一起作业效果较好。捕捞时间应根据河蟹性腺发育程度和洄游时间而定，在长江中游以每年的 9 月下旬至 10 月下旬为好。河蟹在昼夜间有 3 个活动高峰，第一次为凌晨 4 时半至 7 时，第二次为傍晚的 16 时半至 20 时，第三次为午夜的 22 时至 24 时。在活动高峰内捕蟹效果最好，尤其是第一次高峰产量最高。

三、湖泊网围养殖

1. 水域选择

宜在水位比较浅的湖滩、浅荡，周围挺水和沉水植物较多，离开进出水河道口及航道较远的地方。在水面开阔、没有干扰比较安静的水域为好。幼蟹放养前，预先采用各种方法捕捉其中的敌害鱼类，减少河蟹的敌害，为河蟹提供适应的水域环境，是减少河蟹逃逸，提高回捕率的有效办法。拦网区内最好以沉水植物中的苦草、轮叶黑藻、狐尾藻等较多的地方，挺水植物以芦苇、蒲草为好，河蟹可以获得充足的动、植物饵料源，有利于河蟹生长。

2. 拦网设施

拦网宜用聚乙烯网片，网眼大小以不逃蟹为宜。拦网高度应高出常年平均水位1m左右。网的下纲以沉子沉入底泥中，网墙顶部设法伸出倒檐，以防逃蟹。每隔一定距离用茅竹、树棍、钢筋或水泥桩插入底土中0.5～1m左右，加固拦网，增强牢度，防止风浪冲击将拦网吹倒。

3. 苗种放养

放养规格决定于该水域的自然饵料生物的丰歉程度，放养密度除了饵料生物的丰歉外，还必须从该水域的拦养面积和自身的经济实力考虑。面积大、饵料足、水质好、放养资金有保障可以适当多放，但不能超过拦养水域的自然供饵能力，反之则少放。正常情况下，拦养面积在30亩左右为宜，每亩放规格为每千克150只的幼蟹16kg左右，或者投放规格为每千克160～200只的蟹种300只左右。以天然饵料为主，辅以人工投饵。拦养万亩左右水面，可放幼蟹400～500kg，数量在20万～25万只，每亩放幼蟹20～25只。拦养千亩面积的，放幼蟹150～200kg，4万只左右，辅以人工投饵的半精养方式，兼养成鱼，可获得比较理想的效果。

4. 鱼类套养

养蟹湖泊中套养一定数量的鱼类，可提高水体利用率，增加经济效益。套养的鱼类主要有：滤食性鱼类，鲢、鳙，放养规格为2

尾/kg，放养比例1∶5，每亩放养10尾；肉食性鱼类，鳜，放养规格为20尾/kg，每亩放养10尾；腐屑食性鱼类：细鳞斜颌鲴，放养规格为50尾/kg，每亩放养10尾。

养蟹湖泊内禁养草食性鱼类，控制青鱼投放量，以保护湖泊水草和螺蛳资源。

5. 管理

及时检查围栏的网片有否破损，发现漏洞及时修补。特别是雷暴雨季节，加强昼夜巡逻看管，防止逃蟹。

湖泊网围养蟹投喂饵料以动物性饵料如野杂鱼、螺肉等为主，植物性饵料南瓜、玉米、黄豆等为辅。前期在4月份投喂小野杂鱼为主，投饲量占蟹体重的25%~30%；5—6月份以动物性饵料为主，投饲量占蟹体重的8%~10%；7月份投喂南瓜、黄豆等为主，野杂鱼、螺肉为辅，投饲量占蟹体重的5%~10%；8—9月份，动物性饵料为主，植物性饵料为辅，投饲量占蟹体重的5%~8%。根据天然饵料和天气情况，酌情调整，确保河蟹吃饱吃好。

6. 捕捞

因为拦网防逃效果有限，大水面拦网养蟹，必须提前开捕，不能等到9月中旬以后，宜在9月上旬，成蟹自然生殖洄游的逃逸前，集中力量组织捕捞。

对提前捕获的成蟹，蟹黄积累尚不饱满，需要放到预先准备好的暂养池内暂养，通过人工暂养管理，投饵喂食，调节水质，搞好防逃除害，促进河蟹体重和效益的同步增长。

第四节　池塘鱼蟹混养技术

一、池塘条件与设施

池塘条件和水质要求等见本章第二节。养蟹池塘冬季要暴晒、干冻一个月，在早春每亩用生石灰50~150kg消毒清野，杀灭有害病原。水草、螺蚌等丰富的池塘，可不作上述处理。

蟹苗下塘前，栽种好水草。清明前，每亩投放螺蛳 150kg。

二、苗种放养

放养长江水系的优质河蟹苗种，体色为黄绿色或青灰色、有光泽、活力强、规格整齐、体格健壮、附肢无缺损。规格为每千克 160～200 只，每亩放养 350～600 只，放养时间是 2—3 月份。

在养蟹池套养一定比例鱼、虾品种，可充分利用池塘生态位，合理利用系统的剩余营养，构建良好的生态养殖环境，提高养殖综合效益。养蟹池塘套养的主要品种有鲢、鳙、青虾、鳜鱼、黄颡鱼、翘嘴红鲌等。主要的套养模式如下。

(1) 套养鲢鳙　3 月份每亩放养鲢、鳙（比例为 2∶1）20 尾，规格为 0.2～0.4/kg，可改善水质，降低水体富营养化。

(2) 套养鳜鱼　5 月中、下旬放养规格为 5～7cm 的鳜鱼夏花，每亩放养 15～20 尾。

(3) 套养黄颡鱼　3 月中、上旬每亩放养规格为 20～30g/尾的黄颡鱼 200～300 尾。

(4) 套养鲌鱼　3—4 月份每亩放养规格为 10～15cm 的翘嘴红鲌鱼种 15～20 尾。

(5) 套养青虾　可选择 2 月份每亩放养规格为 2～3cm 的隔年幼虾 0.5～1.0kg，或者在 4 月下旬至 5 月中旬每亩放养报卵亲虾 0.5kg，或者于 7 月份每亩放养规格为 1.5～2.0cm 的虾苗 1 万～1.5 万尾。

除上述主要套养品种外，异育银鲫、泥鳅、黄鳝、斑点叉尾鮰、南美白对虾、龟、鳖、塘鳢等名特优水产品种均可作为蟹池养殖的品种。但要保证蟹种放养规格不能太小，以防被套养品种残杀。

三、饲养

蟹鱼套养池塘一般只投河蟹饲料，不再投喂套养品种饵料。前期 3—4 月份投喂配合饲料，搭配少量野杂鱼，蛋白质含量为

30%~35%，投饲量占蟹体重的30%~35%；5—6 月份以动物性饲料为主，投饲量占蟹体重的8%~10%，7 月份以植物性饲料为主，小鱼、螺肉等为辅，投饲量占蟹体重的5%~10%，8—9 月份，动物性饵料为主，植物性饵料为辅，投饲量占蟹体重的5%~8%。根据天然饵料和天气情况，酌情调整，确保河蟹吃饱吃好。

为了确保套养品种的产量和规格，也可根据情况，适当补充部分饵料。套养鳜鱼池塘，春季每亩放养性腺发育良好的鲫鱼 2 ~3 组，雌性比例为 1 ∶3，让其自然繁苗，为鳜鱼种下塘后提供适口饵料；套养黄颡鱼、翘嘴红鲌的池塘可在中后期适当投喂一些冰鲜鱼块、鱼糜、配合饲料等。

第五节　河蟹稻田养殖技术

一、养蟹稻田选择

稻田面积以 3 ~10 亩为宜，选择的田块应水源充足，注排水方便，不漏水，保水性能好。

二、田间工程

（1）加高加固田埂　田埂加高至 50 ~60cm，顶宽 50 ~60cm，底宽 80 ~100cm。田埂应夯实，以防河蟹挖洞逃跑。

（2）开挖蟹沟　在距田埂内侧 1m 左右处挖环沟，沟宽 35 ~50cm，深 35 ~50cm，坡度 1 ∶1.2，也可在环形蟹沟的基础上挖成“田”、“目”、“日”字形蟹沟。田间工程应在泡田耙地前完成，耙地后再修整一次。

（3）防逃设施　在稻田插完秧后，蟹种放养之前设置防逃墙。防逃墙材料宜采用防老化塑料薄膜。将塑料薄膜折成双层，下端埋入泥土中 15 ~25cm，出土部分高 50 ~60cm。将塑料薄膜拉直，与池内地面呈 80° ~90°角。紧贴塑料薄膜的外侧，每隔 50 ~90cm 插一个木棍、竹竿或粗竹片作桩，用细铁丝或线绳将塑料薄膜固定于木桩的顶端。防逃膜不应有褶，接头处光滑无缝隙，拐角处应呈弧形。进水口（管）加防逃网。

三、田块消毒

用生石灰或漂白粉消毒田块。生石灰用量为 100 ~ 150g/m^2，漂白粉用量 7.5 ~ 15g/m^2。

四、蟹种放养

1. 蟹种选择

应选择规格整齐、活力强、肢体完整、无病且体色有光泽的 1 龄蟹种，规格以 100 ~ 200 只/kg 为宜。

2. 蟹种暂养

4 月中旬至 5 月上旬购进的蟹种应先放在小池塘中暂养，蟹种一般需暂养 50 天左右。

暂养池面积占养蟹稻田面积的 10% ~ 20%，池深 1m 以上，水深 0.5m。暂养密度为 2 000 ~ 3 000只/亩。蟹种入池时，不应直接放入池水中，可将装在网袋中的蟹种放入池水中浸泡一下取出，这样反复 2 ~ 3 次，每次间隔时间 3 ~ 5min，使其适应环境，再用浓度 40 ~ 50g/L 的食盐水溶液或浓度 20 ~ 40mg/L 的高锰酸钾溶液浸泡消毒，时间为 5 ~ 10min。经消毒后，打开网袋，让蟹种自己爬入水中。

投喂优质饵料，饲料以动物性饲料为主。每天投喂 2 次，早晨投喂日投量的 1/3，傍晚投喂日投饲量的 2/3。日投饲率 15%，根据河蟹吃食情况调整投喂量。定期换水，以促进河蟹正常的生长蜕壳。

3. 稻田蟹种放养

一般在 6 月上旬，待稻田分蘖肥施完后，将蟹种放入稻田。蟹种放养密度为 400 ~ 600 只/亩。

五、饲料投喂

1. 饲料种类

（1）动物性饲料　海淡水小杂鱼、小虾、蚌肉、螺蚬肉、蚕蛹、畜禽加工下脚料、昆虫幼体、丝蚯蚓等。

（2）植物性饲料　豆粕、花生饼、小麦、豆渣、麦麸、玉米、米糠、瓜菜类及各种水草等。

（3）配合饲料　根据河蟹营养需要加工配合颗粒饲料，应符合 GB 13078 和 NY 5072 的规定。

2. 四定投喂

坚持“四定”投饵的原则。

（1）定时　每天投喂 2 次，早晨 6 时至 7 时投喂一次，傍晚 5 时至 6 时投喂 1 次。

（2）定位　每次都在固定位置投喂，将饲料放在距田埂 30cm 的田面上。

（3）定质　投喂的饲料应新鲜，无腐败变质。动物性饲料和植物性饲料应搭配投喂。掌握“两头精，中间粗”的原则，即 6 月份多投喂动物性饲料；夏季 7 月份至 8 月上旬，河蟹生长旺季，动物性饲料与植物性饲料并重，多喂一些水草；8 月中旬以后多投喂动物性饲料。

（4）定量　河蟹的日投饲率为 10%~15%。每天注意检查河蟹吃食情况，根据河蟹的吃食情况及时调整投喂量。每天投喂以傍晚投喂为主，上午的投喂量占日投喂量的 1/3，傍晚的投喂量占日投喂量的 2/3。有条件的可以投喂配合饲料。

六、捕捞

9 月上旬开始捕捞。可采取地笼网捕捞、灯光诱捕、干塘捕捞等方法。操作时应注意保持河蟹附肢完整。

第六节　病害防控技术

河蟹病害防治应坚持“以防为主、防重于治、防治结合”的原则。苗种放养前用3%的食盐水浸洗10min，或用50mg/L的高锰酸钾溶液浸浴2～3min。早春因水质清瘦，要注意防治青苔，可施用“青苔净”，在晴天的中午喷杀。7—9月份使用生石灰、强氯精、二溴海因等进行消毒，对肥料、活螺、水草和饵料台、工具等经常用漂白粉消毒。平时投喂的饲料中可添加3%～5%的大蒜素，防止肠道疾病的发生。如果发生病害，应对症下药，使用高效、低毒、副作用小的药物，禁止使用禁用药物。下面介绍河蟹的主要病害及防治方法。

一、颤抖病

（1）病原　是一种RNA病毒，又称环爪病、抖抖病，主要由病毒感染引起河蟹的步足颤抖疾病。

（2）病症　最典型的症状为步足颤抖、环爪、爪尖着地、腹部离开地面甚至蟹体倒立。病蟹反应迟钝，行动缓慢，螯足的握力减弱，蜕壳困难，吃食减少以至不吃食；鳃排列不整齐、呈浅棕色或黑色，肝胰脏呈淡黄色。

（3）流行　无论是池塘、稻田、还是网围网栏养蟹，从3月到11月均有发生，尤其是夏秋两季最为流行；该病主要危害成蟹，蟹种也有感染，发病率和死亡率都很高，尤其是饲养管理不善、水环境差的地方，有的发病率高达90%，死亡率70%以上，发病严重的水体甚至绝产。

（4）防治　坚持生态防病为主，药物治疗为辅。治疗上采取外泼和内服相结合的方法。发病蟹池全池泼洒含氯消毒剂0.3～0.4g/m^{3}或生石灰20～40g/m^3，口服诺氟沙星、土霉素等抗菌类药物，同时结合中草药内服效果较好。

二、水肿病

（1）病原　嗜水气单胞菌，多因河蟹腹部受伤感染病菌引起。

（2）病症　早期没有明显症状，严重时病蟹行动迟缓，多数爬至岸边或水草上，不吃食，轻压腹部，病蟹口吐黄水；打开背甲时有大量腹水，肝脏发生严重病变，坏死、萎缩，呈淡黄色或灰白色；鳃丝缺损，呈灰褐色或黑色；折断步足时有大量水流出；肠内没有食物，有大量淡黄色黏液。

（3）流行　全国各养蟹地区均有发生，1 龄幼蟹至成蟹均受害，在长江流域于 5—11 月均有发生，以 7—9 月为严重，发病率和死亡率都很高，严重的池塘甚至绝产。池中不种水草或水草很少，水质恶化的池塘发病尤为严重。

（4）防治　河蟹蜕壳时，尽量减少对其惊扰，以免受伤；经常添加新水，多喂鲜活饵料，饲料中添加维生素 C、维生素 E；用 $1\sim2g/m^3$ 漂白粉全池泼洒，或者泼洒二溴海因、溴氯海因；内服恩诺沙星，按 $1\sim2g/kg$ 饲料量添加，连喂 3～5 天为一个疗程。

三、黑鳃病

（1）病原　此病原为嗜水气单胞菌、副溶血性弧菌等。

（2）病症　此病典型症状为腮部发生感染变黑。早期没有明显症状，严重时河蟹反应迟钝，吃食减少或不吃食，爬在浅水处或水草上，有的上岸，鳃丝肿胀，变脆，严重时鳃丝尖端溃烂脱落。

（3）流行　全国各养殖地区都有发生，尤其当管理不善，水质、底质较差的情况下发病较多，严重时可引起死亡。

（4）防治　用生石灰彻底清塘，保持池底淤泥 5～10cm；勤加注新水，保持良好的水体环境；用 $15\sim20g/m^3$ 生石灰，或 $0.2\sim0.3g/m^3$ 二溴海因、溴氯海因全池泼洒；将病蟹置于 $2\sim3g/m^3$ 的恩诺沙星溶液中浸洗 3～4 次，每次时间 10～20min。

四、水霉病

（1）病原　由于蟹体表受伤后，水霉侵入引起的疾病。

（2）病症　疾病早期没有明显症状。疾病严重时，可见病体行动缓慢、反应迟钝，体表有大量灰白色絮状物，诊断时应与纤毛虫病区分。

（3）流行　水霉在淡水水域中广泛存在，对水温的适应范围很广，5～26℃均可以生长繁殖，凡是受伤的河蟹均可被感染，但是未受伤的不感染，严重感染尤其是继发细菌感染时也会引起死亡。

（4）防治　发病时，每米水深每亩泼洒含量10%的二溴海因20g。

五、固着类纤毛虫病

（1）病原　是由聚缩虫、累枝虫、钟形虫、单缩虫等固着类纤毛虫寄生引起。

（2）病症　固着类纤毛虫少量固着时，外表没有明显症状。当大量固着时，河蟹体表有许多绒毛状物，反应迟钝，行动缓慢，不能蜕皮；将病蟹提起时，附肢吊垂，螯足不夹人；手摸体表和附肢有油腻感。

（3）流行　主要发生在夏季，全国各地都有发生，尤以对幼体的危害为大。少量固着时，经蜕壳、换水后可痊愈，一般危害不大。但当水中有机质含量多、换水量少时，固着类纤毛虫大量繁殖，充满鳃、附肢、眼及体表各处，在水中溶氧低时，可引起大量死亡，残存的河蟹的商品价值大大降低。

（4）防治　彻底清塘，经常加注新水，保持水质清新；用0.25～0.6g/m^3的硫酸铜溶液全池泼洒；用0.5～1.0g/m^3的高锰酸钾溶液浸洗病蟹10～15min。

六、甲壳附肢腐烂病

（1）病因　细菌感染引起。

（2）病症　病蟹腹部及附肢腐烂，肛门红肿，甲壳被侵蚀成洞，可见肌肉，摄食量下降，最终无法蜕壳而死亡。

（3）防治　生石灰彻底清塘，保持水质清新；发病池用0.2～0.3g/m^3 二溴海因或溴氯海因泼洒消毒；饲料中添加氟哌酸，添加量为0.2～0.4g/kg 饲料，连续3天为一个疗程。

七、蜕壳不遂病

（1）病因　该病因河蟹感染疾病，或营养不平衡，缺乏钙质及某些微量元素而引起。

（2）症状　病蟹背部发黑，背甲上有明显棕色斑块，蜕壳时，病蟹的头胸甲后缘与腹部交界处出现裂口，因无力蜕壳而死亡。

（3）防治　检查病蟹是否患有其他疾病，对症施药；用生石灰全池泼洒，终浓度为20g/m^3，5天一次；在饲料中添加适量的蜕壳素及贝壳粉、蛋壳粉、鱼粉等含矿物质较多的物质，并增加动物性饵料的投喂比例；蟹池中栽植适量水草，便于河蟹攀缘和蜕壳时隐蔽。

八、肝坏死病

（1）病因　细菌感染，饵料霉变和底质污染并发引起。

（2）病症　肝脏病变，呈灰白色，有的呈黄色，有的呈深黄色，一般伴有烂鳃。

（3）防治　目前尚无特效药，普遍采用泼洒溴氯海因、二溴海因、二氧化氯、等消毒杀菌液；饲料添加复合维生素C、维生素E，内服甲砜霉素等，有一定的防治效果。

第七节　生产管理

加强日常管理，每天巡塘，定期加注新水，做好生产记录。

一、水质调控

对于养蟹池塘，3 月份放种时水位 0.6～0.8m，以后 7～10 天加注一次新水，每次加水量 5cm 左右，到高温季节来临之前，把池水灌至最满。青虾、鳜鱼、黄颡鱼、翘嘴红鲌等耐氧力很低，对水体溶氧要求较高，保持水色以黄绿色为宜，水中溶氧 5mg/L 以上，可每隔 30 天左右全池泼洒生石灰和使用微生态制剂（光合细菌、EM 菌、枯草菌等）调节水质。

对于稻田，春季放种时水深 10cm 左右，夏季高温时水位保持在 20cm。春季每 7～10 天加换水 1 次，夏秋季每周 2～3 次，每次换水量为总水量的 1/2，具体应视田内水质情况灵活决定其换水次数及比例。换水时间控制在 3h 内，水温温差不超过 5℃。一般先排水再进水，注意把死角水换出。每隔 20 天左右用生石灰调节水质，按蟹沟面积计算，生石灰用量为 5～8kg/亩。

二、勤巡勤察

注意观察水质变化、河蟹生长、吃食情况是否正常、有无病死蟹以及田埂是否漏水；注意检查防逃设施有无破损，进排水口的防逃网有无破损，如有应及时修补或更换；防止水蛇、老鼠、青蛙、大型鸟类等天敌进入养蟹池（田）。

三、蜕壳期管理

蜕壳前后勤换新水，蜕壳高峰期可适当注水，不应换水。蜕壳期前 2～3 天，可在人工饲料内可加蜕壳素。

四、生产记录

每天坚持做好生产日记，记录气候、水温、水质，蟹的吃食、活动、生长、疾病，养殖池的投饵施肥、调节水质、治病用药及产品出池销售情况等具体内容，定期将生产记录整理归档。

第五章　青蛙养殖

第一节　青蛙的生物学习性

青蛙又名田蛙，田鸡。青蛙是两栖动物，约有 190 种，其中分布广、数量最多的是黑斑蛙，其次是虎纹蛙、泽蛙、金钱蛙。人工养殖以虎纹蛙、黑斑蛙和金线蛙为主。三者的生物学特性和养殖技术等均较为相似，下面以虎纹蛙为例介绍。

1. 栖息环境

虎纹蛙的生长发育离不开水。蝌蚪生活在水中，成蛙喜欢在养殖池周边阴暗、潮湿的洞穴、杂草和水草的下面或遮阴好的食物台上。人工养殖虎纹蛙的陆地上需要有杂草，水中种植水生植物。同时要用石棉瓦、沥青纸搭凉棚，确保陆上阴凉、潮湿。

2. 活动特点

蛙喜欢群居，虎纹蛙常栖息在食台上，但当皮肤干燥时潜入水中游水，稍后又爬上陆地或食物台上栖息。在人工养殖时，一定要有足够的陆地或浮板供其栖息，防止因积堆挤压致死。虎纹蛙喜安静，常蹲伏在陆地或食物台上不动。其蝌蚪与成体均喜欢晚上活动。

虎纹蛙虽然喜欢群居，但凶残的本性仍会使蛙群内发生互相残杀现象。在人工养殖时，常发生大蛙吃小蛙、大蝌蚪吃小蝌蚪的现象，尤其是大小蝌蚪和蛙混养、饲养投喂不足、气候变化前后及生病之时。

3. 食性

虎纹蛙不同阶段的食性不同。蝌蚪杂食性，孵化后 3～10 天的小蝌蚪主要摄取水中的甲藻、绿藻、蓝藻等；孵化 10 天之后到出现后肢前，以摄食植物性食物为主，也吃动物性食物；从后肢出现到前肢出现、尾部消失变态成幼蛙之前，则摄食水中大的水蚤、水蚯蚓、小鱼等，也摄食大的鱼肉块等，这个阶段以肉食性为主，也吃食较大的植物碎屑。幼蛙与成蛙都是肉食性，天然状态下一般捕食蚯蚓、黄粉虫、蝇蛆及小鱼虾等，也可以吞食鱼肉块及鸡、鸭、鱼的内脏；人工养殖条件下，也可以摄食人工配合饲料。

4. 生活条件

（1）温度　温度是决定虎纹蛙生存、生长以及摄食的重要因素。不同的生长发育阶段因为其生理特性不同，其所要求的温度有所差别。适于虎纹蛙生长繁殖的温度为 22～30℃，最适的温度为 25～28℃。在人工饲养时应加强遮阴，同时应加深水位，加注冷水降温。尤其是蝌蚪池和幼蛙池，容易引起死亡。在炎热的季节，蛙白天不出来摄食，而在晚上天气凉爽时才出来活动，所以白天应该减少喂料。当气温下降到 22℃以下时，蝌蚪和蛙的活动逐步减弱，摄食量不断下降，喂料可改在中午。气温下降到 12℃时，则停止摄食和活动，钻入洞穴或潜入泥中，紧闭双目，不吃不动，进入冬眠状态。

虎纹蛙的繁殖活动也取决于温度，当温度在 25℃左右时，成熟的雌、雄蛙才会在水中抱对、产卵，每次的排卵量也会随温度的升高而增加，但温度高于 30℃时则停止抱对、产卵。

（2）湿度　虎纹蛙为水陆两栖，虽然可以离开水体，较长时间在陆地上栖息、摄食，但需要高湿度，不能在干燥的陆地上生存。

（3）水质　水质直接影响其活动和生长繁殖。蛙用肺呼吸，水中溶氧量可低到 1.5～2.5mg/L，但受精卵孵化时所需的含氧量为 3.5～4.5mg/L，蝌蚪生长期所需的含氧量高达 5.0～6.0mg/L。虎纹蛙生长发育和繁殖的 pH 值以 7～8 为好。

（4）光照　适当的光照可以提高受精卵的孵化率、蝌蚪变态的速度以及蛙的生长率和繁殖率。但强烈的阳光直射，会使虎纹蛙

皮肤干燥甚至损伤。

5. 冬眠

当冬季气温下降至10℃以下时，虎纹蛙便蛰伏穴中或淤泥中，双目紧闭，不食不动，呼吸和血液循环活动都降到最低限度，进入冬眠状态，至第2年春天气温回升到15℃以上时苏醒过来，结束冬眠。

第二节　养殖条件与设施

一、养殖池建设

1. 池塘改造

养殖池以400m^{2}为宜，池塘四周留有一定的陆地，宽约1～1.5m，在池中建一小岛，作为蛙类取食和栖息的地方，陆地面积占整个池塘的1/3～1/2。池周陆地或小岛上要种植一些阔叶乔木或豆类、瓜果等作为荫蔽物。池中种植一些水生植物，用以净化水质，一是便于产卵时收集卵块，也有利于蛙类栖息、藏身。

2. 田块改造

首先用围网将稻田围成200m^{2}左右的养殖池，长宽比约为2：1,田埂加高50cm；在距隔离网1.2m左右开围沟，深约1m，上宽1m，底宽0.6m，田块中间陆地可留蛙栖息。在围沟与防逃网间可设置饵料台；围沟内种植水草，以供青蛙产卵附着。

二、防逃防害设施

由于青蛙善于跳跃，还有大蛙吃小蛙的习性，因此，蛙池之间要设置隔离网。围网一般高出地面1.2m左右，埋入地内30cm，网片上端向内折约30cm。为防止鸟类捕食蝌蚪和幼蛙，整个养殖场还要用防鸟网覆盖，要做到密不透风。另外还要做好防蛇、防鼠的设施建设，如沿围网外地上铺设电网等。

三、排灌设备

水泵是养殖场主要的排灌设备，水泵种类有轴流泵、离心泵、潜水泵等。无论使用何种水泵，都要罩上过滤纱网，以免伤蛙和蛙逃逸。

四、水质检测设备

青蛙养殖场应配备必要的水质检测设备，以便随时监测养殖用水的溶氧、酸碱度、氨氮、亚硝酸盐等主要理化指标。

第三节　青蛙繁育及养殖技术

一、青蛙的人工繁殖

1. 种蛙的选择

种蛙是人工繁殖的基础，种蛙的好坏直接影响到繁殖和养殖效果。选择种蛙的时间，以3—4月为好。

要选择体格健壮、无伤无病、体重达50g的雌蛙及40g左右的雄蛙。雄蛙皮肤色泽鲜艳，咽喉部有显著的声囊，前脚婚垫明显，鸣叫高昂；雌蛙腹部膨大、柔软，卵巢轮廓可见，富有弹性，用手轻摸腹部时可感到成熟的卵粒。

为提高后代的生长速度和抗病能力，要选择血缘关系远的雌雄蛙作为种蛙。

种蛙群体小时雌雄比例为1∶1，群体大时雌雄比例宜为（1～2）∶1。

2. 种蛙的运输

在选择好种蛙后，可用塑料箱、木箱装蛙运输，其箱高约10cm，箱体大小视数量多少以及便于搬运为准。箱底铺上水草保湿，种蛙放入纱布袋中，再把纱布袋放在水草上。在运输途中每隔2h洒水1次，保持种蛙皮肤湿润。

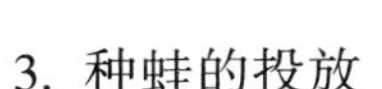

3. 种蛙的投放

在种蛙放养前8～10天，先清除池内杂物、残渣以及池底的淤泥，再用生石灰或漂白粉消毒，以杀灭池中的敌害、病菌、病毒及寄生虫。

待药性消失后才能放养种蛙。种蛙用2%的食盐水和蛙康液各浸泡消毒10min。放养密度每平方米1～2只，雌雄比例以（1～2）：1为宜。

4. 种蛙饲养

投喂的饲料要富含蛋白质，特别是富含赖氨酸和蛋氨酸的饲料，以促进种蛙性腺的发育成熟，增加雌蛙怀卵量、提高雄蛙配种能力。一般日投料量为种蛙体重的10%，每天投喂1～2次，每次以刚好吃完为准。

每周1～2次向种蛙池内注入新水，并调节水位保持适宜的水温（25～28℃）。

5. 种蛙的抱对与产卵

当水温稳定在25℃时，个别发育早、身体健壮的雄蛙开始鸣叫；当水温升到28℃以上时，绝大多数雄蛙鸣叫，寻找雌蛙，并停止摄食。几天后，雌蛙也开始发情。抱对时，雄蛙伏在雌蛙背上，雄蛙用前脚第1指的发达婚垫夹住雌蛙的腹部。经过1～2天抱对，开始产卵，同时雄蛙排精。当雌蛙卵和雄蛙精子排完后，雄蛙即从雌蛙背部落下。抱对和产卵时应保持环境安静及水温、水位等稳定。

6. 人工孵化

虎纹蛙产卵以后，要及时孵化。孵化量大时，多采用孵化池或孵化箱孵化；孵化量小的，可采用水缸、木盆等容器当作孵化器。下面介绍采用孵化池的孵化方法。

（1）孵化准备　孵化前要先清洗孵化池及孵化用具、用5%漂白粉溶液浸泡0.5～1h，再用干净水清洗后，注入清水，水深保持30cm。将洗净、除去烂根烂叶后，用0.003%的高锰酸钾溶液浸泡10min后的水花生、凤眼莲、水浮莲等水生植物均匀地铺在水中，但不要露出水面，用于支撑卵团，防止受精卵下沉。

（2）蛙卵采集　在产卵季节，每天早晨巡查产卵池，发现卵团（块），及时采集。一般在产卵后 30～60min 采卵，此时受精卵外的卵膜已充分吸水膨胀，受精卵已经转位，即动物极朝上，植物极朝下，从水面上可以看到一片灰黑色的卵粒。不能采刚产的卵，因为卵子还没完全受精，会影响受精率、孵化率；但也不能长时间不采卵，以致卵膜软化，卵块浮力下降，沉入池底，造成缺氧窒息死亡，同时还易受到天敌的吞食。

采卵时首先要识卵，虎纹蛙的卵圆形，卵小，直径 1.0～1.2mm。刚产出的卵为乳白色，若不仔细观察，往往不易发现。产卵后约 30min，卵吸水膨胀，同时自动转位，在转位的同时，卵与卵相互粘连成薄片状，浮于水面黏附在水生植物上。半小时后未转位的卵均是未受精卵。

在采卵时，先用剪刀将卵块四周黏附着的水生植物剪断，再剪断卵团下面的水生植物，将卵团连同附着物轻轻地移入木盆或瓷盆中，最后慢慢地移入孵化池中。如果卵团过大，可用剪刀剪成几块分别转移。

采卵注意事项：一是不能用网捞、手抓，也不能用粗糙容器盛卵，以免卵子破损；二是动作要轻，防止振荡影响胚胎发育；三是不能将卵团相互重叠，以免胚胎因缺氧而停止发育；四是要尽量保持受精卵的动物极朝上；五是应将同一天产下的卵团放在同一孵化池中孵化；六是产卵池、盛卵器具以及孵化池中的水，温度尽量保持一致，避免相差超过 2℃。

（3）蛙卵孵化　孵化密度每平方米放卵 4 万～7 万粒；最好采用微流水孵化，或者每天换水 1～2 次，每次换去 1/3～1/2 的水；保持水中的溶氧不低于 3mg/L，水温 25～30℃。

在适温范围内，温度越高，所需孵化时间就越短，反之则长。如当水温 21～24℃时，从受精到出膜需 48～60h；水温 28～29℃时，受精后 40～42h 胚胎即孵化出膜，受精后 131h，发育成为能摄取外源食物的蝌蚪。

二、蝌蚪培育

从刚孵出到脱尾长成四肢前的幼小蛙体，称为蝌蚪。按虎纹蛙蝌蚪的发育特点和管理要求，一般将蝌蚪阶段分为3个时期：刚孵出至5天为前期，7～20天为中期，20天后为后期。在饲养管理上应按照蝌蚪的生长发育特点采取有效技术措施。

1. 蝌蚪放养前的准备工作

蝌蚪放养前应做好蝌蚪池的消毒和蝌蚪池水中浮游生物的培育工作。

（1）蝌蚪池的消毒　水泥池应在放养前3～5天，用清水洗刷干净，并暴晒1～2天，或每亩用含氯量30%的漂白粉5～10kg，加水稀释后全池泼洒消毒。

土池应在蝌蚪放养前7～10天，干池消毒每亩用生石灰20～50kg或漂白粉5～10kg；带水消毒，水深1m时，每亩用生石灰100～150kg或漂白粉10～20kg。

在放养蝌蚪前，可用盆取水少许，放入蝌蚪试养，检验池水药物毒性是否消失，若1天后蝌蚪活动正常，表明水中药物毒性已经消失，可按计划放养蝌蚪。

（2）浮游生物的培养　自然条件下，蝌蚪主要吃食水中的浮游植物和浮游动物，如甲藻、硅藻、轮虫等。在蝌蚪池消毒后注入新水的同时，可施放发酵的有机肥（如牛粪、猪粪等），每平方米用量0.5～1.0kg。施肥3～5天后，水中的浮游生物的繁殖顺序和蝌蚪的食性转变规律基本相同。

2. 蝌蚪的放养

蝌蚪放养密度每平方米800尾左右。如果放养密度太大时，蝌蚪的活动场所小，摄食量也小，不但影响蝌蚪的生长发育，也容易发生病害。

放养的小蝌蚪最好是日龄相同、规格大小一致。孵化池与蝌蚪池的水温差不能超过2℃。

3. 蝌蚪的饲养

蝌蚪在不同时期的食性及营养需求不同，投料要有所区别。7~20天时，可喂干粉料（如米糠、豆粉、鱼粉、蚯蚓和蚕蛹粉）以及嫩菜碎叶、玉米糊、熟鱼糊等；20天以后，随着蝌蚪的长大，则可投新鲜小鱼虾、活蚯蚓、动物内脏碎块及切碎的瓜果、蔬菜等。

由于单一的饲料营养不全面，因此，每天投喂的饲料应以2~3种动植物料混合投喂，其中动物性饲料可由30%逐渐增至60%。最好是投喂人工配合饲料，可为蝌蚪提供生长发育所需要的营养物质，减少对水体的污染。

饲料投喂次数一般一日2次，早晚各1次。投喂量为蝌蚪体重的5%~8%。水温适宜、水质较瘦时可多投；天气炎热、水质较肥时，可减少投喂。当蝌蚪长出前肢后，尾部开始被吸收作为营养，尾部逐渐萎缩，此时投放的饲料应该逐步减少至2%~3%。如果投料过多，会造成消化不良，延长变态时间。

饲料应该投放在饲料台中，不要四处乱撒，既利于蝌蚪摄食，又便于观察蝌蚪的摄食活动。每次投喂后2h，要检查摄食情况，以确定下一次的投喂量。

每天投喂的干粉料要提前用温开水浸泡，以免蝌蚪吃后消化不良；不要投喂发霉、腐败的饲料，以防蝌蚪中毒。

4. 幼蛙的饲养

幼蛙，是指从刚脱尾变态的幼蛙培养到10g左右。

（1）幼蛙的放养

① 分级饲养。放养时应严格分级饲养，不能将不同规格的幼蛙放养在同一池内，使同池中幼蛙尽量保持大小一致，防止大蛙吃小蛙。在饲养过程中，同池幼蛙在相同的环境条件下，其生长速度不一致。因此，还要按照幼蛙的大小定期调整分级（一般进行2~3次）。

② 放养密度。土池饲养，每平方米放养体重4~5g的幼蛙150~200只，放养幼蛙的具体密度，应考虑气候、水质、饲料以

及饲养管理水平而灵活掌握。

③ 放养前消毒。在放养前先将幼蛙在1%~2%食盐水或1%蛙康溶液中药浴5～10min（具体时间视水温和蛙体健康情况而定），消除幼蛙体表的病菌、病毒和寄生虫，减少病害的发生。

（2）幼蛙的饲养

① 设置饲料台。饲料应投放在饲料台上，便于蛙集中摄食和清除剩料。饲料台一般用木条钉成长宽各1m的正方形或长1.5m、宽0.8m的长方形框架，底部用10～15目的尼龙窗纱钉紧，用吊绳固定。

饲料台与蛙池水面不应有太大坡度，便于幼蛙跳上饲料盘休息摄食，有利于幼蛙形成吃食死料的习惯，但每个幼蛙池应放多个饲料盘。在给幼蛙投放饲料后，要保持环境的安静。尽量减少干扰，以防幼蛙受惊而减少或停止摄食。

② 幼蛙的投喂。刚刚脱尾变态至10天左右的幼蛙消化系统不发达，四肢跳跃能力差，摄食能力不强，因此，投料量不能太多，每天早、晚各投放1次蛋白含量36%以上的膨化颗粒料，日投料量占体重的3%左右，一般以投料后2h内吃完为度。

5. 成蛙的饲养

成蛙饲养是指将青蛙由10g左右养至50～60g的商品蛙的过程，此阶段除将幼蛙培育成商品蛙上市外，还应根据需要，有目的、有计划地选留一定数量生长快、个体大、活泼好动、体质健壮的成蛙作为种蛙。

（1）成蛙的放养　每平方米放养体重10g左右的幼蛙80～100只，放养的具体密度，应考虑气候、水质、饲料以及饲养管理水平。

（2）成蛙的投喂　在投料时要掌握饲料的规格与蛙体的大小相适应。一般应小于蛙的口裂，短于蛙体长度的一半。饲料太大，蛙难于吞食；饲料太小、小细，蛙又不喜欢取食。投料应坚持“四定”：定点、定量、定时、定质。

① 定点。饲料应该投在浮性饲料盘上，每个蛙池要有多个饲

料盘，以保证蛙在短期内能抢吃到饲料为宜。

② 定量。严格按量投喂、不要太多，也不要太少。一般膨化颗粒饲料投料量约为蛙体重的5%~8%，以2h内吃完为宜。

③ 定时。每天投料2次，6:00和15:00各1次。下午的投料量应占总投料量的70%。

④ 定质。要保证投放的饲料新鲜，蛋白质含量稳定，大于32%。不投喂腐败、发霉变质的饲料，防止蛙发生食物中毒。要先将饲料盘内的残料清扫和用水冲洗干净后才能放入新料，防止蛙因吃到变质残料而感染胃肠病。

6. 青蛙的越冬与采收

青蛙是变温动物，体温随外界环境湿度的变化而改变。当气温降至15℃以下时便减少摄食和活动，降至10℃便进入冬眠状态。

（1）蝌蚪的越冬　蝌蚪在水中越冬，其抗寒能力比蛙强，只要底层水不结冰，蝌蚪仍能在水中生存，因而蝌蚪冬眠期间死亡率较低。但四肢已经长出、尾部尚未消失的大蝌蚪，越冬能力大大降低，自然越冬的死亡率可达55%。因此，控制蝌蚪变态，避免大蝌蚪进入冬眠十分重要；把越冬池内蝌蚪的密度增加1倍，有利于蝌蚪越冬。

加深池水、管好水质、适当增加水温，是提高蝌蚪的越冬成活率的有效措施。静水池水深80cm以上，流水池水深60cm以上，并始终保持水体浓度，避免池水结冰；在越冬期间，只要水温保持15~20℃，蝌蚪即恢复摄食活动，可适当投料，20~30℃，变冬眠为冬养；每15~30天换水1次，注入新水，提高水中溶氧量，但注入的新水和池水温差不能高于2℃。

（2）幼蛙和成蛙的越冬

① 自然条件越冬。在蛙池周围选择向阳、避风、离水面20cm处，挖若干直径10~13cm、深80~100cm的洞穴（蛙巢），或用石块、砖块堆砌洞穴，洞内铺上一些松软干草，供蛙入洞越冬。等蛙入洞后，在洞口上铺放干草或稻草，以挡寒风入侵，应保持洞穴的潮湿，维持正常的皮肤呼吸，但要防止受水淹而冻死蛙。或在蛙

池背风处先松土或铺上 30cm 厚土，堆上干草，再铺盖塑料薄膜，以保持温暖、湿润，虎纹蛙可钻入其中冬眠。

② 蛙池水下越冬。越冬前在蛙池底铺上厚 30 ~ 50cm 的淤泥层，供蛙潜伏泥中冬眠。越冬时应保持深 0.6 ~ 1.0m，池面上可用干草、稻草或塑料薄膜搭棚，防止池水结冰，保证青蛙安全越冬。

③ 温室越冬。因地制宜建立温室，利用温泉水、工厂余热水、通暖气管等办法，使水温保持在 25 ~ 30℃。室内加温时应注意通风，防止煤气中毒。采用塑料大棚越冬时，在蛙池上搭建双层塑料大棚，由于受光照升温和薄膜保温的关系，棚内温度可以保持在 25 ~ 30℃，青蛙可以摄食、生长。在采用塑料薄膜大棚越冬时，晴天应酌情掀开塑料薄膜，使空气流通，增加棚内氧气，不致闷热。

（3）虎纹蛙的捕捞与运输

① 蝌蚪的捕捞与运输。蝌蚪有群居性，且活动缓慢，易于捕捞。捕捞方法视蝌蚪池的大小而有所不同。大面积的蝌蚪池，用鱼苗网在池中拉一次网，即可将大部分蝌蚪捞起；一般中等大小的蝌蚪池，可用长 3 ~ 4cm 的塑料窗纱网；更小的蝌蚪池，则用塑料窗纱、竹竿及铁圈做成的小捞网捕捞。

捕捞时动作应该轻慢，以免损伤蝌蚪。

蝌蚪运输首先要选择好时机。一般是 10 ~ 15 天的蝌蚪易于运输，小于 10 天的蝌蚪体小，生命力弱；大于 20 天的大蝌蚪因长出前肢，处于鳃呼吸与肺呼吸的交换期，在运输过程中易因缺氧而死亡。

其次应该正确的运输技术。短距离运输少量蝌蚪，可用桶、袋；若大批量汽车运输时，可用鱼篓、帆而篓立在车厢中，装运密度为每升水 50 ~ 100 尾。在长途运输时，最好选用塑料袋充气运输。方法是：先在袋中装入 1/3 的水，放入蝌蚪，充入氧气至袋稍膨胀时为止，扎紧袋口，装入纸箱中。装入蝌蚪密度为：每升水装蝌蚪 80 尾左右，具体视当时天气水温而定。

蝌蚪需带水运输，要求用水质清新和无毒的池塘、江河、水库水，也可用去除了余氯的自来水，适宜运输的水温为15～25℃，如果温度过高则要加冰块冰块或换井水降温。蝌蚪运输前应先在清水中停喂吊养1～2天，让其适应密集环境，排出体内的粪便，减少对水体的污染，利于蝌蚪的运输。

② 青蛙的捕捞与运输。无论是幼蛙、商品蛙或种蛙，其捕捞方法基本相同。

将蛙池灌满水，在池沟中铺设地笼，经过1h左右，青蛙大部分钻入地笼，一般反复2次，基本可将池中青蛙收净。

幼蛙和成蛙的运输，可使用能保湿、通风透气、防逃的用具，如木箱、铁桶、木桶、竹筐、塑料等。装运时先将器具清洗干净，侧面要开通气孔，底部垫放凤眼莲、水浮莲、湿布、湿稻草等。

蛙在装运前停喂、静养2～3天，减少在运输途中排出粪便，污染运输箱。装运时将蛙体洗干净后放入运输箱中。装运密度以不拥挤为原则，一般每平方米面积中可装10g左右的幼蛙1 200只，50g的成蛙600只。

装运时幼蛙可直接放入箱中，而个体大的成蛙、种蛙，可先将运输箱内分隔成几个小室，再将每只种蛙小心放入小纱布袋中，浸湿纱布袋后分别放入各个小室中。无论装运幼蛙还是种蛙，也不论采用哪种包装箱，在放入蛙后，表面要盖上湿纱布保湿，最后箱要加盖，防止蛙在运输途中逃走。

蛙的运输宜选择在阴凉天气，夏季高温季节宜在晚上运输，或者在运输箱内放入冰块降温。在运输途中要经常淋水，以保持蛙体潮湿和调节体温。同时，还要经常检查运输箱有无破损，通气是否良好，箱内的蛙有无死亡，如有死蛙，要及时捡出。在运输途中还要防止强烈的震动，做好遮阴防止阳光直射工作。

第四节　青蛙病害防控技术

一、蛙病预防

蛙生病初期一般不易观察，要准确诊断，往往需要一定的时间和条件，治疗难度大，而且还影响蛙的生长发育和产品质量，降低生产效益。对于青蛙病害，只有坚持以防为主，做到“无病先防，有病早治”，才能减少或避免病害的发生。

蝌蚪或蛙病害的预防工作，关键是通过增强机体抵抗力，消灭或控制病原体，切断病原体的传播途径来降低患病机会。同时结合定期的病害检测和检疫，有效地预防病害的发生与蔓延。

1. 增强蛙和蝌蚪的抗病能力

① 选择优质种蛙和健康苗种。种蛙种质优良，繁殖的苗种健康、抗病能力强；加强蝌蚪的饲养管理，提高变态幼蛙的体质。

② 保证饲料质量，及时驯食，满足机体发育需求。

③ 密度合理，谨慎操作，科学投饵与管理，能有效增加机体免疫力。

④ 在有条件的情况下，可以人工注射蛙病疫苗，增强其抗病力。

2. 创造良好的生态条件

（1）水源水质　养蛙场的水源条件，远离排污口，水源充足，水质清新，水温适宜，无污染，无有害有毒物质；水质应符合 GB 11607《渔业水质标准》和 NY 5051—2005《无公害产品　淡水养殖用水水质》要求。

（2）周边环境　养蛙场远离农业、工业、医院或生活污染处，环境质量应符合 GB/T 18407.4《无公害产品　产地环境》要求。每月对养殖场四周用 5% 漂白粉喷洒消毒一次，及时清除四周杂物垃圾，保持场内环境卫生。

（3）养殖场　养殖场设计规范，分布合理；进排水系统严格分开，防止病原体交差传染；每个池塘生产工具一套，仓储室干燥、卫生，实验室检测器材完备。

3. 控制和杀灭病原体

（1）消毒杀菌

① 清池消毒。养殖池是蛙活动场所，更是病原体滋生地。每年在放蛙之前要进行清整，去除於泥，修整池埂，铲除杂草，然后用生灰、漂白粉等药物消毒，清除野杂鱼，消灭病原菌。

② 蛙体消毒。蝌蚪或蛙入池放养或分池饲养时，都应进行消毒处理，严防病原体的携入。蝌蚪或蛙体消毒，常用2%~3%食盐水溶液浸泡5~10min或5~10mg/L高锰酸钾溶液浸泡10~20min。在实际操作过程中，根据温度及蛙体的承受程度，灵活掌握浸泡时间。

③ 饲料消毒。养殖蛙的饲料必须保证质量，符合GB 13078—2001《饲料卫生标准》要求；动植物性饲料要保证新鲜、无腐烂变质，常用5mg/L高锰酸钾溶液浸泡5~10min，或2%~3%食盐浸泡5~10min，洗净后再进行投喂。

④ 工具消毒。养殖场使用的所有工具均应严格消毒，尤其是发病季节。常用100mg/L高锰酸钾浸洗3min，或3%食盐浸洗30min，或5%漂白粉浸洗20min，每月2~3次。

（2）改善水质　水质环境直接影响蛙生长和疾病。当水质过浓或有恶化迹象时，须及时加注新水，严重时可以彻底换水，维持蛙池适宜的生态环境。常用底质改良剂改良水体底部环境，保证任何时侯底层水溶解氧不低于2mg/L。

4. 加强检验检疫

要重视蛙的检疫工作，主要包括亲本、苗种、产地和养殖区检疫，防止蛙带进新的病原体。从外地区引进苗种，必须检验检疫合格，配有《水生动物检验检疫合格证》，并暂养一段时间，抽样检查苗种正常后方可下池。

养殖过程中，尤其是发病高峰期，生产管理者必须定期采集水样和蛙检测，做到有病早发现、早治疗。

二、用药原则

在蛙病预防和治疗中，要严格按照 NY 5071《无公害食品　渔用药物使用准则》和 NY 5070—2002《无公害食品　水产品中渔药残留限量标准》要求，严禁使用违禁药品，提倡使用水产专用渔药、生物源渔药和渔用生物制品；尽早发现病情，做到科学诊断、合理用药、对症下药，防止滥用药和盲目用药；严格执行休药期制度，保证产品质量安全。

三、常见病害防治

蛙及蝌蚪，在人工饲养条件下，放养密度大，活动范围小，自身抵抗力下降。加上过度地施肥投饵，造成水质环境恶化，病原体滋生繁殖，往往导致蛙和蝌蚪生病。蛙的常见病害及防治技术如下。

1. 红腿病

红腿病又叫败血症，是幼蛙和成蛙养殖阶段的主要疾病之一，传染性快，有时呈暴发性，死亡率高，危害大。

（1）病原体　嗜水气单胞菌或不动杆菌。

（2）危害　主要危害幼蛙和成蛙。4—10 月发病，7—9 月为发病高峰期。

（3）病症　病蛙后肢无力、发抖，低头伏地，不摄食，口和肛门有带血黏液，活动缓慢。发病初期，后肢趾尖红肿，伴有出血点，很快蔓延到整个后肢。病蛙腹部和腿部内侧皮肤发红，有红斑点，肌肉呈点状充血。肛门周围发红。解剖，蛙腹部积水，肝、肾肿大并有出血点，肠胃充血。患病蛙 3 ~ 5 天内死亡。

（4）防治　该病以预防为主。

① 定期消毒养殖池和投饵台，改善养殖水质，控制放养密度；投喂的饵料必需保证新鲜卫生，无腐烂、霉变。发病季节，每半个月用生石灰 20mg/L 或三氯异氰尿酸 0. 1 ~ 0. 3mg/L 全池泼洒一次。

② 对病蛙，用 2% ~ 2. 5% 食盐水浸泡 10 ~ 30min，或 10 ~

20mg/L 高锰酸钾溶液浸洗 20～30min，每天 1 次，连续 3 天；或 40 万单位青霉素/100mL 生理盐水浸泡 5min，连续浸泡几天，或每 200～250g 体重蛙灌入此药液 2mL。

③ 发病蛙池，用硫酸铜和硫酸亚铁（5∶2）合剂 1g/m^3 全池泼洒，2～3 天 1 次，连用 2 次。

2. 歪头病

（1）病原　脑膜炎脓毒性黄杆菌。

（2）危害　幼蛙、成蛙，尤以幼蛙为重。发病高峰期为 7—10 月份。当水质恶化，水温变幅大时易发此病。传染性强，发病 3～5 天就死亡，死亡率很高。

（3）病症　病原体直接破坏脑神经，造成神经紊乱，产生歪头。病蛙在水中不停打转，蛙头向右或向左歪转。病蛙活动迟缓，食欲下降，皮肤发黑，泄殖孔红肿，眼球外突充血，以致双目失明。解剖病蛙，肝脏发黑，脾脏缩小，脊椎两侧有出血点和血斑。

（4）防治

① 采用合适的养殖模式和合理的养殖密度，定期用高锰酸钾溶液消毒蛙池。

② 疾病流行季节，可用磺胺类药物 6～10 片拌饵 1kg 投喂，每月 1～2 次。

③ 对病蛙或蝌蚪，用 2mL/L 红霉素溶液浸泡 20～30min，每天 1 次，连续 3 天。

3. 烂皮病

烂皮病，又叫脱皮病或腐皮病。该病蔓延快，死亡率极高。

（1）病原　是由于缺乏维生素 A 而引起的营养性腐皮病，或者由于创口感染鲁氏不动杆菌、异变形杆菌、嗜水气单胞菌、鲁氏耶尔森等而继发的细菌性疾病。

（2）危害　主要危害 100g 以下幼蛙。

（3）病症　发病初期，蛙头、背、四肢等处皮肤失去光泽，黏液减少，出现白斑后表皮脱落而腐烂，7 天左右露出红色肌肉，

10 天左右死亡。解剖检查，腹腔积水，胃肠弥漫性出血，肾、脾肿大出血。

（4）防治

① 定期消毒养殖池和食台，维持良好水质；饲料要多样化，保障营养全面，坚持四定投喂。

② 补充维生素，投喂鱼肝油或维生素 A 胶囊，每天 1 次，连续投喂 7 天；或每千克饲料中拌喂多维素 400mg，连用 3～5 天。

③ 蛙病流行季节之前，药物预防，可拌饵投喂适量抗生素，每月 1 次，每次连续 3 天。

④ 病蛙治疗，可每千克蛙人工注射庆大霉素 4 万单位，每日一次，连续 3 天；将富含维生素 A 的动物内脏拌磺胺消炎片粉人工填喂，每天 1 次，3～4 天可治愈。

4. 胃肠炎病

（1）病原　肠型点状气单孢菌。饲养管理不善，水质恶化是此病的诱发原因。

（2）危害　蝌蚪、幼蛙和成蛙都可感染，常发生春夏和夏秋之交。该病传染性强，发病较急，死亡率高。

（3）病症　发病初期，病蛙烦躁不安，不食，严重时不怕惊扰，缩头弓背伏于池边，身体瘫软无力，腹部膨大，肛门红肿。解剖病蛙，肠胃胀气、充血发炎，肠胃内少食或无食，腹部积水。

（4）防治

① 及时清除残饵，定期清洗、消毒食台，不投喂腐败变质饲料；每半个月用 1mg/L 漂白粉全池泼洒一次。

② 每千克饲料中添加 2 片酵母片，每天 2 次，连续 3 天。

③ 用 0.1%～0.15% 食盐水浸泡病蛙 15～30min。

5. 车轮虫病

（1）病原　车轮虫。

（2）危害　主要危害蝌蚪，尤其是生长缓慢的蝌蚪，寄生在蝌蚪体表和鳃组织。流行季节为 5—8 月，易造成蝌蚪大量死亡。

（3）病症　患病蝌蚪常浮于水面，游动迟钝，不摄食，皮肤和鳃的表面呈现青灰色斑点，尾部发白，严重时尾鳍被腐蚀。车轮虫寄生鳃部，导致鳃丝溃烂，黏液增多，呼吸困难，最后窒息而死，漂浮于水面。

（4）防治

① 加换新水，适时分池，保持合理放养密度。

② 发现病情后，用硫酸铜和硫酸亚铁（5∶2）合剂 0.7mg/L 全池泼洒。

③ 对发病蝌蚪，用 0.5～0.8mg/L 硫酸铜＋1mg/L 漂白粉混合溶液，水温 10～15℃时，浸泡 10～20min；或水温 25℃时 2.0%～2.5% 食盐水浸泡 5～10min。

6. 水霉病

（1）病原　水霉菌。

（2）危害　蛙卵、蝌蚪和蛙都能感染此病，但以蛙卵、蝌蚪为重。多发于冬末春初。蛙卵受精率不高时，常常是坏卵先霉变继而感染周围正常蛙卵。蝌蚪和蛙由于皮肤受伤而导致水霉感染。该病一年四季均发生，以水温 15～20℃时最为严重。

（3）病症　水霉使蛙卵变成白色絮状球，导致胚胎死亡。患病蝌蚪及幼、成蛙游动缓慢，身披白色絮状物，体表黏液增多，伤口处发炎、红肿，严重时肌肉腐烂坏死。患病个体食欲减退，游动不正常，最后衰竭死亡。

（4）防治

① 生产操作须谨慎轻快，避免蛙体受伤；产卵池、孵化池、养殖池等用生灰或漂白粉彻底消毒。

② 蝌蚪或蛙入池前，用 2.0%～2.5% 食盐水浸泡 5～10min；蛙卵入池前用 10mg/L 高锰酸钾溶液浸泡 20～30min。

③ 患病蝌蚪或蛙，用 5～10mg/L 高锰酸钾溶液浸泡 20～30min，每天 2 次，3 天为一疗程。

④ 患病蝌蚪或蛙，用 2% 食盐和小苏打混合溶液浸泡 5～10min。

7. 气泡病

（1）病因　水体溶解气体（氧气、氮、空气等）过度饱和，被蝌蚪误吞而致。

（2）危害　本病是蝌蚪期最常见疾病，发病迅速，死亡率极高。水质较肥的水体易发生此病，夏秋季为流行季节。

（3）病症　患病蝌蚪腹部膨胀，体表附着大量气泡，身体失去平衡而仰游水面，解剖可见肠内充满气泡。

（4）防治

① 养殖水体施用肥料必须腐熟发酵；投喂的干粉饲料必须充分浸泡透湿。

② 加强巡塘，勤换水，维持良好水质。

③ 发病水体，用 $4g/m^3$ 食盐水全池泼洒，然后投喂煮熟的麦麸或添加酵母片(1 000尾蝌蚪用 0.5g)，通过消化作用排出肠道气体。

④ 将患病蝌蚪及时捞出，暂养到新鲜、干净的水中，待病情好转后再入塘。

8. 敌害生物

蛙及其蝌蚪的敌害生物较多，主要有蚂蟥、水蜈蚣、鼠、蛇、猫、水獭、翠鸟、藻类、乌鳢等凶猛的肉食性鱼类等，其危害不容忽视。

（1）藻类　藻类主要包括青泥苔、水网藻，对蝌蚪危害极大。蝌蚪放养前，用生石灰全池泼洒杀灭藻类，或用草木灰洒在藻类上，抑制藻类繁殖；已放养蝌蚪的水体，可用 0.1～0.2mg/L 硫酸铜溶液全池泼洒。

（2）蚂蟥　蚂蟥身体柔软，有吸盘，头部可以钻入蝌蚪（蛙）皮肤内吮吸血液，而导致其死亡。定期用生石灰消毒水体，提升水体 pH 值，刺激蚂蟥脱落，用漂白粉泼洒水体，一周后再用高锰酸钾泼洒一次；也可用新鲜猪血浸泡毛巾，放在进水口处贴水诱捕，爬满蚂蟥的毛巾用生石灰掩埋。

（3）昆虫　水生昆虫主要有水蜈蚣、红娘华等，它们在蝌蚪阶段大量繁殖，吸取蝌蚪（幼蛙）体液而致其死亡。蝌蚪入池前，用生灰消毒清塘；蛙苗种下池前用密网捕杀，或每立方米池水用1～2g敌百虫全池泼洒；养蛙池进排水口须设密网，防止敌害生物入侵。

（4）鱼类　主要包括一些肉食性和杂食性鱼类，如乌鳢、鲤鱼、鲫鱼等，它们直接吞食蛙卵和蝌蚪。蛙养殖池必须做好彻底的清池工作，清除野杂鱼；进排水口处用密网过滤拦截，防止野杂鱼进入养蛙池。

（5）陆地动物　主要有鼠、蛇、水獭、猫等，它们直接捕杀蝌蚪或蛙。加固蛙池四周防逃设备，加设防鼠、猫的栅栏；进排水口处设网栏，防止敌害生物入侵。

（6）鸟类　主要有翠鸟、野鸭、苍鹭等，直接捕食蛙卵、蝌蚪和幼蛙。设置防鸟天网，加强日常巡逻，采取驱赶或捕捉的方法来防止鸟类危害。

第五节　生产管理

一、种蛙管理

每天早晚坚持巡视种蛙池，及早发现种蛙是否发情、池内有无敌害。如果发现蛇、鼠时，应及时捕杀；如果发现病蛙和伤蛙，要及时隔离治疗。

二、孵化管理

同一天采集的蛙放入同一个孵化器孵化，尽量使孵化出的蝌蚪大小一致。应防止蛙卵受阳光直射，如遇高温天气、日照强烈时，可在孵化池的上方搭棚遮阴；遇大风雨天气时，可用塑料薄膜遮盖孵化池，防止大风吹乱卵团，影响孵化。保持环境安静，切实防止蛇、鼠、蛙、鱼等敌害进入池中吞食蛙卵。

三、饲养管理

（1）调整密度，分级饲养　同一池中的蝌蚪生长速度不一样，要利用调节密度的时机，按蝌蚪的大小分级，分池饲养。从小蝌蚪到变态成幼蛙阶段，按蝌蚪后肢与前肢长出的情况进行分池和分级饲养。

（2）调节水质，控制水温　蝌蚪池水质要求，溶氧量保持6mg/L以上，pH值为6.4～7.8，盐度低于2%；其次，要有一定的肥度，含有一定数量的浮游生物。定期换水是调节水质的主要方法，一般每隔7～10天换水1次，每次加进新水深度10cm。夏天天气炎热，应多换水。换注新水要选择晴朗的天气，一般以7:00～8:00为宜。

生长发育最适宜的水温，蝌蚪是28～30℃，幼蛙为25～35℃。夏天，对蝌蚪池采取降温措施，如在蝌蚪池边搭凉棚种瓜种菜、加注水温较低的井水、提高池中水位等。

蛙池每隔2～3天加注新水入池，每次换水10～15cm深；每隔15～30天，用蛙康液全池泼洒。当发现水质恶化时，可用生石灰5～10g/m^{2}全池泼洒，以保持水体清新。

（3）坚持每天早中晚巡池　仔细观察蛙的摄食活动、水温水质，以及有无发生病害等情况；清除蛙池中的杂物、残饵和死蚯蚓，以防腐烂发臭污染水体；发现天敌与病害，应及时驱除和治疗；检查各处防逃设施，特别注意雨天或雨后晚上，防止成蛙打洞爬墙逃走。

四、越冬管理

1. 控制水温

在自然条件越冬的蛙，如果遇到连续寒冷的天气，就要设法升高水温，防止水面结冰，保证水底越冬的蛙不会冻死。在洞穴和草堆外面可加盖禾草、塑料薄膜，防止冷空气入侵而冻死正在越冬的蛙。气温在25～30℃时，成蛙摄食良好，养殖温室的温度控制在

25℃左右为宜。

2. 调节水质

蛙在水下冬眠时，主要通过皮肤呼吸水中的溶氧维持体温和生命。而用塑料薄膜大棚越冬的蛙，由于饲养密度大，粪便和残料积累、腐败，常会导致水质变坏，对蛙的生长不利。因此，要定期清除残料，更换池水，但每次换水量不宜太大，换水后池水温度不能升高或降低2℃，否则，蛙会因不适应而死亡。

3. 合理投饲

在温室和塑料薄膜大棚内，由于水温高于20℃，蛙不进入冬眠，而是正常摄食生长，所以应做好投喂工作，投饲量应随温度的升高以及蛙的长大而适当增加。

五、生产记录

建立养殖生产记录档案，记录天气、水温、水质、投饵、施肥，蛙摄食和活动情况，蛙病害症状、防治措施和效果等。应将每天巡查情况记录下来，便于日后检查和总结。《水产养殖用药记录》，记载病害发生情况，主要症状、用药处方，药物名称、来源、用量等内容，《水产养殖用药记录》要保存至该批产品全部销售后2年以上。

第六章 大鲵养殖

第一节 大鲵生物学习性

一、分布及分类地位

大鲵（*Megalobatrachus ianus*）属两栖纲，有尾目，隐鳃鲵科，俗称娃娃鱼。全世界现存大鲵仅 3 种，除我国大鲵之外，还有日本的山椒鲵、美国隐鳃鲵。我国大鲵除西北、东北、台湾等地未见报道外，其余省区都有分布，主要产于长江、黄河及珠江中上游支流的山溪中，尤以四川、湖北、湖南、贵州、陕西等省为多。

近年来，由于人为的滥捕滥杀加之自然生态环境遭到严重破坏，导致大鲵资源日趋减少，属濒危动物，故被国家列为二类重点保护野生动物。

二、形态特征

大鲵成体呈扁筒状，由头、躯干、四肢及尾四部分组成。头部背腹扁，前端有宽大的口裂，犁骨和颌骨具齿，前颌骨与上颌骨齿列紧密相接呈弧形。其中犁骨齿较发达，是捕捉食物的主要工具。成体不具鳃，用肺呼吸，吻端圆，有外鼻孔一对；头前上侧有眼一对，眼极小，位于头前上侧，无眼睑，眼球可伸缩；头顶及腹面有较多的成对疣状物，呈现特定的图形。

大鲵体表光滑湿润，皮肤表面除成对疣粒外，还分布有不规则、大小不一的丘状突起，全身皮肤厚度不一，以头、躯干、背面处最厚，腹部和四肢较薄。表皮的角质化程度低。表现为水生为主的特性。表皮中密集微血管，有利于皮肤呼吸。

大鲵蜕皮常在夏季，蜕下的皮呈薄膜状，为扁平上皮细胞，内有色素颗粒及角质颗粒。说明表皮角质化程度低；真皮结构与牛蛙相似，内有丰富的色素细胞；皮肤腺很多，腹面较少，四肢及腋下分布更少，背面最多；当大鲵皮肤病受到理化刺激时分泌大量白色乳状液和黏液，经生化分析为一种色氨酸和芳香族氨基酸驵成的蛋白质，其初呈白浆状，后为黏稠胶状。

大鲵四肢肥厚，短而扁平。其中后肢长于前肢，前肢 4 指，以第三指为最长，长度为 3、2、1、4，指间具有蹼，便于游泳，肢体形状与蛙肢相似；近端节与体轴垂直伸出，脚心向后爬行很不得力，在动物演化史上是过渡现象；5 趾长度为 3、4、2、5、1；自第 2 趾起具蹼，以 4、5 趾间蹼最发达。皮褶延至小腿基部。指、趾端光滑无爪。

大鲵两后肢腹部间具有一生殖孔，外端与排泄孔相吻合，雌鲵不具受精器。尾较短，约占全长的1/3，尾侧扁而多肉质，尾端钝圆或椭圆尾部具少数疣粒。体表光滑无鳞，皮肤湿润，布满不规则点状或斑块状青灰色素，体色常因环境的改变而变化，腹面底色灰白色。

三、生活习性

大鲵多栖息于石灰岩层的阴河、暗泉流水及有水流的山溪洞穴及冷水性小沟中，其中冒水泉中，喜洄流水的洞穴最多，一般一洞居一尾；头朝外，“喜吃自来食”。

自然栖息水域要求水质矿化程度高，总硬度为 6.0～15.0，pH 值 6.0～9.0，最适 6.8～8.2，水浅流急，水温不高且常年变化较小（一般在 2～27℃），周围树木繁茂，气候温凉。

大鲵负趋光性，有昼伏夜出的习性，白天行动呆滞，晚上出外觅食，喜静怕惊，喜清水怕浊水，成鲵隐居洞穴中，不喜群集，幼鲵有时三五成群栖息于石缝和洞穴之中。

大鲵可在 0～33℃的水中生存，适宜水温为 16～25℃。当水温

低于8℃时，大鲵行动迟缓，摄食量减少，4℃以下进入冬眠，完全停止进食。水温上升到10℃以上时开始摄食。

大鲵耐饥能力强，停食两个月体重基本不减少。另外，大鲵对水体中的溶氧和水质要求比较严格，当水中溶氧在5mg/L以上时，且水质清爽无污染时，大鲵能进行正常生长发育。

四、食性

在自然生态环境中，大鲵白天隐居在洞穴之内，夜间爬出洞穴四处觅食。大鲵为肉食性动物，幼鲵以食小型无脊椎动物如小蟹、水蚤、昆虫幼虫等为主；成鲵则以摄食泥鳅、蛙类、河蟹和小鱼为主。摄食鱼类一般为麦穗鱼、鰕虎鱼、鳑鲏鱼、斗鱼、泥鳅、乌鳢以及软体动物如螺、蚌等；也掠食水生昆虫、水鼠、水蛇、蛙类等动物。大鲵能将吃进的不能消化的硬东西吐出体外，被捕捉后受伤较重或人工饲养时由于拥挤，水温过高、水质恶化等不适生态条件下发生反吐。

在人工养殖条件下，除了摄食各种野生鱼外，也能以一些动物尸体或内脏为食，另外通过驯食，也可以摄取人工配合饲料。

五、生长

在自然环境条件下，由于条件有差异，如河流的宽度、深度、大鲵的密度，食物的丰富程度，气候条件等致使野生大鲵的生长速度存在很大的差异。一般情况下当年孵出的幼苗长3～5cm；第2年可达6cm以上；第3年外鳃消失；第4年可达30cm以上，250g；第5年40cm以上，重约500g；以后的2～3年生长较快，性腺开始成熟，再往后生长减慢，呈现“慢—快—慢”趋势。

如果水质好、饵料资源丰富，大鲵生长速度较快，最大个体可达10～20kg。在人工养殖条件下，以2～5龄时的生长速度最快，尤其是2龄期，年体重增长达6.5～9.8倍，年体长增长为2.2倍。人工养殖条件下，大鲵体重的增长明显比野外种群快，这主要与人工投饵营养较全面和水温较为适宜有关。

六、繁殖习性

从雌雄性腺发育情况综合分析，雌性在春、夏、秋都有成熟个体；雄性在夏秋成熟。繁殖季节6—8月，以夏末秋初为盛期。产卵的适宜水温为14～20℃。

大鲵一般4～5龄性成熟，卵生，自然性别比约1∶1。在生殖季节一年只产卵一次，即一次性产卵，少数未产出的成熟卵将被吸收。

其繁殖行为为体外受精、体外发育。雌性进入洞穴产卵，产卵时间多在夜晚；产卵量300粒以上/次；卵呈圆球形，直径6～7mm，橘黄色，外有胶化膜，吸水膨胀后，外径可达1.5～2.0cm，以卵胶带相连，一粒接一粒产出，似链珠状。

雌鲵产完卵后，爬出洞口，雄鲵独自在洞穴内护卵，以免遭到敌害或被水冲走，一直到蝌蚪出生后、能独立生活方才离开；受精卵孵化时间30～40天，最适宜水温为22～25℃，经30～40天可孵出稚鲵。

刚孵出后的稚鲵体长2.8～3.1cm，背、尾、头部均分布有许多黑色素细胞，呈灰黑色。卵黄囊未消失，黄色，长葫芦状，托在幼体的腹面。卵黄囊消失约需28天，这个阶段的主要变化是：黑色素细胞增多，体表逐渐变成灰黑色；卵黄囊日渐变小，至最后消失；刚孵出的头几天游动时身体方能平衡，当其静息时身体多为侧卧，14天后才能保持平衡；幼体逐渐长大，第8天体长3.3～3.7cm，28天4.3cm。

稚鲵发育至28天后，后肢芽分叉，卵黄囊消失，形成可独立生活的蝌蚪。全身为棕黑色，尾部宽大有力，有较强的游泳能力，但鲜艳的外鳃仍显露头两侧，再经过较长时间，一般要到第3年，外鳃才消失。后肢长成，形成幼鲵，即完成变态过程。

因此，大鲵的变态过程尾部并不消失，只是躯干部发育较快，成体的尾部也变得强壮、有力，变态后的成体基本上仍生活在

水中。

第二节　养殖条件与设施

大鲵有独特的生态习性，喜阴怕风、喜静怕惊、喜洁怕脏，在养殖池设计时要考虑适于大鲵的生活习性和生长发育的生态环境。

一、养殖条件

养殖大鲵的场址应选择阴凉、避风、潮湿、冬暖夏凉、水温较稳定、水源方便、水质清洁无污染，符合渔业用水标准的地点。

养殖池四周要求环境安静、阴凉。要求交通方便，当地鱼虾蟹或动物内脏等饵料资源丰富。

二、养殖设施

大鲵生长发育有明显的阶段性，并有发育变态过程，其生长阶段可以分为幼苗期、幼体期、成体期、亲体期，不同生长阶段必须分池饲养。

养殖池面积应视大鲵规格而定。一般要求其高度为所养殖大鲵其全长的2～3倍。池形以长方形或椭圆形为好；池底四周或中间建造洞穴（幼鲵池面积较小，可用石块或砖堆成，为可拆除的临时性洞穴）。穴外用水泥抹平，养殖场池四周及底部应光滑，顶部建防逃设施或加盖防逃网。养殖池建成后，在放养前须反复加水浸泡1～2个月，待水泥的碱性基本消失后，才可放养鲵种。

养殖池应建造独立的排灌设施，做到水位能有效调节，排污方便。池中可放鹅卵石、砾石或溶融性石块，以增加水体矿物质含量。成鲵和亲鲵池池壁上方要池中建一个栖息台，供大鲵陆上休息。整个养殖场应建立完善的大鲵防逃、防偷、防害设施。

第三节　仿生态养殖技术

一、仿生态大鲵养殖场设计

1. 养殖地要求

养殖地要求海拔700～1 100m，区内未经农业废弃物、工矿及其他三废、城市和生活垃圾污染，四周要求环境安静、阴凉、空气清新，以四周群山环绕、树木茂盛、植被密度大、环境相对独立为好；要求养殖地水源充足、无毒无害、符合渔业用水标准。

养殖水体温度在16～24℃，高于24℃，大鲵就会生病；低于16℃，大鲵就会降低食欲，生长缓慢。具体在水源上，以山区溪流水、水库水、地下水等清、凉、活水为好，能做到排灌自如；水质要求溶氧丰富（7.0mg/L以上），pH值6.5～7.5。

2. 养殖设施

养殖设施设计必须具备一定落差和流水声，养殖池底铺设粗砂或小卵石。仿生态池宽1～2m，水深20～50cm，流速0.2m/s左右。每3～5m设一个落差，落差30cm。规模养殖应将池子分成相对独立的养殖区，每个养殖区以15～20m^2为宜。根据地形设置洞穴，其覆盖面积占生态池总面积的2/3；洞穴长1～2m，宽1.0～1.5m，洞穴口宽15～25cm、高10～15cm；洞穴底部铺3～5cm的沙层，洞内水深20～30cm。洞穴盖板覆盖土层厚30cm以上，洞穴顶部有可开闭、用于取卵的观察口。池边坡两侧种植水草等，植被覆盖率应大于70%。

养殖设施分为仔鲵池、稚鲵池、幼鲵池、亲鲵池和饵料池等，其结构为砖混或混凝土结构，池壁、池底应光滑，以长方形为宜。池底四周向中央倾斜，倾斜度为2°左右，再由中心向排水口倾斜，倾斜度为1.0°～1.5°。仔鲵、幼鲵、亲鲵池内用石块、板材等搭建洞穴，洞穴占池面积的2/3。池壁、池底需平整、光滑、不渗水，池顶需设计防逃设施，池底需设计进排水设施和控温设备。大

鲵不同生长阶段进排水直径不同，以防逃逸。幼鲵池进水口为10～30cm，成鲵进水口为30～50cm，过滤目应根据大鲵养殖池的大小而定，材料最好为不锈钢材料。

3. 给排水处理

给排水处理设计中蓄水池的蓄水量应根据养殖规模确定，一般以养殖池正常排水量的2倍为宜。蓄水池内应有1/3以上的水面栽植水生植物。以地表水为水源的大鲵驯养繁殖场，应设置沉淀池和过滤池，面积一般10～15m^2，水深1.5～2.0m。另外，大鲵驯养繁殖场应建造废水处理池。养殖废水经过沉淀等物理或生物方式净化处理后应集中排放。

二、大鲵仿生态养殖的放苗准备工作

养殖池要消毒，消毒药物一般用1mg/L的漂白粉或0.5mg/L的90%晶体敌百虫杀灭细菌或寄生虫等敌害生物，用清水冲洗后注入新水方可放养苗种。

三、仿生态大鲵养殖饵料要求

大鲵人工养殖原则是以天然饵料为主，人工合成饵料为辅。饲养时注意蛋白质含量40%～50%，否则影响大鲵生长发育。根据大鲵生长不同阶段应投以不同蛋白质饵料。稚鲵可投喂摇蚊幼虫、水蚯蚓、水蚤等易消化的活饵，体重达到20g后幼鲵可投喂幼虾、幼鱼等，当大鲵体重达到50g左右可投喂一些人工配合饲料和鱼类。

研究表明，使用配合饲料比单纯用动物饲料喂养大鲵效果要好。配合饲料养殖大鲵幼体和成体，其生长速度比动物饵料快33.3%和37.5%。人工配合饲料饲养幼体的饲料系数为3.2，成体的饲料系数为2.8；而动物饵料饲养幼体的饲料系数为5.3，成体的饲料系数为4.8。

饲养时要严格根据大鲵的不同生长阶段控制水温，防止温度起伏波动。水温和水质对大鲵的饵料摄食有重大影响。水温变化大，轻则可以影响大鲵摄食，重则导致大鲵死亡。水质过差大鲵停止摄食，易于发病。

四、不同生长时期大鲵饲养要求

1. 稚鲵期

稚鲵抗逆差、娇弱，若环境变化不易发生变态发育（脱外鳃），生长停滞，死亡。需加强环境控制，特别是温度的控制，保持稚鲵池内的流水状和环境清洁，精心养护。养殖稚鲵时用5%食盐水浸泡消毒10～15min，温度范围在2℃之间的波动，保证养殖池水充分溶氧，pH值控制在7.0～8.0，水质保持清透。另外可根据体重、体长将稚鲵区分不同规格，养殖在不同养殖池中。稚鲵投喂饵料时应定时、定质、定时，及时清理养殖池中的残饵。

2. 幼鲵期

幼鲵较稚鲵抵抗力有很大的提高，其对环境和摄食要求不同于稚鲵，可在池底建造仿野生幼鲵生长需要的石头堆砌的仿天然石洞，以供幼鲵藏匿。为了提高其生长速度可使用配合饲料，饲料中多增加一些肉类适当添加一些花粉，每月可投喂维生素2～4次，每次投喂1片。保持水质清洁，pH值中性或偏碱，高溶氧量。投喂量和投喂频率可较稚鲵增加，饵料制作精细度可较稚鲵降低。

3. 成鲵期

成鲵抵抗力和摄食量大大增强，活动力也较幼鲵频繁，同类相食和潜逃也较幼鲵频繁。需加强饵料定时补给，加固防逃设施。

大鲵繁殖与体长、体重有密切关系。大鲵繁殖与温度紧密相关，当10℃时，大鲵卵细胞开始发育，在选择亲本时先要选择体长、体重在一定范围之外，一般体长超过60cm，体重超过1500g大鲵一般已发育成熟。卵巢在夏、秋季有发育，但在秋季为卵巢发育高峰期。目测亲鲵达到繁殖时，可放养，放养密度一般以1尾/m^2为宜，亲鲵培育时要根据季节不同酌情配给食量、温度，并着重水质调节。一般在繁殖期间雄性大鲵的精子活动较低，可采用多种手段刺激雄性大鲵的精子活性，促进精子受卵，提高卵子受精成功率。

五、养殖管理技术

1. 春季养殖管理

① 清洗蓄水池，并用高锰酸钾消毒，对减少养殖池中的废物和有害菌总量有一定的作用。适量放养一些水葫芦等水生植物，同样能有效净化水体。

② 水体消毒。养殖水体是疾病传播的主要途径之一，定期、及时地消毒水体是控制大鲵病害发生的有效方法，开春期间，大鲵体质较弱，应使用性质较为温和的药物，如碘制剂。

③ 开春期间要对大鲵作一次分级，将生长较慢和较快的苗种，单独培育。应该掌握气温和水温的变化，尤其是水温变化以不超过3℃为宜。温差过大，不论是原养池的大鲵，还是分级后的大鲵，都极有可能引发严重的应激反应，造成体质下降。

④ 气温回升，大鲵的活力增强，活动频繁，体能消耗也随之增大。应视情况及时投饵并适当增加投饵量，在饵料中多添加供能物质、维生素和微生物制剂。室外的大鲵应及时投喂鱼、动物肝等以诱食，当食欲旺盛时，增加配合饲料的投喂量，并添加复合维生素、微生物制剂或抗菌素等。

⑤ 开春期间，是大鲵疾病多发时期，主要有感冒、腐皮穿孔综合症、真菌病、出血病等，应采取预防与治疗并举、生态预防与药物防治同行的原则。大力提倡在水体和饵料中使用微生物制剂，不但经济，而且有效，同时也符合生态养殖的趋势和要求。

2. 夏季养殖管理

大鲵生长的适宜水温 12～20℃，最适 18～20℃，过高过低的水温都对其生长、繁殖不利，严重的导致其生长发育受阻，产生一系列不良反应，容易感染病害。特别是在大鲵亲本培育过程中，更应把握水温的限度。实践证明，水温超过 25℃时，大鲵当年人工繁殖失败。夏季温度高，也是大鲵疾病的发病高峰期，因此，在夏季高温到来之际，要做好大鲵的养殖管理，以减少养殖大鲵的损失。夏季养殖过程中，要密切注意大鲵养殖池水温的变化，及时采取措施保证水温不超过上限，细心观察大鲵摄食频率变化，出现异常则要查找原因，及时采取措施，做到以防为主，以治为辅。

① 由于大鲵生长水温的上限为25℃，其生长需要暗光和安静，因此，在建造养殖池时，要充分考虑。要充分利用植被遮阴，再加上遮阳网，在河段区再设立喷水装置，天热时，用来喷水降温。

② 大鲵养殖池水温的记录，一般每天早、中、晚记录三次即可，当日水温取平均值，再以每旬水温作年水温变化曲线图。可以用来预测来年水温的变化情况，在高温期来临时，及时做好相关准备，防患于未然。

③ 利用地下水来作高温期的养殖用水。地下水水温一般不高于20℃，因此，可以利用地下水来克服高水温。一般养殖单位不是常年使用地下水，只在高温期转用，这要注意“转水”过程的水温变幅不要过大。具体做法是，先用储水池对水进行混合对流，两者水温相差一次不要超过2℃，然后，将混合水输入大鲵养殖池，这样经过几天的混合对流，就可以完全用地下水养殖了。

④ 在夏季水温适宜阶段，大鲵摄食力强、代谢旺盛、生长快，这阶段水质也容易恶化，是大鲵发病的高峰期。发病大鲵先是食欲减退或不摄食，进而出现疾病症状，最终死亡。其中摄食频率变化是大鲵疾病防治重要的指示信息。大鲵食欲减退除自身发病和水体因素外，大多和饵料鱼有关。如饵料鱼的寄生虫病、出血病等都能传染给大鲵，而且速度很快。所以，对从市场上购买的饵料鱼，在放入大鲵池前先检查，看是否有寄生虫或其他疾病，去除死鱼，在投喂前预处理饵料鱼，方法是将饵料鱼杀死，去除鳞片、鳍、大刺、内脏等，再用1%~3%食盐水消毒1h，最后根据大鲵大小投喂不同大小适口的鱼块，这样，基本保证了饵料的质量，有效地预防了疾病的发生。

3. 秋季养殖管理

入秋后水温开始下降，大鲵吃食又逐渐旺盛，是大鲵生长的黄金时期，应当加强管理。具体应掌握以下要点。

（1）加强投饵饲喂　此时投饲要以鱼类为主，同时要注意加

喂动物内脏及配合饵料的品种搭配，保证饵料营养充分全面。

（2）合理调节水质　采用 EM 菌、芽孢肝菌以及光合细菌等合适的微生态制剂来调节水质。

（3）做好销售准备　大鲵在秋季适合运输，而且病害也逐步减少，此时，可以适当销售一些上了规格的大鲵。可减少资金压力，也可以精心养殖培育存池大鲵。

4. 冬季养殖管理

据人工养殖大鲵的经验，当水温下降到 10℃时，大鲵便进入越冬期，此时大鲵摄食量减少，活动减弱，为了提高大鲵的生长速度，人为的提高水温，促使其快速生长，但是做繁殖用的亲鲵不能加温。主要有 3 个方面的技术管理。

（1）保膘　大鲵进入越冬期后，摄食量减少，依靠体内蓄积的营养维持新陈代谢。所以，在越冬期到来之前应抓紧促膘，每天应投喂好饵料。主要饵料为鱼类。另外，要在饵料中加入维生素。

（2）防治水霉菌感染　大鲵在越冬期容易感染水霉菌，轻者影响其生长发育，严重者导致感染其他并发症而死亡，因此，要定期检查，及时清除大鲵机体上的水霉菌。方法是用较软的刷子轻轻地除去大鲵机体上的水霉菌；对于幼鲵，可用 1% 食盐浸浴 5min，每天一次，连用三天，可有效防治水霉。

（3）适时适量投饵　人工养殖条件下，大鲵一年四季都摄食，在冬季摄食量减少，但还是摄食生长，越冬期适时适量投饵，可以增强大鲵的抗寒、抗病能力，而且有利于来年的生长发育。特别是用于人工繁殖的亲本大鲵更应该在越冬期投饵，因为可为来年的性腺快速发育提供营养物质。根据经验，在越冬期一般以 6 天投喂饵料一次，投喂量以大鲵体重的 1%~2.0% 为宜。

第四节　工厂化养殖技术

1978 年我国大鲵人工繁殖首次成功，大鲵的人工养殖逐渐向规模化、集约化发展，成为一项新兴的养殖业。

一、工厂化车间选址

1. 位置

水库下或水渠道下，也可建造水塔，利用水压来实现流水养殖。

2. 水源

要求水源容易获得，工厂化养殖需要大量的水，水体无污染，水质 pH 值 7.0~8.0，适合大鲵生长发育。若是采用地下水，虽然无污染，但溶解氧含量低，因此必须经过曝气后才能使用，由于大鲵对水质要求高，在养殖前要分析水质后再确定能否应用。同时要求在进水口安装过滤设备，也可以建造过滤池。

3. 环境

要求远离市区，环境安静且无噪声，养殖车间内保持黑暗。

二、养殖房的建造

1. 形状

养殖房的平面形状一般近似长方形，可选择为一大间的双层墙面建筑，面积 1 500~3 000m^2。建造一层或几层养殖车间，每层高 1.8~2.5m。这样占地面积少，也便于集中管理。

2. 基础设施

用砖砌四壁，钢筋混泥土及石头打造地基，养殖房顶上加盖瓦片或遮阳网等防热，墙面用防湿处理，窗户安装钢筋，加封黑色薄膜。养殖池就建造在养殖房内，养殖池做到防止漏水，不受外界影响，可以常年生产。层与层之间设室内楼梯间，便于连通。

3. 通风设施

每隔 2m 设窗户 1 个，窗台应高出下层养殖池顶 lm。东墙和西墙都开窗，并安置 3~4 个排气风扇。南、北墙不设窗户。

4. 其他配套室

值班室建造在进门处，饵料生物暂养池、工具室、饵料生物工作室等建造在养殖房内，大小根据规模而定。进门采用防盗安全门，一间养殖房只设1个进口。

总之，根据大鲵的生物学特性和自然栖息的生态环境条件，在人工建造大鲵养殖池时必须考虑5点基本要求：光照要暗；池底要光滑；养殖池不宜过大（面积在0.75～1.5m^2）；一池一尾，便于观察摄食和生长情况；养殖池能排能灌，便于排污和保持水质清新。

三、养殖池系统

1. 养殖池建造

根据大鲵相互撕咬现象和大鲵不爱动而“喜吃自来食”的特性，每池养1尾，养殖池规格可设计为1.5m×1.5m×0.4m，这种小型长方形池饵料生物利用率高，容易调节水流量，便于管理。一排养殖池以20～30个为宜，设1根进水管，在进水管再分设各池的进水口，每池单独设排水管（孔）1个即可。池底建造按进水处高到出水处低的要求，以利于排水和排污。

2. 室内排水沟

室内排水沟设在中间走道下，沟底比鱼池底标高低20～30cm，但应比排水口水平面高10cm。室内养殖池建造在原地平线上，以高于排水口。

四、工厂化养殖车间的设备及配备工具

（1）预备池的建造　为了防止下雨时水体浑浊，要建造储备池，储备一定的水，在水体浑浊时换水用。

（2）通气设备　如选用适当型号的鼓风机、排气扇等。

（3）饵料生物暂养池　大鲵的饵料生物主要有鲤鱼、鲫鱼等鲜活鱼类，所以要配备饵料生物暂养池。

（4）饵料生物工作室　饵料生物要去头、鳞片、骨刺、鳍等，并称重饵料生物，所以要配备饵料生物工作室。

（5）电子秤等　用于称重大鲵和饵料生物。

（6）灯光设备　养殖房内光线要暗，一般每3个池子用1个

15W 灯泡即可，只要在投喂饵料生物时人能看到大鲵即可。只有在投喂饵料生物、巡池时才开灯，平时关灯，以保持养殖房内黑暗。

五、技术要求

1. 稚鲵和幼鲵的养殖

（1）放养和苗种消毒　在放养前，养殖池要用漂白粉或敌百虫或其他药物消毒，苗种用 3%～4% 食盐水浸泡 15～20min，或 5～7mg/L 硫酸铜、硫酸亚铁合剂（5：2）浸泡 5～10min，或亚甲蓝 0.5mg/L 浸泡 5min。一般放养稚鲵 30 尾/m^2 水面或幼鲵 10～30 尾/m^2 水面

（2）饲养管理　幼苗刚入池后投喂红虫、水生小昆虫、小鱼虾或鱼浆。饵料质量要好；每天上午 8 时和下午 5 时各投一次。幼苗池每天要换一次新水。换水前要将池内残渣剩饵清除干净，使池水清澈，pH 值 6.5～8.5。水深 10～15cm。每天作好气温、水温、投饵品种和投饵量、摄食情况及幼苗活动情况的记录。由于受运输或新的环境和气候的影响，幼苗入池后可能有 7～12 天时间不摄食，但也不会死亡。养殖池中发现有个别弱苗时，要分开饲养。

2. 成鲵养殖

鲵种放前要对饲养池及鲵种本身消毒，消毒方法同幼鲵养殖。同池放养的鲵种规格要一致，以避免相互残杀。室外大池放养密度一般 1～3 尾/m^2，室内池一般 3～7 尾/m^2。大鲵生长除环境、饵料外，与放养密度也有一定关系，密度低的平均体重净增长及体重的增长率都高于密度高的，养殖密度越高，饲料系数也越大。

大鲵为肉食性动物，在野外大鲵主要捕食螃蟹、蛙类、小鱼虾类等。人工驯养大鲵的饵料生物以鱼块为主。目前，比较经济的饵料生物是白鲢，并适当投喂一些龙虾或青蛙等；饵料鱼要除去不可消化的鱼骨、刺、鳍后再投喂，并用 2%～3% 食盐水消毒处理，投喂时要将鱼块切成大鲵适口的大小，块不要过大；刚开始驯食时，用铁丝串在大鲵头口前摆动诱食，要多进行几次，一般驯化 15～

30 天后大鲵会主动摄食；下午 5 点定时投喂，次日将残饵捡出，防止残饵腐烂变质而污染水质。

另外，大鲵的摄食量和频率存在着明显的个体差异和季节性变化，应该按照不同个体加以调整和增减。每次投喂量相当于大鲵体重的 2%～5%，冬季（水温 8～10℃）每隔 4～7 天投喂 1 次，春季（水温 1～18℃）每隔 3～5 天投喂 1 次，夏季（18～24℃）每隔 2～3 天投喂 1 次，秋季（15～20℃）每隔 2～5 天投喂 1 次。在保证正常投喂的同时，每月要在饵料生物中加人适量的维生素，1 片/次，2～4 次/月。

六、大鲵工厂化养殖的日常管理

① 保持空气清新。工厂化养殖大鲵，除了要保持水质外，还要保证空气的清新，因为大鲵靠肺呼吸，平均每 30min 呼吸一次。冬季气温低，一些大鲵养殖户将养殖房的门窗关闭，导致空气不流通，造成大鲵呼吸困难，影响其越冬休眠。因此，在晴好天气，要及时打开门窗通气，条件好的要装排气设备。

② 做好大鲵摄食的记录，建立详细的摄食、生长档案，称重 1 次/月，以便及时调整投喂量和掌握大鲵增重情况。

③ 大鲵对水体温度要求较严，超出其忍受力会造成大鲵冬眠或夏眠，在炎热的夏季和寒冷的冬季，必须采取降温或增温措施，确保大鲵适宜的水温环境。另外，大鲵畏光，养殖场应采取措施避免日光强射，夜晚巡查时，不用强光照射。

④ 养殖池要做好排污、换水工作，勤观察大鲵的生长情况，同时注意做好防盗、防止大鲵逃逸等工作。

⑤ 及时汇总并综合分析，确定某一生产环节的调整措施。

⑥ 做好预备池、过滤设备的监护和管理，及时捞除水中的杂物及洗刷过滤设备，防止堵塞现象的发生。

第五节　病害防控技术

一定环境条件下，在致病生物影响下，是否发病与大鲵群本身的易感性和抗病力有密切关系，易感大鲵群和体弱大鲵的存在是疾病发生的必要条件。特别是在大鲵人工养殖过程中改变了大鲵的生态环境和生活习性，水质受到污染，加上所投喂的饵料营养不全面放养密度大等，都会造成大鲵发病率增大，所以在大鲵人工养殖过程中要认真做好预防和治疗工作，坚持“预防为主，治疗为辅”的原则。

目前由于大鲵养殖规模的迅速扩大，各省频繁交流，大鲵的各种病害也接踵而来，大鲵病害的发生与传播，不仅会给养殖户造成巨大的经济损失，导致大鲵宝贵资源的损失，也是制约大鲵养殖业健康持续发展的一个重要因素。因此，加强大鲵病害的预防、控制和治疗，对提高大鲵养殖的成活率意义重大。

一、大鲵人工养殖中的发病原因

1. 种群防疫不够

各种生物对某些疾病，特别是微生物病常有“种”的不感受性，称非特异性免疫。这种免疫能力与生物进化有关，其作用较为广泛。大鲵的饵料鱼如鲢、鳙鱼不感染或极少感染细菌性肠炎，也不会发生病毒性出血病；草鱼很少感染多态锚头鱼蚤病。影响大鲵非特异性免疫力的身体结构因素，主要有皮肤、黏液及吞噬作用、炎症反应等。大鲵的皮肤及黏液是抵抗微生物和寄生虫侵袭的重要屏障。因此，在养殖过程中，由于操作不当或者损伤体表层，病原体从伤口侵入，如打印病等。池中某些化学物质促使大鲵大量分泌黏液，一旦黏液消耗尽，病原体乘机而入。在实际中发现，大鲵黏液分泌过多，则容易死亡。

2. 个体免疫力

同一种群中，不同个体对疾病有不同的感受力，这种能力与个

体的健康状况，亦可能与遗传因子有关，通称特异性免疫，包括种属免疫、先天获得被动免疫、病后免疫和人工接种免疫等。在同一个养殖场或池的同种、同龄大鲵中，通常健康的不容易患病，体弱的容易患病。

3. 年龄因素

某些疾病的发生和消亡与大鲵的年龄有关，或仅仅在某个年龄段才患某种疾病。如细菌性腹胀病、水肿病通常容易感染1年龄大鲵苗种。

4. 养殖场的管理没有到位

一些大鲵新建大鲵养殖场，没有专业的技术指导，在场地建设、养殖管理、疾病预防等方面缺乏有效的实际技术，甚至一味以网上的一些资料来指导大鲵养殖，容易出现不利于大鲵的管理和操作。

二、主要病害及防治

随着养殖规模的扩大，由于管理不善，目前危害大鲵的主要病害已达20余种。主要病害种类包括细菌性疾病、真菌病、寄生虫病等病。主要的细菌性疾病包括赤皮病、腐皮病、腹胀病（又称腹水病）、肠炎病、打印病（俗称红梅斑病）、烂尾病、烂嘴病、白点病、水肿病、出血病等。真菌引起的疾病有水霉病。由原生动物引起的寄生性疾病有吸虫病、线虫病等。此外，大鲵的非寄生性疾病有脊椎弯曲病、气泡病等。

人工养殖大鲵（苗种或成鲵）的疾病防治工作，要执行“无病早防，有病早治，预防为主，防重于治”的原则。每天换水一次（流动活水更好），及时清池排污是预防疾病的重要措施之一；因为人工养殖大鲵疾病的高发季节一般是在6—10月的高温时期，这个期间气温高，因而水温高。水温如果长时间高过25℃，大鲵就不吃东西了，身体饿瘦了，对疾病的抵抗力也降低了，容易生病。所以高温季节采取降温措施预防大鲵（苗种或成鲵）发病，这就是“无病早防”的办法。人工饲养的大鲵，其主要疾病有以下几种。

1. 水霉病

（1）发病原因　鲵体皮肤受到损伤，继发水霉菌感染。

（2）主要病症　主要发生在孵化过程、稚鲵及幼鲵早期，病灶有灰白絮状菌丝体。

（3）治疗方法　可及时换水或换池，卵和幼鲵可用3%~4%食盐水或5~7mg/L硫酸铜、硫酸亚铁（5∶2）合剂浸泡5~10min。

2. 腹胀病（腹水病）

（1）发病原因　此病多因饵料变质，水质恶化而引起。

（2）主要症状　病鲵浮于水面，行动呆滞，不摄食，眼睛变浑，腹部膨胀。

（3）治疗方法　发病时应及时换水，全池用15~25g/m^3浓度的高锰酸钾水溶液浸泡消毒。隔离病鲵，用20 000IU/kg硫酸庆大霉素从后肢基部肌内注射，连续3天。或者可按鲵体重肌内注射卡那霉素10 000IU/kg。

3. 腐皮病

（1）发病原因　嗜水气单胞菌感染。

（2）主要症状　病鲵体表常出现不规则状红色肿块，发病初期于红色肿块中央有米粒大小的浅黄色脓胞，并逐渐向周围皮肤组织扩散增大。当脓胞穿破后便形成疥疮样的病灶，病灶组织充血发炎，形成较大较深的溃疡面，可以烂至骨骼。这种病感染较快发病时病鲵卧伏于池中不食，如不及时治疗，死亡率较高。

（3）治疗方法　用氟哌酸0.1g/m^3水体消毒，连续3天。给病鲵肌内注射庆大霉素，用量为100IU/kg体重，隔1天后复注射1次。病鲵伤口用溃疡灵软膏涂抹，涂抹后置无水塑料盆中1h再放入池中，每天1次，4~7天为一疗程。

4. 烂嘴病（口腔溃烂病）

（1）发病原因　嗜水气单胞菌感染。

（2）主要症状　主要病症是口腔溃烂，存在两种类型。一种

是病鲵的上、下唇肿大、渗血、溃烂，严重的露出上、下颌骨；另一种是嘴唇外表正常，但口腔内上腭组织形成大块蚀斑，并引起严重出血。也有的病鲵两种症状均有。病鲵长时间不能进食，体质减弱，易引起并发感染而死亡。

（3）治疗方法　发现病鲵后，要及时隔离，病情较轻的，可用庆大霉素4mg/L连续浸泡10天，可治愈。病情较重的，先用庆大霉素原粉涂抹患处，1～2h后，再放入环丙沙星药液里浸泡，浓度是4mg/L，每天浸泡8h，连续10天，可治愈。病情严重的，除浸泡外，还要注射庆大霉素，剂量为1万IU/kg。此病如果治疗及时，治愈率较高。

5. 皮肤溃烂病

（1）发病原因　由于池底粗糙或人工操作不当引起鲵体受损，或者遭受大个体的攻击和撕咬而受伤。

（2）主要病症　大鲵躯体或尾部出现红斑点状，周围组织充血发炎。严重时，病变范围扩大，出现肌肉坏死，病鲵活动能力明显减弱，并停止进食，甚至会衰竭而死。

（3）治疗方法　当发现大鲵患溃疡病时，应及时隔离病鲵，以免病原体在水中扩散，感染其他个体。健康个体也会吸吮病鲵患处的血液，致使病原体传染给健康个体。对病情较重的大鲵，可用15～25g/m^{3}浓度的高锰酸钾浸泡15～20min，彻底清洗患处的附着物，用治龙软膏或硫磺软膏等消炎药物涂敷患处，每天1次，直至治愈。

6. 烂尾病

（1）发病原因　病原体为荧光假单胞菌。

（2）主要症状　大鲵尾柄基部至尾部末端常呈现红色斑点，周围皮肤组织充血发炎，表皮略呈灰白色，严重时患病组织肌肉坏死，尾部骨骼外露，常带有暗红或淡黄色液体从创伤部位浸出。病鲵活动减弱或伏地不动，不思食，尾部僵硬，不久便死亡。此病一年四季均可发生，6—8月是发病的高峰期，主要危害1～3龄大鲵。

（3）治疗方法　鲵种放养前用1%龙胆紫药水消毒，可有效地防止真菌和细菌感染。发现大鲵患烂尾病时，应及时隔离病鲵，避免病原体扩散，感染其他个体。用强氯精0.3～0.4g/m³或二氧化氯0.2～0.3g/m³全池泼洒。对病情较重的大鲵，先用15～25g/m³高锰酸钾浸洗15～20min，并彻底清洗创伤表面的附着物，随后用硫磺软膏等消炎药物涂敷患处，1次/d，4～7天可治愈。

7. 线虫病

（1）发病原因　由寄生在胃、肠内的线虫引起。春末夏初、秋季。春末夏初，当水温逐渐升高，线虫感到不适应，会从皮下窜出，去寻找新的寄主；入秋以后，水温逐渐降低，大鲵皮下原有的线虫卵会发育成成虫。

（2）主要病症　成鲵阶段尤为常见，苗种阶段偶有发生。大鲵一旦被线虫寄生，摄食量减少，甚至停食，结果大鲵逐渐消瘦。如果没有继发性病害，一般不会致死。

（3）治疗方法　如发生该病可将病鲵隔离，可投喂适量的驱虫药如敌百虫治疗，按每5kg饵料中添加敌百虫（90%晶体）15g加呋喃丙胺3g，每天1次，连用2次。有时线虫寄生在体表，可用医用碘酒或1%高锰酸钾涂抹患处。

目前，对大鲵病害研究却远远滞后，更不用说有针对性的疫苗产生，尽管有些疾病可以治愈，但是都来源于实践中的经验，缺乏理论基础。所以在未来的研究中，病害防治仍是长期而且艰巨的任务。

总之，目前人工养殖大鲵疾病种类多，流行性强、危害大，几乎每年都有新的疾病发生，尤其在每年的4、5月份，一方面由于季节交替、温度变化比较大，另一方面也因为三四月份是幼鲵交易比较频繁的时候，新进大鲵产生应激并且对新的环境不适应，所以很容易发病，造成大量死亡。养殖期内定期用较为温和的消毒药如碘、季胺盐等或用二氧化氯消毒。发现病鱼，及时隔离，积极治疗。

第六节　生产管理

一、饵料和投喂方法

大鲵属于肉食性动物，以鱼类为主食。大鲵的饵料种类繁多，但主要是摄食动物性饵料为主。其特点是饵料中含有大量的蛋白质，必须氨基酸齐全。大鲵饵料的选择原则如下。

一是大鲵的饵料应该含有大鲵所需要的营养素，通过这些营养素可以满足饲养大鲵生命活动所需要的热能，提供大鲵肌体组织细胞生长发育与修复的材料，并维持机体的正常生理功能；二是大鲵所摄入的饵料，应该易于消化、吸收，并能促进食欲和生长；三是在饵料中不应含有对大鲵生长、发育有害物质及其在大鲵体内积累而对人类产生有害的物质。

1. 饵料种类

大鲵以动物性饵料为食，饵料中除含丰富的蛋白质外，还应富含锌、铁、钙、磷等元素，饲养成鲵可用鲜活饵料或人工配合饵料，人工养殖条件下更喜欢摄食新鲜的死饵料，但饵料质量要好，要新鲜，且应避免饵料单一。鲜活饵料包括鲫鱼、泥鳅、小鲤鱼、虾、蟹等，也可投喂动物内脏、鱼块等，人工配合饵料目前还在研究开发之中。各地可根据当地饲料资源情况而决定投饵品种。

用鱼类作饲料，平均饲料系数为 2.3，而用猪、牛、羊、鸡肉及屠宰场下脚料等畜禽肉类饲料的饲料系数为 2.0 左右。利用配合饲料养殖大鲵也能取得很好的效果。人工配合饲料与动物饲料养殖大鲵，其生长速度明显不同，配合饲料养殖大鲵的生长速度比动物饵料快 30% 以上，饵料系数也有明显差异，人工配合饲料饲养幼体或成体的饵料系数分别是 3.2 和 2.8；动物饵料饲养幼体或成体的饵料系数分别是 5.3 和 4.8。当饲料中蛋白质含量高于 50% 或低于 40% 时，都影响大鲵的生长发育。在饲料中添加 1% 的花粉可使大鲵的生长速度提高 5%~8% 。

2. 大鲵饵料的消毒技术

大鲵发病，除自身免疫力发病和水体不良因素发病外，多数情况下，与饵料鱼的处理不当有关。养殖户对饵料鱼不加处理，直接投喂给大鲵，饵料鱼带来的寄生虫病、出血病、肠炎病等都能传染给大鲵，且速度快。也由于饵料鱼不适口，造成大鲵无法摄食；或由于饵料鱼游动速度过快，大鲵不容易摄食，长期处于饥饿状态的话，体质就会减弱，这些由于饵料鱼的原因，容易造成大鲵患病

（1）红虫消毒　红虫作为大鲵幼苗的开口饵料。由于红虫本身携带有较多污物和致病菌，养殖场购进红虫后，都必须通过暂养漂洗使污物排净，投喂前还要应用科学合理的方法消毒，以避免发生病害。

红虫须提前 3 ~5 天购进，放在红虫池内或者放在低温冰箱中暂养。活红虫暂养 12h 恢复活动力后，用红虫框（筛绢布和木框构成的长方形木框，略小于红虫池）盖在红虫上压爬，让红虫钻出网眼爬上网面，将网面上的鲜活红虫刮洗到其他池内继续漂洗，使鲜活红虫与死虫及污物分开。如此经过 3 ~4 次爬活，几乎已基本排除红虫中的死虫及污物。另外，投喂红虫时用 1% 的食盐水浸泡 30min。

（2）饵料鱼消毒　对用于投喂的饵料鱼，无论是自己培育或从市场上购买，在放入大鲵池前先要在暂养池中饲养 1 周，检查，看是否有寄生虫或其他疾病。

投喂前对饵料鱼预处理，将饵料鱼集中入网箱后用食盐水消毒，杀死部分病菌和使寄生在鱼体表和鳃部的寄生虫脱落，15 ~20min 后放入大鲵池中。

用药时需注意仔细观察饵料鱼对药物的反应，如出现异常，则立即将网箱推至无药区，以免造成死鱼。经过对饵料鱼的预处理，避免或减少直接对大鲵或大鲵池的用药。

3. 投喂方法

（1）定时　即根据大鲵摄食特点按时投喂，同时也要根据季节、水温、水质状况适当提前或推迟。一般投饵时间，夏天 22:00，

冬天 20:00。

（2）定位　养成大鲵定位摄食习惯，能促进大鲵集中摄食，集群摄食不但能提高大鲵的食欲，增加食量，还可减少饵料的流散，提高饵料效率。

（3）定质　若投喂人工配合饲料，要保存在低温、干燥之处，成体因养殖目的不同，其饲料添加剂的添加也不同。为了提高配合饲料蛋白质的利用率，饲料在调制中要添加油脂，一般添加鱼油、植物油等。油脂的添加量随水温而不同，一般 18～23℃，添加鱼油和玉米油各 5%，14～17℃时，油脂的添加量为 5%～6%，低于 12℃时可不添加油脂。天然饵料要求新鲜洁净，不能投饲变质饵料。天然饵料以泥鳅、蚯蚓、鲫鱼等较为理想。

（4）定量　大鲵贪食，喂食量应由少到多，循序渐进，一般按体重 10%～15% 投喂，具体投喂时还应根据水温、天气状况、大鲵个体等情况适当调整。另外，在投喂饲料时，应尽量保持大鲵不受惊吓，避免其吐食。

二、水质水温管理

养殖池要求水质清新，浮游动物和敌害生物少，透明度为 35cm 左右，溶解氧 5mg/L 以上。水质好，成体摄食能力强，体质健壮，发病少。

夏秋季节随着大鲵个体的不断增大，摄食量增加，所产生的排泄物也会增多，极易引起水质变坏。养殖池水的自净能力差，要经常更换池水。一般 2～3 天换水一次，换水量为池水的 1/3。当夏季高温及水质恶化时要将池水排干，再加注新水。如果水源方便、水量充足，可保证养殖池内有常流水，对大鲵的生长发育更有利，特别是在繁殖季节，常流水可刺激大鲵的性腺发育，提高繁殖率。

做好保持池水的清洁工作，日常管理中要及时清除池内残饵和排泄物及死亡大鲵等。保持池水的清洁，防止由于此类物质的腐烂而污染水质。

注意池水中的浮游和敌害生物变化情况，浮游生物大量繁殖是造成成体池水质变化和成体发生疾病的主要因素之一，一旦发现池水中浮游生物量较多时，要及时处理，并且消毒。

根据具体情况，通过泼洒生石灰的办法调节水体 pH 值在 6.2～7.8。水温对大鲵的生长发育也至关重要，最适宜水温为 22～25℃，在炎热的夏季，尽可能将山溪水或清泉水引入养鲵池内，避暑效果较为理想，并适当加深池水。为防止太阳光的直射暴晒，可在池内放养一些水生植物，如水葫芦、浮萍、水浮莲等，并在养殖池四周种植藤蔓植物，可有效控制池内水温发生较大变化。初冬时节，当水温降至 10℃以下时大鲵即进入冬眠。在人工养殖条件下，为促使大鲵迅速生长发育，一般利用地热水、工业温水或修建温室大棚加热等方法调节大鲵池内的水温，使水温经常保持在 16～25℃，这样大鲵在冬季仍能正常摄食、生长发育，这是提高大鲵养殖产量的关键措施之一。

三、日常管理

大鲵人工养殖日常管理工作十分重要，理可简单归纳为“一勤、二早、三看、四防”。

一勤：勤巡池。每天巡池 3 次，早晨巡池看摄食后情况，中午巡池注意水温变化，晚上巡池观察成体摄食状况。

二早：早放养、早开食。注意春节后水温上升时，是否在摄食，若未摄食，要采用加温使成体尽早摄食。

三看：看摄食、看是否抢食或有无吐食现象、看水质。看摄食主要是看成体在食场摄食是集中还是零散。看是否抢食或有无吐食现象，以便调整投饲量。看水质主要是看水质是否清新、透明度高低，以便采取措施改善水质。

四防：防暑、防病、防逃、防水变。

1. 防暑

由于夏季水温高，大鲵易感染疾病而死亡。因此，要采取防暑降温，有利大鲵生长，室外防暑主要采取设置遮阴物，使光照强度降低。换水采取在深夜进行，这样有利成体“度夏”。

2. 防病

大鲵疾病的发生将直接影响成体摄食及成活率和产量，疾病的防治工作要坚持防重于治的原则。要随时注意大鲵的摄食活动情况，如发现成体有离群独游，要检查研究病况，采用隔离防治措施，及时治疗。

① 养殖用水用静置 24h 的自来水或地下井水，减少细菌及污染源，利用水库、山溪泉水、阴河水等自然水源的养殖场，进水必须经过过滤，防止敌害生物进入成体池。

② 养殖池中不混养有病原体的鱼虾。

③ 新引进成体池的大鲵需经消毒后才能放入池中养殖。

④ 定期消毒池水，投喂药饵或药浴，防止疾病的发生。

3. 防逃

大鲵逃跑能力特强，其陆上或水中运动较为敏捷，并能爬高顶重，稍有不慎便会逃逸，必须时刻注意防逃，尤其在下暴雨时要注意。养殖池和整个养殖场所有进出水口和陆上通道口都要装防逃设施。大鲵其经济价值较高，在养殖过程中要时刻注意防止偷盗。

4. 防水变

要防止水质变坏，保持水质清新。

四、暂养与运输

暂养收购的大鲵或集中运输前需要暂养。暂养应在较宽大的容器内为好，如水泥池、大木桶等硬底质、无污泥的水池或桶，池底和池壁无漏洞，池壁要陡、高，池内无毒害物，注入清水，但不能注满，以防逃逸。暂养期间，不必投饵，但要经常换水，按不同规格分池暂养，以减少损失。

运输可带水运输或保持湿润运输。运输工具有不锈钢桶、木桶、帆布桶、泡沫箱等，内以水草或海绵保湿。装运数量以每桶（箱）不挤压为原则，按规格大小分装。带水运输的水质要清新，无毒、无害，长途运输要注意换水。

第七章 黄鳝养殖

黄鳝俗称鳝鱼、长鱼、罗鳝、无鳞公子等。分类学地位属于合鳃目、合鳃科、鳝属。黄鳝是亚热带鱼类，广泛分布在东南亚，如朝鲜、日本、泰国、马来西亚和菲律宾等，我国除青藏高原外的大部分地区都有分布。黄鳝肉质细嫩、营养丰富，属于名贵淡水鱼类，具有很高的食用价值。据检测分析，黄鳝每100g肉中含蛋白质18.8g，脂肪0.9g，钙质38mg、磷150mg、铁1.6mg，含有维生素B_1、维生素B_2和维生素C等。黄鳝还具有一定的药用价值，如补血、补气、除风湿等，中医药典中记载许多用黄鳝治疗面神经麻痹、中耳炎等病的偏方，疗效很好。黄鳝可食用部分达65%以上，可做成多种佳肴美味，如黄瓜烧鳝片、油溜鳝片、鳝鱼火锅等，深受消费者欢迎。黄鳝的头和骨头还是加工鱼粉的原料。

长期以来，黄鳝市场供应一直靠采捕自然资源。近年来，黄鳝越来越受消费市场欢迎，而过度捕捞和农药污染，导致自然资源日趋匮乏。人工饲养黄鳝占地面积少，用水量少，管理简便，病害少，饲料易获得，成本低而产量高，经济效益好，是广大渔民家庭经营的好门路。

第一节 黄鳝生物学习性

一、形态特征

黄鳝体长圆形、细长，前端管状，后端渐侧扁，尾部尖细，似蛇状。头短而大，口较大、端位，口裂深；上颌稍突出，上下颌骨发达，其上着生细小的颌齿。眼极小，侧上位，视力较弱，被皮膜

覆盖。鼻孔两对，前后分开较远，前鼻孔在吻端，后鼻孔在眼前缘的上方，嗅觉敏感。体表光滑无鳞，属无鳞鱼。全长为体高的25倍左右，侧线部位略凹。体色有黄色、棕黄色、青黄色、青棕色等。腹部颜色偏淡。游动时主要靠肌节有力伸屈，作波浪式泳行。无胸鳍和腹鳍。背鳍、臀鳍和尾鳍退化。鳃孔较小，左右鳃孔在腹面合二为一，呈倒“V”字形。鳃三对，鳃丝极短，呈退化状，无鳃耙。

二、生态习性

黄鳝为岸边浅水穴居性鱼类，喜欢在水域岸边浅水处栖息，多为群体穴居，一般3~5条共居一穴，适应能力强，在淡水水域中均能生存。湖泊、稻田、沟渠和水库等静水水源数量较多。昼伏夜出。黄鳝善于用头部钻穴，洞穴深邃，为体长的3倍左右，结构复杂，弯曲而多叉，其中1个洞口留在近水面处，以便呼吸空气。在稻田内90%的黄鳝沿田埂作穴，栖息在稻田中间的极少见。昼伏夜出的栖息特性有利于黄鳝逃避敌害，说明黄鳝喜好阴暗环境，在人工养殖条件下应尽量创造遮阴环境。

黄鳝无鳔，其口腔和喉腔是黄鳝的辅助呼吸器官，在其内壁上分布着丰富的血管，能进行气体交换。在氧气缺乏的水体中，黄鳝能将身体的前半段竖起，将吻端伸出水面，鼓起口腔，吸入空气，直接呼吸，因此在低溶氧的水体中黄鳝也能很好的生存；即使出水以后，只要保持皮肤湿润，也能存活相当长的时间，因此黄鳝适合长距离运输。

黄鳝的活动与水温密切相关，适宜黄鳝生存的水温为1~32℃，适宜生长的水温为15~30℃，最适合生长繁殖的水温21~28℃，此温度下摄食活动强，生长较快。春季当水温回升到10℃以上时出入活动和觅食。水温低于15℃时，黄鳝摄食量骤降，降至10℃以下时停止摄食，钻入土下20~30cm冬眠。当水温超过30℃时，黄鳝行动反应迟钝，摄食骤减或停止，长时间高温或低温会引发黄鳝发病或者死亡。此外，黄鳝对水温的骤然变化非常敏感，因而在人工养殖中，若对水温调控不当，常会导致黄鳝患病。

三、食性

黄鳝为肉食性凶猛鱼类，喜吃鲜活饵料，其视力退化，多在夜间活动觅食，主要靠嗅觉和触觉。在自然条件下，黄鳝主要捕食蚯蚓、蝌蚪、小鱼、小虾、幼蛙，以及落水的蚱蜢、蝇蛆等水生陆生昆虫，也摄食枝角类、桡足类等大型浮游动物。兼食有机碎屑及河蚌肉、螺蛳肉等，人工养殖可投喂蚕蛹、熟猪血、动物下脚料或者人工配合饲料等。饵料不足时黄鳝有自相残食习性。

黄鳝的摄食方式为噬食及吞食，以噬食为主。食物不经咀嚼就咽下，遇大型动物时先咬住，并以旋转身体的方式，将食物咬成片段，吞食。摄食动物迅速，摄食后迅速缩回洞中。黄鳝食量大，在摄食旺季，最大摄食量可达体重的15%。黄鳝耐饥饿能力也很强，较长时间不进食不会死亡，但体重会减轻。

黄鳝也可摄食人工配合饲料，但有特殊要求：有一定腥味，细度均匀，柔韧性好，饲料形状为条形。黄鳝对饵料的选择较为严格，长期投喂一种饵料后，较难再改变其食性。因此，在饲养黄鳝的初期，必须在短期内做好驯饲工作，即投喂诱食性好，营养丰富，长速快的配合饲料。

四、生长

黄鳝的生长与生活环境的食物状况关系很大。在其他条件不变的情况下，食物充足、质量好，生长就快。另外黄鳝的生长速度受品种、年龄、营养、健康和生态条件等多种因素影响。自然条件下黄鳝生长速度较慢，据报道，5—6月孵化出的小黄鳝苗，长至年底其个体体重仅5～10g，第二年底10～20g，第三年底50～100g，第四年底100～200g，第五年底200～300g，第六年底250～350g。体重500g的野生黄鳝一般年龄在12年以上，较少见。国内有资料记载的野生黄鳝最大个体重为3kg。人工养殖条件下，采用优良的种苗并给予营养丰富的充足饵料，当年孵化黄鳝苗养至年底，体重可达50g，第二年，个体重可达200～350g，第三年400g左右。

五、繁殖

黄鳝生长发育中具有自然界较少见的性逆转特性。2龄黄鳝体长20cm左右达到性成熟，此时都为雌性个体。但产卵以后，其卵巢逐渐向精巢转化，以后就产生精子而变为雄性，这种现象称为"性逆转"。在较高密度养殖条件下，黄鳝即使不产卵，第二年依然会向雄性转化。

一般野生黄鳝，全长26cm以下的个体几乎都是雌性；全长40cm以上的几乎都是雄性。人工养殖的黄鳝由于营养供应充足，生长较快，可根据年龄判断：一般2龄以内的都是雌鳝，3年以上的都是雄鳝。

黄鳝的性成熟年龄为1冬龄，成熟最小个体体长约20cm，重约17g。黄鳝的生殖腺不对称，左侧发达，右侧退化。卵巢充分成熟时，雌体腹部呈淡橘红色，通过腹壁肌肉，可见卵巢的轮廓和卵粒。黄鳝的怀卵量少，一般20～30cm个体，绝对怀卵量100～300粒，目前所见最大个体怀卵量500～1000粒。黄鳝为一次怀卵，分批产卵，可产卵1～3次，进行人工催产，可以使黄鳝集中1次产卵，方便集中培育管理。黄鳝的成熟卵为金黄色，比水稍重，无黏性。卵径2～5mm，吸水后略涨。受精卵在28～30℃条件下，160h即可孵化出仔鱼，刚脱膜的仔鱼全长11～13mm，10天后卵黄消失，体长达28mm左右，能自由游泳摄食。

5月下旬至8月上旬为黄鳝的繁殖季节，产卵常在其穴居的洞口附近，或有挺水植物处或乱石块间。产卵前黄鳝亲本吐出泡沫堆成鱼巢，将卵产于泡沫之间，受精卵借助泡沫的浮力在水面发育和孵化。雌雄亲鱼均有护卵和护幼行为。当产卵场环境变化较大，如水位变化或食物不足时，黄鳝会吞食自产的卵或孵出的幼鳝。因此进行人工繁殖时一定要及时将卵、幼鳝与亲鳝分开。

第二节　养殖条件与设施

黄鳝人工养殖技术，经历近二十年的探索发展，早期经历了稻田养殖、池塘养殖、庭院养殖、水泥池养殖，均存在一定的缺点和局限性，目前较为成熟和实用的黄鳝养殖模式为网箱养殖，全国利用网箱养殖黄鳝年产值上亿元的县市已有20多个。网箱养殖黄鳝适宜在河流、湖泊、水库等水源条件较好的地方采用。根据网箱的架设方式，分为固定式和浮式网箱两种，使用最为广泛的是固定式网箱，因其网箱小且多架设在池塘中，所以称为“池塘小网箱养鳝”，下面主要介绍池塘小网箱养殖黄鳝技术。

一、池塘选择

只要水位落差不大，水质良好无污染，受洪涝及干旱影响不大，水深1～2m的水域均可设立固定式网箱养殖黄鳝。在各类型的水域中，池塘最为适宜，其次是水位稳定的河沟、湖汊和库湾。

由于现成的鱼塘不一定都能够适合架设网箱，部分养殖户采用开挖养殖黄鳝池塘，只要开挖地附近水源有保证，而且洪水期间不会被淹没，便可以将其挖成池塘养殖黄鳝。租用一台小型挖掘机开挖一口面积10亩左右的池塘，只需要2天时间，费用5 000～6 000元。新开挖池塘需要挖掘机将塘埂拍实，并做好进排水处理，确保池塘水位稳定。

二、池塘准备

在布置养黄鳝池塘的进排水装置时，最好要有防止野杂鱼及其小苗、卵粒进入池塘的措施。因为野杂鱼一旦进入池塘，其繁殖的小鱼苗容易钻入到养殖黄鳝的网箱内，与黄鳝争吃饲料，造成饲料浪费。

清塘是开展池塘养殖的必要环节，新开挖池塘需要清塘。方法为：整修完成后，先进水10～20cm，每亩用80～150kg生石灰浸

泡后带渣全池泼洒，这样既能杀死池底的细菌和病毒，也能杀死敌害生物，还节约成本。

对于直接使用鱼塘开展黄鳝养殖的，若条件允许，最好在开展养殖前干塘暴晒 10 天左右，再清塘消毒。

三、网箱制作

采用小网箱养殖黄鳝投资较小。一般单个面积 6m^2 的网箱，制作成本 50 元左右，一次性投入低，可使用 3 年。网箱养殖黄鳝的规模可大可小，投资规模要根据自身实力来评估，对于利用池塘来养鳝的养殖户，只要安排合理，可以做到养鳝养鱼两不误，既收获一定数量黄鳝，也不降低养鱼效益。网箱养殖黄鳝管理简便，因为只需移植水草，劳动强度较小，平时的养殖主要是防病防逃和投喂饲料。

网箱的制作材料一般为聚乙烯网布（也称筛绢布），多在卖铁丝网、纱窗网的地方有售。每平方米售价 2 ~5 元不等。选购时应注意选用网目大小适度，网眼均匀，用手指甲用力刮经纬线，线紧不移位，使劲拉扯及揉搓感觉牢固即可。网箱一般制作成长方形或正方形，底面积一般 6m^2（长 3m，宽 2m）。箱体深度 1.2 ~1.5m。根据网箱的大小裁剪网片，采用优质尼龙线，用缝纫机缝合。把网箱上缘四周翻卷同时缝入小指粗的尼龙绳，留出绳头便于捆绑到支架上。网眼过密，水中的藻类植物容易大量附生在网上，造成网眼堵塞，人工清洗强度很大。为了减少劳动强度，在选购网片时需要选择适合黄鳝养殖的规格，一般以黄鳝尾尖无法插入网眼为宜。若收购野生黄鳝养殖，选择的网片应该在 30 目以内，其网眼孔径大约 0.2 ~0.3cm；若自行培育黄鳝小苗，可以选择 50 目以上，以防孔眼过大造成黄鳝小苗钻出外逃。

随着网箱养殖黄鳝的日益发展，一些网片生产厂家也开始售卖完整的养殖黄鳝网箱。养殖者直接购买成品网箱用于养殖，不仅省去了自行制作的麻烦，而且制作质量更加有保证，成本也比购买网片材料加工更加节省。

四、网箱架设

网箱应提前1～2周架设，以利藻类附生而使网布光滑，避免擦伤鳝体。

1. 打桩

为了保证网箱安放的牢固和方便日常管理操作，一般都成排布置网箱。首先从池塘的一边开始打桩，第一排网箱至少应距离塘边2m，这样方便养殖户撑小船管理，同时也可防止鼠害。按网箱的大小分别在四角打一根桩，长度3m左右的竹竿或木棒均可，并提前将打入泥内的一端削尖，然后顺着安放网箱的方向间隔1.5m左右再安放第二个网箱的桩，直到一排网箱打桩完成。为了节省材料，可以使用大小桩搭配，但应力求分布均匀。每隔一段距离，可以使用一根竹竿或木棍横绑固定，并串联每排网箱所打桩用铁丝或细钢丝绳，将靠岸的一端拉到岸上打桩固定。采取以上措施，可以使整个网箱的支架更加牢固，从而避免大风刮倒网箱。为了方便网箱内的水体交换和日常管理，每排网箱的间距一般在2m。按照以上间距放置网箱，一般1亩水面可以放置6m^{2}网箱30～40个。对于水源条件较差的池塘，放置数量应适当减少。

2. 挂箱

对于购买的成品网箱，挂箱时只需将网箱四角的绳子系到桩上即可。系绳时应稍加用力拉直，防止网口下垂。挂箱的高度应充分考虑池塘水位，网口高度以不会被洪水淹没为准。保证在平时养殖期间，网箱的入水深度为50～60cm。

3. 铺草

使用网箱养殖黄鳝，一般多使用喜旱莲子草（水花生）或凤眼莲（水葫芦）作为养黄鳝水草，水花生效果最佳。水花生的茎干柔软，相互交叉重叠后能够形成较厚的水草层，在网箱养殖条件下可以给黄鳝提供较好的栖息空间。水葫芦在高温条件下分蘖速度非常快，经常需要清理出多余的水草，而撑船在网箱中前进捞水草并不方便，劳动强度也大。若清理不及时，水葫芦生长过密后会堆

积并将网箱胀至椭圆形，阻碍行船经过。并且过于拥挤的水葫芦会很快长高，底部的根须减少，不方便黄鳝缠绕。

铺设的水花生可以从野外水域采集，采集回来后最好将水草放到添加5%食盐的水中浸泡半个小时，杀死水草的害虫、杂鱼以及卵粒。网箱内的水草铺设应比较紧密，铺设的面积不应低于网箱内水面的90%。为了使水花生能够在短期内生长茂盛，可以在铺草后适当撒施少量的农用尿素肥（每亩水面用尿素肥5～10kg），以促进其生长。当水草生长到与网箱高度齐高时，可以开始根据气温条件收购鳝苗开始养殖。

五、相关生产工具和设施

1. 小船

用于进行黄鳝网箱养殖的池塘，其水深一般都在1m以上。为了方便养殖管理，养殖者一般都需要准备好小船。由于投喂黄鳝多集中在天黑前，为了能够在一定时间内投喂完毕，一条小船最多能管理好200个网箱。

养殖者常用的小船是水泥船，在长江中下游的养殖户使用比较普遍。该船使用水泥砂浆并以铁网和铁丝做骨架制作而成。一条小船的制作或购买成本在500元左右，经济实用。

玻璃钢船也是一种比较理想的养殖用小船。不仅船体更轻，搬运或在水中划动都比较轻巧方便，也非常耐用和美观。玻璃钢船价格较高，一般长度在3～4m的玻璃钢船价格1 500元左右。

筏子。一些小规模养殖户利用废旧的汽车轮胎和木板或竹竿等材料，自制代替小船的浮筏，成本较低，操作方便，适合初养殖者及经济能力有限的养殖户。

2. 鲜饵料加工设备

使用较大数量杂鱼肉浆或河蚌肉作为黄鳝鲜饵料的养殖者，应准备一台专用的绞肉机。用于绞制杂鱼肉浆，其电动机的功率应比普通绞肉机略大，假如该绞肉机配套电机是1.0kW，应改换成1.5kW的电机，以确保能将较大个体的杂鱼绞碎。对于少量试养者，可以暂时不采购绞肉机，而用菜刀剁碎鱼肉。

3. 分箱过秤设备

在投放黄鳝苗时，养殖者一般都按每个 $6m^2$ 网箱放养 10kg 鳝苗。在不同的投放季节，投苗密度也不一致，但无论采用哪种投放密度，都需要对每个网箱投苗的数量称量。一些养殖户使用编织袋装黄鳝称量，很容易对黄鳝造成伤害，在黄鳝的繁殖季节伤害更加严重。有的养殖者使用塑料盆进行分装称量，但为了称量准确，往往需要捞取黄鳝后尽量滴完黄鳝身体上的水，不仅影响操作速度，黄鳝长时间离水，在气温较低时容易患病。建议使用的器具是选择一个大小合适的塑料桶，用烧红的铁丝在桶底烫一些小孔，这样将黄鳝倒入称量时，不仅对黄鳝的挤压损伤小，也可使多余的水从桶底流出，能基本保证称量准确。

4. 管理房

黄鳝属于经济价值较高的鱼类，而且集中放养在网箱内，若没有人专门看守，容易发生偷盗现象；黄鳝配合饲料高蛋白质高价格（8 000～10 000元/t），要防止被淋湿或偷盗。养殖者可在养殖黄鳝的池塘边建 10～$20m^2$ 的小屋，用于存放饲料、工具，以及休息和看守。

第三节　黄鳝苗种繁育技术

随着各地黄鳝养殖的蓬勃发展，部分地区的黄鳝收购价格偏高，在养殖规模较大的地区，野生鳝苗的供求矛盾越发突出。苗种越来越难收购到，意味着未来几年黄鳝的种苗来源将成为黄鳝养殖规模发展最大的制约因素。为解决黄鳝苗种主要靠收购的现状，众多科研单位和生产企业纷纷开展黄鳝人工繁殖，取得了一些较好的效果。目前黄鳝的繁殖方式有自然、半人工和人工繁殖。全人工繁殖技术在全国还不是很成熟，尚未全面普及推广。应用较多的是自然繁殖和半人工繁殖。

一、自然繁殖

养殖户可以采用商品鳝池和土池繁殖小苗，可提高鳝池的利用率，降低黄鳝苗种繁育成本。

1. 繁殖池的准备

（1）繁殖池的建造　繁殖池最好是采用稻田改建，不仅成本低，而且还能增加投放密度。土池建设好后，距离网 20～30cm 种植水草作繁殖床，为了规范黄鳝的繁殖区域，应使用竹竿等材料做框，将水草区域固定。一般水草带宽度 1m，过道宽度 0.5～1.0m。水草以水葫芦为最佳，初次投放以水草能够覆盖水草区的 1/3 为宜。若有空余的商品鳝池如水泥池，也可改建为繁殖池。将水泥池中铺 20cm 淤泥，每隔 30cm 左右种一株水葫芦。以上设施应于阳历的 4 月中旬之前准备好。

（2）池水培肥　繁殖池改建完成后，为了保证黄鳝小苗产出后能够有丰富的浮游生物作为饵料，因此要对黄鳝的繁殖池进行池水培肥。一般在池内每平方米洒入蚯蚓粪 1kg 或发酵好的猪粪 500g。经 7 天左右即有大量的浮游生物，以后每隔 10 天左右需添加 1 次培养料，直至黄鳝繁殖结束。在黄鳝繁殖期间添加培养料时，动作应尽量轻快，以免影响黄鳝产卵。有条件的，也可考虑用豆浆替代粪料进行水质培肥，一般每亩倒入 3kg 黄豆磨的豆浆。

2. 亲鳝的投放

用于繁殖的亲鳝一般应从专门的培育单位引进，也可以从养殖户自己的储备池中选取，或者采用当地收购的野生黄鳝做种。

（1）投放密度　由于黄鳝具有占区筑巢的特性，所以最迟在 5 月中旬必须将亲鳝投放入池。为了提高繁殖效果，可以将密度适当降低，一般每平方米投放 5～7 条亲鳝即可；使用当地野生黄鳝做种的，可以采用大小搭配投放。一般每平方米投放 20～50g 的黄鳝 5 条。黄鳝在繁殖期间，若池中没有雄鳝，部分雌鳝会按照一定比例提前转化成雄鳝。

（2）亲鳝的驯食　如果亲鳝从专门的育种单位或野外引种，

由于经历了长途运输，来到新环境，需要短暂的适应过程，需要对其驯食。若未注意做好亲鳝驯食工作，亲鳝未适应新环境，寻找不到食物，会出现营养跟不上，性腺发育不良，产卵普遍推迟的现象。

具体的驯食方法为：投放亲鳝后的当天晚上在每个繁殖池投喂占黄鳝自身体重0.5%的动物饵料，采用全池遍撒。投喂亲鳝的饵料以动物饵料为主，如蝇蛆、蚯蚓等，若饵料不足，可少量添加田螺、河蚌。第二天观察亲鳝的吃食情况，若发现部分饵料未吃完，则及时清理剩余饵料，以免污染水质。晚上继续饲喂，直至发现投料后大部分黄鳝出来吃食，即可设点投喂。为保证摄食效果，尽量多设投料点，投料点可以是食盘，也可以是厚塑料膜。

3. 繁殖过程

（1）亲鳝产卵及标识　一般黄鳝的产卵期始于5月下旬，6—7月为盛产期。水温在21℃以上时，雌雄鳝同时吐泡沫1～2天后产卵。

黄鳝繁殖期间应每天早晚巡池，一旦发现泡沫，应及时用竹签插上标记，并记录时间，以便后期捞苗。若黄鳝吐泡沫后遇到下雨，泡沫会消失，不久后黄鳝会重新吐泡沫，但有可能会转移产卵地点，所以在整个繁殖期间要注意天气预报，及时做好防范措施。

（2）鳝苗的捞取　鳝苗的捞取时间应根据产卵时的水温决定，若水温低于25℃，可以于发现泡沫后13～15天捞取；若水温较高，捞取鳝苗的时间应适当提前至10～12天。

捞取鳝苗的方法：先将池水慢慢排干，再根据先前标识的地方，轻轻拨开水草并查找黄鳝的产卵巢，再于产卵巢附近仔细查找小鳝苗。将发现的小鳝苗用小勺舀出，放到已经盛水的盆内。捞取小鳝苗应非常仔细，尽量少带泥土，同时避免惊扰，以免影响其他亲鳝的繁殖。捞苗完成后，应迅速将泥土、水草复原。捞出的鳝苗应立即放入培育池中。

二、半人工繁殖技术

半人工繁殖是指在亲鳝产卵后，将其卵粒捞出，人工孵化。在进行半人工繁殖时，捞取卵粒前应准备一个空鳝池作为孵化池，加入一定量的水，并放入少量水草，消毒杀虫，12h 后放入新水即可使用。

黄鳝开始繁殖后，应每天早上入池检查，发现泡沫即采用竹片标记，以便适时捞取卵粒。具体捞取方法为：先使用剪刀将泡沫四周的水草剪断，再用密眼网兜从水下连草带卵一起盛入盆中。捞取的卵粒应使用干净水稍加冲洗，捡出水草，即可放入孵化框或盆中进行人工孵化。

孵化框的制作采用 4cm 以上厚度的木条做成长宽约为 20cm 的小筐，筐底缝上 40～60 目的网布。在孵化池内平放 4 块砖，将制作好的孵化框放在砖上固定，然后将捞出的卵粒放入孵化框中即可。

待黄鳝卵粒还在孵化时，需要再准备一些小鳝池作为苗池，为了提高鳝池的利用率，可以使用空的鳝池在其池内放入多个 30cm×40cm×15cm 的塑料盆，加入一些已经培肥好的池水，和少量经过消毒杀虫后的水草，以供小黄鳝苗栖息。为了控制水温，也可以将塑料盆改为密眼小网箱，直接将网箱下放入池内，在池内加入少量培肥好的水即可。待小苗孵出后即可投放入塑料盆或网箱培育。

三、全人工繁殖技术

黄鳝的全人工繁殖技术指在人工控制条件下，通过注射或投喂催产药物使黄鳝达到性腺成熟、排卵、授精和孵化出苗的系列过程。主要技术介绍如下。

1. 亲鳝选择

亲鳝来源可以从稻田、沟渠或商品养殖池中捕捉，也可以从捕捞渔民或专业黄鳝繁殖场获得。有条件的最好能挑选经过人工培育的鳝种繁殖。亲鳝应选择体质健壮、无病无伤、黏液完好、游动敏捷的黄鳝，最好是个体较大、发育良好，体黄且有褐色大斑点的黄鳝作为亲鳝。

非生殖季节，雌雄鉴别主要依据体长。雌性黄鳝体长多在20~35cm，雄性黄鳝一般体长大于45cm。雄性黄鳝腹部较厚而不透明，雌性则腹壁较薄。生殖季节，雌性腹部朝上，可见到肛门前端膨胀，微显透明。腹腔内有一条7~10cm长的橘红色或青色卵巢。

2. 催产与人工授精

（1）催产　亲鳝经过一个多月的强化培育后，到6月份绝大多数性腺已经成熟。这时即可对亲鳝人工催产。成熟的雌鳝腹部膨大，呈纺锤形，腹部有一明显的透明带，体外可见卵巢轮廓，手摸腹部可以清晰地感觉到柔软而有弹性，生殖孔明显突出、红肿。雄鳝体形呈柳叶状，腹部两侧凹陷，有血丝状斑纹，生殖孔不突出，轻压腹部，能挤出少量透明状精液。

用于黄鳝人工繁殖的催产药物有促黄体生成素释放激素类似物（LRH－A）和地欧酮（DOM），每尾雌、雄鳝的注射药量分别为5.0μg和3.3μg，药物用生理盐水稀释，每尾注射药液量不超过0.2mL。先选择雌鳝进行背部肌内注射，一次注射即可。雄鳝在雌鳝注射24h后注射，剂量减半。

（2）人工授精　催产后，按雌雄3：1至5：1搭配比例放入暂养箱。一般60%~80%的雌鳝能够在48h内自然产卵。授精方法：挑选已经排卵的雌鳝，用手由前向后挤压腹部，挤出卵粒，若亲鳝出现泄殖孔堵塞，可用小剪刀将泄殖孔剪开0.5~1.0cm，再挤压，待卵挤入容器后，立即取出雄鳝精巢，剪碎后放入容器的卵粒中，用鸭羽毛不断搅拌，使其充分受精。搅拌后的卵加清水洗去精巢碎片和血块，人工授精即告结束。将卵粒放入静水中或微流水中孵化。

四、小网箱生态繁殖技术

池塘设置小网箱进行黄鳝生态繁育，具有占用水面小、固定资产投入少、便于管理、繁殖率高等特点，是一种高效实用的新技术。

1. 繁殖设施

（1）池塘要求　池塘面积4～5亩，长方形，池深1.5m。养殖池塘要保持水位稳定，一般高温季节2～3天换水1次，换水量为池塘存水量的1/3～1/2。

另外，每亩水面放养规格为4～5尾/kg的鲢鱼种300尾，鳙鱼种80尾，鲫夏花160尾，13～15cm细鳞斜颌鲴（或黄尾密鲴）50尾来调节水质及清除藻类。

（2）网箱设置　进行黄鳝小网箱生态繁殖所需具备的网箱一般选用聚乙烯无结节网片，网目30目左右，网箱上、下采用直径1cm左右的钢绳作筋，拼成长方形。网箱规格以$1m^2$左右（1.2m×0.8m×1.5m）敞口网箱为宜，网箱水上部分不少于0.7m，水下部分0.8m，四周用大木桩固定，箱底距池底0.5m左右。网箱一般设置于池塘避风向阳处，呈“一”字形，行距3m，列距1m左右，离塘埂3m以上，行、列之间方便小船行使，便于管理和喂食。

鳝种放养前15天，用20mg/L高锰酸钾泡网箱15～20min。

（3）水草移植　水生植物种植在网箱中起到吸收营养、净化水质的作用，还可以为黄鳝提供隐蔽栖息场所、起到防暑降温、御寒保温、减少体力消耗的作用。

一般放亲鳝前20天安置好网箱，再往箱中移殖清洗干净的水草，中部放置水花生，四周放置水葫芦，水草覆盖面积占网箱面积80%。

2. 繁殖技术

（1）亲鳝选择　每年3月，水温上升，鳝鱼摄食后挑选亲鳝，强化培育。繁殖亲鳝必须是完全的雌性或雄性，间性的黄鳝不能作为亲鱼。雌鳝体长30cm左右、体重50～150g，成熟雌鳝腹部膨大半透明，呈粉红或橘红色，后腹部有下坠感，生殖孔红肿；雄鳝体重 200～300g，头部较大，隆起明显，腹部无明显膨胀，用手挤压腹部，能挤出少量透明状精液。

（2）亲鳝放养　放养亲本时还要注意亲鳝下塘前的消毒处理，试验亲本在含 15mg/L 聚维酮碘水体中浸泡 15min。

亲鳝网箱放养密度为 4～6 尾/m^2，雌雄比 2：1。

（3）亲鳝培育　亲鳝投放后第 3 天选用新鲜野杂鱼加工成鱼糜，每天 16:00～17:00 投喂 1 次（以后逐日提早喂食时间），投喂量控制在亲鳝总体重的 2% 范围之内，使其始终处于饥饿状态。

从第 7 天开始投喂黄鳝配合饲料和野杂鱼肉浆混合物，投喂量为鳝苗总体重的 4%。经过 1 个月的连续驯食，即可完全养成摄食习惯，此时配合饲料与新鲜野杂鱼比例为 1：1。

驯食成功后及时投喂药饵驱杀野生状态下携带的寄生虫，每天 1 次，连用 2 次。隔日后内服中草药灭菌，每天 1 次，连用 3～5 次。药物用法用量按产品使用说明书进行。

（4）产卵期管理　黄鳝自然繁殖季节 5—7 月，多产卵于四周水葫芦中，尤以四角为甚。繁殖季节要注意观察繁殖网箱的水草洞穴有无泡巢出现，泡巢一旦形成，则说明约再过 3 天雌鳝即会产卵，此间应保持环境安静，减少投料。若发现水草洞口只有一条黄鳝探头呼吸，则证明雌鳝已产完卵并已离去，仅留雄鳝守护。

一旦在繁殖网箱中水草洞穴发现有受精卵的泡沫巢，一般 5～7 天后仔鳝即会孵出。此时要求通过调整水草面积和增加水位来控制孵化水温在 25～28℃左右，以利于受精卵的孵化。

（5）鳝苗的捞取和培育　网箱中鳝苗孵出 5～7 天，全长 25～35mm，卵黄囊吸收殆尽，胸鳍条消失，即将转为外源营养时，轻快提起水葫芦，同时用盆兜住根须，使水草连同鳝苗一起移出繁殖箱。移苗时注意鳝苗培育池内的水温要与孵化池水温一致（相差不超过 2℃）。

孵出 1 周后仔鳝卵黄囊消失，可投喂一些煮熟的蛋黄或水蚤，以后可喂丝蚯蚓、蝇蛆及切碎的蚯蚓、螺、蚌肉等。已产卵的亲鳝还应精心培育，约过15~20天后还可进行第2次产卵。

五、黄鳝苗种培育技术

自然界的野生黄鳝苗成活率低，其主要原因是环境变化较大，加之被敌害吞食所致。人工培育鳝苗为提高成活率，保证鳝苗的快速生长，需要专池培育。现以池塘培育鳝苗为例简要介绍如下。

1. 池塘准备

用来培育鳝苗的池塘，每口池塘面积控制在50m^{2}左右为宜。要求水源充足、水质良好、能排能灌，池底保留淤泥20cm左右，如池底淤泥过厚，在冬季就必须予以清除，并经过暴晒或冰冻处理。苗种投放半个月前，注入10cm深的水，在晴天使用生石灰彻底清塘消毒，用量120g/m^2，以杀灭敌害生物和各种病原微生物。消毒1周后，待药性消失，在苗种培育池内施入一层经过发酵的有机肥，进水10~15cm，以促进浮游动物繁殖生长。与此同时，池塘内移植水花生等水生植物，覆盖面积应60%以上。移植的水生植物可用每立方米5~10g的二氧化氯消毒，防止病原体滋生。进、排水口用密眼网布包扎好。一周后把水位提高到20~30cm，等待放苗。

2. 苗种放养

苗种来源主要有人工繁殖鳝苗，收集天然黄鳝卵孵化而成的鳝苗以及天然小规格幼鳝。一般每平方米放养鳝苗200~300尾，如有微流水的池塘，放养量可增加50%。要求同一培育池放养同批孵出且规格整齐一致的鳝苗。

3. 饲料投喂

刚孵出的鳝苗靠吸收卵黄囊的营养生活，期间可不投喂饵料，5~7天后卵黄囊基本吸收完。当卵黄囊消失后（体长为2.8~3.0cm）即可摄食外界饵料。为保证鳝苗下池后有适口饵料摄食，消毒1周药性消失后，在苗种培育池内每平方米施入经发酵腐熟的人畜粪尿500~800g，使池塘浮游动物得到充足的养料而大量繁殖。在鳝苗入池5~7天后即可投喂煮熟的鸡蛋黄，最初每3万尾苗约投喂一个鸡蛋黄，以后逐步增加。投喂3天以后，即可在蛋黄中加入少量的蚯蚓浆。蚯蚓浆要打细，最初可按投喂量的10%加入，以后逐步增加，直到全部投喂蚯蚓。同时在蚯蚓中逐步加入黄粉虫、蚌肉、猪肝等，培育有水蚯蚓的可直接向池内投入水蚯蚓，供幼鳝自行取食。

4. 培育管理

鳝苗经过100天的培育，一般到年底可达到3～5g/尾的规格。由于鳝苗在个体发育过程中步调不一致，不同规格的鳝苗抢食能力有差异。所以，即使同等规格的鳝苗，经过一段时间的培育，也会因生长速度而出现大小差异。此时，必须将规格大的个体筛选后转入专池饲养。一般当鳝苗长至10cm以上时，即可作为鳝种移选到成鳝池饲养。

鳝苗培育过程中，要认真做好早、中、晚的巡池工作，观察水质变化，经常进行水质调节，使培育池水始终保持鲜活嫩爽。

当水温降到5℃时，鳝苗不再摄食，进入越冬阶段。此时，应将幼鳝集中于池底有淤泥层的土池中，让鳝苗掘洞穴居。同时搭建越冬温棚，每平方米越冬池投放苗种600～1 000尾。

鳝苗经过几个月的培育后即进入寒冷的冬天，越冬管理工作好坏直接决定鳝苗的成活率。在秋季的饲养管理中，要加大动物饵料的投喂量，以保证黄鳝储备越冬所需的能量；需要改善环境条件，以便让黄鳝苗安全越冬。需要做好以下越冬事项：第一，搭建温棚。鳝苗个体较小，在露天条件下很难安全越冬，必须搭建温棚。温棚的搭建方法是：在越冬池四周打入木桩，木桩高度为2.0～2.5m，木桩上端用木瓦条作支撑，然后在温棚四周和瓦条上铺盖较厚的塑料薄膜。天气晴好时阳光可以透过薄膜，提高棚内温度。第二，排干池水。温棚搭建好之后要排干池水，防止结冰。第三，防敌害。冬季田间老鼠活动频繁，极有可能进入幼鳝池温棚中捕食幼鳝。因此温棚在夜间一定要密封。

第四节 黄鳝池塘小网箱养殖技术

小网箱养殖黄鳝的池塘条件、网箱准备在本章第二节《养殖条件与设施》中已有介绍，本节进一步介绍鳝种投放、饲料投喂。

一、鳝种投放

1. 鳝种的选择

黄鳝分布于不同的环境、地域，在自然界中有不同颜色、斑点的黄鳝代表不同品系。目前，常见的有3种：一是黄斑鳝，体色较黄，全身分布着不规则的褐黑色大斑点，生长速度快，多生活于湖泊中；二是青斑鳝，体色青灰，斑纹细密，生长速度较慢，多生活于沙质土壤中；三是青黄斑鳝，体色、斑点和生长速度介于两者之间。

网箱养鳝的苗种仍然依赖于天然资源。目前黄鳝种苗来源主要有3种途径：一是市场收购，为目前主要来源；二是自己捕捞，属于小规模养殖的补充；三是人工繁殖苗，数量较少，难以购买到真正的人工繁殖苗。建议尽量收购通过鳝笼捕捞，未经长时间暂养的黄鳝。

2. 鳝种的放养

每年的4—8月份都可以投放苗种，何时投放会影响到黄鳝的成活率和增长倍数。在能保证黄鳝成活率的情况下，以放养时间越早越好。如人工繁殖苗种4月初放养年增长4～6倍，推迟到7月份放养则只能增长2倍左右。野生苗种一般要求在6—7月份，其成活率才较高。

投放鳝苗的规格与最后养成的商品黄鳝规格密切相关。如果计划当年养成体重在100g以上的个体，其放养规格应在35g以上。计划两年养成的，放养规格可控制在10～20g，经2年养殖后平均规格可达200g以上。养殖户可根据养殖方式和苗种来源情况确定。

放养密度与黄鳝养成的规格、单位面积的产量和养鳝池的使用率和养殖经济效益相关。养成商品鳝的投放密度以每平方米0.5～2.0kg为宜。7月份投放的鳝苗，放养量可适当加大。

鳝种投放前要用药物消毒，预防鳝病。消毒方式一般采用药物浸泡。要求药物低刺激、高效能，并不损害黄鳝体表黏液。可选用药物有：食盐（1%～2%）浸泡5min；聚维酮碘（每立方米1g）；体质较弱的鳝苗可加电解维他每立方米20g，药浴时间为5～10min，视鳝苗耐受程度而定。投放鳝苗时要选择连续晴好天气，保证水温稳定，避免鳝苗发病。

二、饲料投喂

1. 饲料种类

黄鳝是以动物性饵料为主的肉食性鱼类。目前可供选择的饵料主要有动物性饵料和人工配合饲料。

动物性饵料主要有小杂鱼、白鲢、蚌、螺、蚯蚓、虾和蝇蛆等。这些饵料的共同点是蛋白质含量高、营养丰富、有利于黄鳝的生长发育，是网箱养鳝的饵料主体。各种饵料养殖的饲料系数分别为：小杂鱼6～8，白鲢10，螺30～35（去壳20），蚌40～45（去壳25～30），蚯蚓7～8，虾20（去壳10）。

人工配合饲料：由于黄鳝养殖规模日益扩大，动物性饵料难以满足黄鳝养殖需求，饲料企业开发黄鳝专用配合饲料，经养殖证明，经驯食后黄鳝能很好的摄食配合饲料，并取得比动物性饵料更好的养殖效益。黄鳝配合饲料目前有粉料、颗粒料和膨化料，一般蛋白质要求为35%～45%，饵料系数1.5～2.0。

2. 投饲技术

苗种入箱后，前半个月为影响成活率的关键期。这一阶段首要工作是做好摄食驯化。黄鳝入池3天后开始摄食驯化：一是开口摄食驯化。饲料组成以鲜饵为主，如鱼、蚯蚓等，要求饵料新鲜干净，形状为糜状。投喂方法和投喂量：鳝种放养后，3天内不投喂任何饵料，第4天的17:00～18:00开始喂食。每6m^{2}左右设1个投

喂点，饵料置于水草上，投喂量为鳝种体重的 1%。第 5 天开始，对摄食效果较好的网箱，按鳝种体重的 1% 增加投喂量。当鳝种摄食量达到体重的 6% 时，驯化工作即算完成，过程一般为 10 天。二是转食驯化。驯食所用的饵料由之前驯食的鲜饵和人工配合饲料组成。两种饵料的比例依驯食过程逐步调整。转食驯化开始时，鲜饵占 90%，以后每日递减 15%~20%，同时配合饲料逐步递增。7 天后，投喂的饵料即全部为配合饲料。

按“四定”技术进行投喂，即定时、定质、定量、定位。完成摄食驯化后，黄鳝投喂即可转入正常投喂阶段。此阶段黄鳝的日投喂量要依水温、水质、天气及黄鳝规格、活动、摄食情况灵活调整，以日鲜饵率占黄鳝体重 7%~10%、配合饲料占 2%~3% 为参考范围。要求每次投喂后 2h 吃完，未吃完残饵清除。水温降到 13℃以下和超过 34℃时，停止投喂。

饲料加工好后，直接将饲料投放到网箱内水草上，若箱内水草过于茂盛紧密，投入的饲料接触不到水面，可用刀将投料点水草的水面上部分割掉，也可用工具将投料点的水草压下压平，使投入的饲料尽量能到达或接近水面。投喂时间为每天的 18:00 左右，每天投喂一次。

第五节　病害防控技术

一、黄鳝常见病及防治措施

黄鳝抵抗力较强，较少生病。但当养殖环境污染，水质恶化，鳝体受伤时也感染疾病。人工养殖黄鳝要本着无病早防、有病早治、防重于治的原则。

预防措施注意做好以下几点。

① 放养鳝种前，彻底消毒，消灭池中病原体和其他敌害；鳝种在放养时，要用高锰酸钾或食盐浸泡消毒。

② 在购买鳝种及放养操作时，避免用干燥、粗糙的工具接触

鳝体，以免损伤鳝体。

③ 捕捉黄鳝时，操作不能用力捏挤鳝体，以防鳝体损伤而被感染病原体导致疾病；每月用漂白粉对饵料台消毒1～2次。

④ 发病季节，定期在鳝池中施放低浓度药物如杀虫剂、消毒剂等预防鳝病。每月在鳝饵中拌药预防，如用大蒜素拌饲料，可预防细菌性肠炎病。

⑤ 给黄鳝创造良好的生活环境。在饲养管理过程中，一定要认真观察水质变化，及时采取培肥、加水、换水等有效措施。

二、致病因素

当水中溶氧量过低时，黄鳝新陈代谢缓慢，体质弱，抗病力降低，易被细菌感染患病。黄鳝喜在有机质较多的偏酸性水中生活，最适pH值为6.0～7.5，否则会引起其他疾病而死亡；空气中其他农田喷洒农药时，药雾随风入池，导致数小时内全池鳝鱼死亡；网箱放置黄鳝密度过大，会造成缺氧和饲料利用率低，致使生长不一致，使部分小黄鳝体弱发病而引起残食；黄鳝因不适应新的生活环境，或气候、水温变化大，而产生应激反应，造成免疫功能下降而发病死亡。

三、黄鳝主要病害

1. 腐皮病

多发生在5—9月，病鳝体表背部及两侧出现黄豆大小的黄色圆斑，严重时表皮腐烂成漏斗状，逐渐瘦弱死亡。

治疗方法：用1mg/L漂白粉全池泼洒；用碘酒涂控把病鳝放入2.5%的食盐水浸洗15～20min。

2. 水霉病

此病是因鳝体机械损伤或相互咬伤及敌害生物侵袭致伤，伤口被水霉菌感染所致。一般发生在温度20℃以下的季节。初期症状不明显，几天后患处长出白毛样菌丝，肌肉开始腐烂，病鳝离穴独游，食欲不振，消瘦死亡。

治疗方法：发病期间可用1mg/L高锰酸钾泼洒或10mg/L高锰酸钾浸洗10min；用3%～5%食盐水浸洗病鳝5～10min，效果明显。

3. 细菌性肠炎

病鳝行动迟缓，身体发黑，腹部出现红斑，肛门红肿，轻压腹部有脓血流出，肠内无食物，解剖发现肠局部或全部充血发炎。

防治方法：每平方米用生石灰20g泼洒；用大蒜素拌饵投喂，连喂3～5天；内服与外用药物相结合，1.0～1.5mg/L漂白粉泼洒，同时每50kg黄鳝用大蒜250g，捣烂溶解，拌饵投喂，连喂3～5天。

4. 烂尾病

此病是一种产气单胞菌感染引起。病鳝尾部发炎充血，继之肌肉坏死腐烂，尾柄或尾部肌肉坏死腐烂，尾脊椎骨外露。此病在密集养殖池和运输途中易发生，严重影响鳝鱼的生长甚至导致死亡。

这种病一旦发生，治疗十分困难，因此要以预防为主。应注意黄鳝池的水质和环境卫生。发病时可用抗菌药物治疗。

5. 发热病

黄鳝发热病主要是由于运输过程中或者养殖放养密度过大，鳝体表面分泌的黏液蓄积，引起水温升高，溶氧减少，使黄鳝因缺氧而焦躁不安，互相缠绕，体温急剧升高，鳝体发烧，造成大量死亡。

预防方法：严格控制装运密度，选择气温较低的早晨或傍晚运输，运输过程中可使用青霉素（20 IU/mL）来避免水质恶化。防治方法：减小池中黄鳝密度，更换新水；在池内放养10%的泥鳅，通过泥鳅在池中上下窜游，以减少黄鳝缠绕；用0.7mg/L硫酸铜泼洒。

6. 棘头虫病

该病是由于棘头虫寄生于黄鳝体内引起。病鳝的食欲大大减退或不进食，体色变青发黑，肛门红肿。解剖后肉眼可见肠内有白色条状蠕虫，能收缩，体长0.8～1.2cm，吻部牢固钻进肠黏膜内，吸取营养，引起肠道充血发炎，严重时可造成肠穿孔，引起死亡。

防治方法：用0.3mg/L的90%晶体敌百虫全池泼洒，可预防此病；每50kg黄鳝用40～50g的90%晶体敌百虫混于饲料中投喂，连喂6天。

7. 感冒病

又称低温综合征。由水温在短时间内突变引起，气温陡降5℃以上时，易出现黄鳝上草、拒食和鳝体头后部肌肉红肿变大、口腔出血、肛门红肿等充血现象，继而出现黄鳝体表黏液脱落，并开始死亡。此病多发生在运输、投放黄鳝苗种、换水等养殖过程中，且会导致大量死亡。

防治方法：在变天以前连续2天泼洒每立方米1.3g的二氧化氯，1天1次，可控制此病。

第六节　生产管理

生产管理在黄鳝养殖过程中非常重要，只有精心、科学管理，才能使养殖的黄鳝少发病或不发病，少逃跑，尽量避免不必要的损失。

一、水质管理

“养鱼先养水，好水养好鱼”。黄鳝养殖对水质管理的要求同样很高。好的水质可以让黄鳝成活率提高，生长迅速，少发病，饲料利用率提高，降低饲料成本。对养鳝池水的要求是肥、活、嫩、爽。一般要从颜色、气味、透明度、化学物质含量、微生物群体等方面来进行判断。

1. 看颜色

要求养殖池水水体颜色以嫩绿色或浅褐色为宜，水无异味，水面无油膜。若水色呈黑褐色、酱油色、红色或土黄色则为坏水。

2. 水的透明度

水的透明度以30～40cm为宜，一般采用黑白盘测量。简单的

判断方法为，手心向上，放在水底 30～40cm 仍能看清手掌纹理为准。

3. 化学物质含量

影响水质的主要理化指标是 pH 值（酸碱度）、溶解氧、氨氮、亚硝酸盐、硫化氢等 5 项指标，这些理化指标可以采用专用水质检测仪或简易检测试剂盒检测。

根据实践经验，黄鳝养殖对水质的调理比较实用和经济的方法是定期泼洒光合细菌。在正常的投食期，每隔 15 天，按每亩水面 2～5kg 泼洒一次光合细菌，可保持水体处于良好的理化指标，呈现较理想的水色。对于水体偏酸性，可以在泼洒光合细菌前先泼洒一次生石灰水（每立方米水体 20～25g）调节酸碱度，更有利于光合细菌生长。

需要注意事项：泼洒的光合细菌只有晴天太阳照射下才能发挥作用，尽量避免在阴雨天使用；光合细菌作用是改善水体环境，从而避免黄鳝出现氨气中毒和缺氧症状，但并不是治疗浮头的有效药物；光合细菌应避免与杀菌药物同时使用，间隔时间要在 7 天以上。

二、水温管理

黄鳝对水温的变化敏感，水温的突然变化常导致黄鳝难以适应甚至发生疾病。在网箱养殖条件下，由于黄鳝处于较大的水体中，加上一般水位较深，水温一般变化较慢，对黄鳝的影响较小。只要养殖者在注入新水时（尤其是深井水）不要过急过快，一般不会造成黄鳝不适应情况。在夏季高温和冬季低温时，适当加深养殖池塘的水位，在我国绝大多数养殖区域均可以安全度夏和越冬。

在水泥池养殖条件下，冬季可覆盖塑料膜、适当加深池水，以保温防冻；夏季用遮阳网遮阴，适当加深池水或采用微流水进行养殖，以确保黄鳝安全。

三、投喂管理

1. 饲料搭配的调整及限饲

使用鱼浆、蛆浆加配合饲料投喂的黄鳝养殖户，尽管鱼浆或蛆浆的来源容易或数量充足，但配合饲料的营养更加均衡，在进入正式育肥期后，应逐步提高配合饲料的使用比例。养殖者在初期使用鱼浆与配合饲料的比例一般是3：1，中期过渡到1：1，在后期（8月中旬以后）为了减轻黄鳝的肝脏负荷，逐步降低配合饲料的使用比例，恢复至鱼浆与配合饲料比例为3：1.

对于完全使用配合饲料投喂黄鳝的养殖户，在黄鳝育肥进入盛期（黄鳝采食配合饲料的量在投放鳝苗体重的6%以上）后，应采取投喂5天停1天的限制措施，以免因过量投入高蛋白质饲料而引发黄鳝肝脏疾病，同时还应每周在饲料中拌入保肝护肝药物。

2. 残饵的清理

由于水温、水质变化，黄鳝的采食量常常会出现变化，照常投入的饵料不一定能吃完。剩余的饵料不仅容易污染水质，并且变质的饵料一旦被黄鳝摄入，还容易引发疾病。因此，养殖者应在投食后的第二天早上清理剩余饲料。清理剩余饵料的方法是使用自制的小捞网从投食点的一侧按下，让饵料顺水进入到捞网中，捞出残余饵料即可。

3. 水草清理

在高温季节，由于大量投喂饵料，黄鳝生长代谢旺盛，排泄量大，提供营养源给水草，因此水草生长速度也很快。在网箱养殖或水泥池养殖中，网箱内或框内过度生长的水葫芦太拥挤，造成只长植株而不长根须，或者水草过于密集影响黄鳝钻出到水草上面摄食，此时应适当淘汰水草，以保证水草根系的生长，并为黄鳝采食提供方便。网箱养殖，发现水草过高要及时用铲将水草下压紧贴水面割掉，或用工具剪掉过高的枝叶，以防黄鳝顺着水草逃跑。

四、防病

1. 消毒

按每亩施用生石灰100kg或强氯精500g兑水全塘泼洒消毒。在网箱铺草前将池塘的水草进行杀虫处理。每平方米水草面积泼洒“水蛭清”0.3～0.4mL进行杀虫处理，用药半小时后再取草入箱。

2. 杀虫

收购的野生鳝鱼苗大部分有水蛭（蚂蟥）寄生，应及时杀灭。一般开食15天左右，按每个10m^{2}网箱泼洒“水蛭清”3.5mL杀灭蚂蟥。间隔几天再驱除黄鳝体内的寄生虫，驱虫方法为：按每千克料加入“鳝虫净”2.5g投喂，连用3天。用药量要准确，拌药力求均匀，采取多点投喂，防止个别黄鳝因抢食过多而出现中毒反应。

五、巡塘

在驯食期间，由于野生鳝是刚收回的，应每天巡池，少量死亡或出现少量的病鳝是正常现象。巡池时发现无草区域有1～2条病死鳝，可直接捡出计数，若发现2条以上的病死鳝，则要拨开水草查看水底，因为黄鳝死后会沉入水底，发现大量死鳝应捡出消毒换水。一个月以后计算成活率，如果成活率在95%以上说明收购鳝苗养殖驯食基本合格，可以继续开展鳝苗养殖育肥工作。

六、水草管理

使用水葫芦作为水草。夏季高温季节水葫芦生长迅速，过密的水葫芦容易往上疯长，根须却生长得很短，这给缠绕在水葫芦根须部位栖息的黄鳝带来了影响。因此，在水葫芦生长旺盛期，应每隔一星期将多余的水草割掉或清理掉，清理的水葫芦要晒干处理，不能随意丢入沟、河、江、湖，以免给自然水域带来危害。

使用水花生作为水草。生长茂盛的水花生容易被害虫危害，吃掉其叶片导致死亡。比较传统的方法是使用敌杀死等杀虫剂喷雾杀虫，喷雾时应注意尽量喷洒到水草上，避免药物洒落水中造成黄鳝中毒。目前市场上有多种高效低毒杀虫剂，可以选择购买。

七、防鼠

老鼠是对黄鳝养殖危害最大的敌害。在网箱养殖中，经常有养殖户的网箱被老鼠咬破造成黄鳝逃跑的现象，老鼠还会将黄鳝咬死咬残，损失较大。养殖户也反映老鼠会跳入水草中偷吃黄鳝饲料。

防止鼠害的有效办法是一旦发现有老鼠出没，应及时投放鼠药。杀灭老鼠最好选择高效鼠药，这些鼠药具有毒性低，释毒速度慢的特点，老鼠摄入后几天后才出现中毒反应，克服其吃老鼠药中毒后马上“示警”的缺点，能够有效大批量杀灭老鼠。投药地点应选择在养殖池塘或养殖场四周，老鼠容易聚集的地方要重点投药。

使用池塘养殖黄鳝，在架设网箱时，网箱最好与池塘四周保持5m 以上的距离，同时注意清理网箱外过多的水草，尽量避免提供老鼠进入网箱的机会。

八、捕捞

人工养殖的黄鳝一般在黄鳝停食后的 11 月下旬开始捕捞，一直延续到春节前后。这段时间气温低，黄鳝已停止摄食生长，养殖者可以根据市场行情，做到随捕随销。黄鳝捕捞方法有很多，可因地制宜采取相应捕捞措施。

网箱养殖黄鳝起捕方法如下：由两人分别进入网箱两侧水中，先将网箱内的水生植物捞净，用一根细竹竿伸入网箱一端底部，依次托起箱底，向另一端移动集中，洗净箱底污物，清除杂质，用捞网将黄鳝捞入筐中，送到岸边过秤。如果需长途运输尽量提前一天起捕，否则可当日销售当日起捕。起捕黄鳝时要做到每口网箱依次起捕完，以减少黄鳝的应激反应。

黄鳝在销售中，都有一个暂养的过程，只是时间长短区别。即

捕即销的，暂养时间较短；屯积到春节期间或春节后的，暂养时间较长。如果黄鳝数量较少，暂养时间较短，可以采用容积较小的容器如水缸、塑料桶或木桶暂养。一般暂养数量不超过容器容积50%，另加一半清水；如果黄鳝数量较多，且需要长时间的暂养，就必须用容积较大的网箱或水泥池暂养。在暂养过程中，要创造符合黄鳝生物学特性的环境条件，采取相应的暂养措施。如水泥池池水不要太深，保持水深20cm为宜，水过深，黄鳝会经常将头伸出水面呼吸，造成不必要的能量损耗。暂养前，要剔出病的、伤的黄鳝，从网箱内刚起捕的黄鳝，由于箱内污泥、杂物的存在，黄鳝的体表和口腔内不可避免地会带有杂质或污物，必须用清水冲洗干净后再暂养。

九、运输

黄鳝运输有多种方法，如木桶装运、蒲包装运、机帆船舱装运、活鱼车运输、尼龙袋充氧运输等。

1. 木桶装运

木桶的优点是，既可作为收购、暂养的容器，又适于车、船运输，装卸、换水等操作管理也比较方便。这样，从收购、运输到销售不需要更换容器，既省时又省力，所以通常用木桶装运。桶的规格是圆柱形，用1.2～1.5cm厚的杉木板制成（忌用松木板），高60～70cm，桶口直径50cm，桶底直径稍小，桶外三道箍，附有两个铁耳环，便于搬动。桶口用同样的杉木板做盖，盖上有若干条通气缝。水温在25℃，运程在1天以内，装黄鳝25～30kg，加水20～25kg；天气闷热时，每桶的装载量应减至15～20kg，途中的管理工作主要是定时换水，防止黄鳝挤压过热发生死亡。

2. 蒲包装运

如果黄鳝数量不多，途中时间在24h以内，可采用蒲包装运。蒲包要洗净、浸湿，每包装10～15kg，再连包装入箩筐或水果篓中，加盖以免途中堆积压伤。气温较高的季节，应在筐上放置冰块，以起到降温保湿的作用。

3. 机帆船装运

如果黄鳝数量较大，途中时间在 24h 以内，又有水路通航时，可直接用机帆船装运，不但运费低而且成活率高。黄鳝和水的质量比为 1∶1。每隔一定时间需将舱底部的黄鳝翻上来，以免堆压而死亡。

4. 尼龙袋充氧运输

每袋装 7～10kg，加水淹没黄鳝，充氧后打包运输。一般黄鳝数量少时，可采用此法空运。

第八章　泥鳅养殖

第一节　泥鳅生物学习性

泥鳅（*Misgurnus anguillicaudatus*）广泛分布于亚洲沿岸的中国、日本、朝鲜、俄罗斯及印度等地。在中国分布各地。南方分布教多，北方不常见。全年都可采收，夏季最多，泥鳅捕捉后，可鲜用或烘干用。可食用、入药。泥鳅被称为“水中之参”，为出口水产品之一。

我国境内泥鳅属鱼类共有三种，即北方泥鳅、黑龙江泥鳅和泥鳅。北方泥鳅主要分布于黄河以北地区，黑龙江泥鳅仅分布于黑龙江水系，泥鳅则在全国各地均有分布。

一、形态特征

泥鳅头部较尖，吻部向前突出，倾斜角度大，吻长小于眼后头长。口小，口下位，呈马蹄形。唇软，有细皱纹和小突起。须5对，最长口须后伸到达或稍超过眼后缘。形体小，细长，体形圆，身短，无眼下刺，皮下有小鳞片，颜色青黑，全体有许多小的黑斑点，头部和各鳍上亦有许多黑色斑点，背鳍和尾鳍膜上的斑点排列成行，尾柄基部有一明显的黑斑，其他各鳍灰白色。尾柄长大于尾柄高。尾鳍圆形。体高与体长之比为1.7：8，大个体可长达300mm。

泥鳅背鳍无硬刺，不分支鳍条3根，分支鳍条8根，共11根。背鳍与腹鳍相对，胸鳍距腹鳍较远，腹鳍短小，起点位于背鳍基部中后方，腹鳍不达臀鳍。

二、生活习性

泥鳅生活在淤泥底的静止或缓流水体内，适应性较强，可在含腐殖质丰富的环境内生活。耐低氧，当水缺氧时，可进行肠呼吸，水体干涸后，又可钻入泥中潜伏。泥鳅不仅能用鳃和皮肤呼吸，还具有特殊的肠呼吸功能；当天气闷热或池底淤泥、腐植质等物质腐烂，引起严重缺氧时，垂直上升到水面用口直接吞入空气，而由肠壁辅助呼吸。冬季寒冷，水体干涸，泥鳅便钻入泥土中，依靠少量水分使皮肤不致干燥，并全靠肠呼吸维持生命。待翌年水涨，又出外活动。

泥鳅生活水温 10～30℃，最适水温为 18～24℃。当水温升高至 30℃时，泥鳅即潜入泥中度夏。冬季水温下降到 5℃以下时，即钻入泥中 20～30cm 深处越冬。

泥鳅为杂食性鱼类，主要以浮游动物、水生昆虫、水蚯蚓、小鱼虾、小螺蚌等动物性饵料和有机碎屑等植物性饵料为食。当主食物不足时，有同类相残现象。习惯在夜间摄食，但在产卵期和生产旺盛期间白天也摄食。在人工养殖条件下，可经过驯化改为白天摄食。

泥鳅善于逃跑。春、夏季节雨水较多，当池水涨满或者池壁被水冲出缝隙时，泥鳅会在一夜之间全部逃光，尤其是在水位上涨时会从鳅池的进出水口逃走。因此，养泥鳅时务必加强防逃管理。

三、繁殖习性

泥鳅 2 冬龄即发育成熟，在自然条件下，4 月上旬开始繁殖，5—6 月是产卵盛期，可延续到 9 月份下旬，为一年多次产卵性鱼类。产卵一般在水深不足 30cm 的浅水草丛中，产出的卵粒黏附在水草或被水淹没的旱草上面。孵出的仔鱼常分散生活，并不结成群体。

第二节 养殖条件与设施

一、养殖条件

泥鳅养殖地要求通风、向阳、环境僻静，水源丰富，排灌方便，无工业污染源。要求土质要好、保水性能好。水源水质以江湖水、井水、地下水、水库水、山泉、溪水、自来水等为首选。

养殖池池水更换、排灌要方便，水位应能控制自如。要求暴雨时不涝不淹，干旱时能及时供水。总之其结构、位置应保证池水的交换充分以及生产的安全性。

二、设施

泥鳅养殖场设计包括产卵池、种泥鳅池、孵化池、育苗池、商品泥鳅池等。面积一般 1.5 ~ 6.0 亩适宜，鱼种培育池面积可相对小些，1.0 ~ 3.0 亩为宜。养殖池深度 100 ~ 120cm，底层要有淤泥 20 ~ 30cm，水深保持在 30 ~ 60cm，具体视饲料品种确定。

养殖池布局以并联方式为宜。这样既能保证每口池塘水质清新，溶氧充足，容易控制水质，又能使池塘间彼此独立，防止病害交叉感染以及药物的施用较为有利，或因起捕鱼等原因断水也不影响其他池塘生产。

一般主养泥鳅的土池四周池坡边设置防逃设施。防逃材料必须高出水面 40cm，其材料可以选择网片、水泥板、硬塑料板、土工布等，也可用纱窗布沿池塘的四周围栏，防逃材料下埋至硬土中 25 ~ 35cm。

泥鳅养殖场还应具备工作用房、简易宿舍，存放用具的仓库、电力设施、水泵等。如无电力供应或经常停电，应备有发电机。

第三节 泥鳅苗种繁育技术

国内养殖较多的泥鳅品种是大磷副泥鳅和青鳅。还有一些杂交品种，其繁殖育种技术大致相同。

泥鳅亲本要求体型端正、体质健壮、无病无伤、各鳍完整，年龄在2~3冬龄的自己培育的已达性成熟的泥鳅，或从市场上购买的性成熟的泥鳅以及从自然界中捕捉的野生鳅。

雌鳅体长15~20cm，体重30g以上，腹部膨大柔软，富有弹性，将肚皮向上，颜色微红，有透明感，用手抚摸，肋骨明显；个体大的雌鳅怀卵量大，其卵繁殖的鱼苗质量也较好，生长较快。

其雌雄鉴别的依据是同一群体中雌鳅个体明显大于雄鳅，且胸鳍较短而圆，呈扇形，第2~3根软鳍条的长短基本一致；雄鳅则胸鳍宽而长，第1根鳍条末端尖而上翘，胸鳍有追星，挤压腹部有白色精液流出。

一、自然繁殖

开春后，修整好鱼池，用生石灰消毒后注入新水。当池水温度上升到20℃左右时，在产卵池中放置用棕片、柳树须根等鱼巢。然后放入泥鳅亲本，放养密度在6~10尾/m^2，雌雄比例为1：(2~3)。

泥鳅一般在清晨开始产卵，整个产卵过程需20~30min。产卵时，亲鱼开始激烈追逐，雄鳅以身缠绕雌鳅前腹部，直到完成产卵受精过程。

产卵后要将黏有卵粒的鱼巢及时取出另池孵化，以防亲鱼吞吃卵粒，同时补放新鱼巢，让未产卵的亲鱼继续产卵。

二、人工繁殖

1. 人工催产

泥鳅人工催产在每年4月下旬，水温22℃以上进行。催产药以

绒毛膜促性腺激素（HCG）和孕激素（PG）的效果好。HCG100～200IU/尾，PG0.5～1.0mg/尾，雄鳅剂量减半。在注射时可根据亲鳅的个体大小，性腺发育成熟度的不同，灵活调整注射剂量。

由于泥鳅个体较小，注射时要有效地控制入针深度，一般控制在2mm，采用背部肌内注射法或腹腔注射法，雌鳅注射药液0.2mL，雄鳅0.1mL。注射时可用纱布包住亲鳅，露出注射部位。注射激素后，将亲鱼放回产卵池或网箱中待产。注射时间最好选在12:00～13:00，经过10～12h的效应时间，泥鳅亲本就发情产卵，使人工授精时间刚好安排在后半夜。雌、雄亲鳅注射后的效应时间见表2。

表2　雌、雄亲鳅注射后的效应时间

水温/℃	20	23～25	25～26	28～32
效应时间/h	18～20	12～14	10	6～8

2. 受精孵化

亲鳅发情后，会在水中激烈翻腾，互相追逐，雄鳅将身体蜷曲着雌鳅身躯，呼吸急促。此时用手挤压雌鳅的腹部有金黄色的成熟卵粒流出。把卵子和精子在短时间内同时挤入事先清洗干净的瓷碗或瓷盆内，用羽毛轻轻搅拌，使卵粒和精液混匀，待充分受精，加入清水，漂洗干净，将受精卵均匀的撒在经过消毒的鱼巢上。人工授精不宜在强光下进行，以免杀死精子和卵子。受精卵孵化水温20～28℃，最适水温为25℃，孵化既可放入孵化缸、孵化槽小池，也可放入孵化环道内孵化。无论是哪种形式的孵化，均要求水质清新，含氧丰富，溶氧量要求6.0～7.5mg/L。水温25℃时，大约24h即可出苗。2天便可摄食，可投喂熟蛋黄，连喂2～3天后即可下池转入苗种培育。

三、苗种培育

1. 育苗池

水泥池结构，面积为50m^2，池深45～60cm。水池塘排水口建一集鱼坑，为池中设置与排水底口相连的鱼溜，面积约为池底面积的5%，比池底深30～35cm。泥池底部必须有30cm左右的淤泥层，并在泥土中混入腐殖质，以利于培育鳅苗天然饵料。

2. 放养前准备

育苗池在使用前10天用生石灰0.3kg/m^{2}彻底消毒，放苗前3天换一次水，每平方米施0.3～0.5kg的粪肥作基肥，并且灌入20～30cm的水。池进排水口设双层过滤网，并在池中投放浮萍等遮阴物，以便鳅苗附着和净化水质，遮阴物约占育苗池总面积的1/4。

在培育池的上方，搭建遮阳棚，即满足鳅苗喜欢阴暗的环境，又避免了天上敌害生物的侵略。

3. 鳅苗放养

放养密度900～1 200尾/m^2。要求在同一苗池中，放养同批孵化，同等规格的鳅苗，以确保鳅苗均匀生长，避免出现大吃小。若放养密度较大时应增加增氧设备，或使用光合细菌等一些有益的生物制剂来改善和调节水质。

4. 饲养管理

鳅苗下池后，每天泼洒豆浆3～4次，每100m^{2}的培育池需黄豆0.5kg左右，以培育轮虫和枝角类。下塘5天后，黄豆量可增至0.7kg/100m^2。并可投喂如熟糠、麸、玉米粉等植物性饵料，也可投喂剁碎的鱼、虾、螺、蚌肉等动物性饲料，每3～4次/天。初期日投饲量为鳅苗总体重的2%～4%，后期7%～10%。

由于刚下池的鳅苗善于在小范围内活动，不善于全池奔走觅食，所以不宜在少数位置定点投喂，应多设投喂点，分散、均匀投喂，且少量多次。鳅仔鱼的开口饵料为浮游植物和轮虫，用浮游生物喂养开口的仔鳅不仅成活率高而且生长较快。当鳅苗体长达4cm左右时，开始有钻泥习性，即可转入成鳅饲养。

5. 饵料培育与选择

在苗种培育期，鳅苗主要以水中的轮虫和水蚤为食。随着鳅苗的生长，对饵料的需求量会越来越大，但是仅靠育苗池自身所含有的浮游生物的量，远远不能满足鳅苗的需求，所以建立独立的浮游生物培育池十分必要。

水体浮游生物的培养，基肥可用鸡粪、猪粪、绿肥等，以发酵鸡粪最好。培养时应使池中溶氧大于等于5mg/L，pH值在7.0～8.0，底层水氨氮小于0.2mg/L，透明度30～50cm为宜。

第四节　泥鳅养殖技术

泥鳅养殖的模式比较多样化，目前主要有池塘养殖、稻田养殖、网箱养殖、套养养殖、庭院养殖等。

一、池塘养殖模式

池塘养殖是目前采用比较广泛的一种泥鳅养殖模式，技术水平要求较高，产量也高。

1. 池塘要求

选择光照良好，温暖通风，交通便利，水源充足，进排水方便，3km内无污染源的场所建造饲养池。养殖池建造面积为200～500m^2/个，池深80～120cm，水深50～70cm。池塘有土池和水泥池两种。泥鳅善逃逸，土池池壁需用砖、石块砌成，具有防逃的作用，水泥池池底要铺设20cm厚的泥土层供泥鳅钻泥栖息。

池塘的进排水口都应设置防逃网，阻止泥鳅逃逸和野杂鱼或凶猛肉食性鱼类进入池塘。池底向排水口倾斜，以便排水和捕捞，出水口应设置鱼溜，便于捕捞和高温季节供泥鳅避暑。

2. 放养前准备

放养前10～15天用生石灰或者漂白粉对池塘消毒，生石灰清塘需将池水排干，用量为80～120kg/亩，隔天后将水位加到40～80cm深，一周后投放鳅苗。

清塘加注新水后，按每亩150kg～200kg/亩施腐熟发酵过的粪肥作基肥来培育水质。施肥3～5天后，池水变肥，水体透明度变为20～25cm，水体中饵料生物如轮虫、枝角类等开始大量出现，则可以放养鳅苗。

放养前4天，要放鲢鱼、鳙鱼等肥水鱼试水，通常放养鳙鱼每亩20尾，鲢鱼每亩20尾，规格为200g每尾。试水的目的是控制水中大型浮游动物的数量、测定池水的肥度、测定清塘药物的药效等。

3. 苗种放养

鳅苗合理的放养密度是保证商品泥鳅健康养殖的物质基础，也是获得养殖高产的重要条件之一。

泥鳅苗的放养量受多方面因素的影响，主要有苗种规格、池塘条件、饵料及技术条件等。池塘主养泥鳅时，苗种要求体质健壮，体色光亮，无病无外伤，规格整齐，放养规格3～6cm，放养密度为5.0万～8.0万尾/亩。

鳅苗下塘之前要严格消毒鱼体，鱼种放养前用3%～5%的食盐水浸泡10～15min，消毒，或者0.5×10^{-6}的高锰酸钾溶液浸洗鱼体3～5min，以杀灭体表病原体和防止鱼体受伤感染，然后转入清水中再浸泡10min左右，除去鱼体表面的病原，增强抗病能力。具体时间根据泥鳅苗的反应而定。

鳅苗消毒的目的主要是要让泥鳅苗产生应激反应，刺激机体产生更多的黏液来保护鱼体。放养时若发现有病、有伤、死亡的个体应及时捞出，防止病原感染、传播，放养水温温差不超过2℃。

4. 饲喂技术

泥鳅食性杂，水中的小动物、植物、微生物及有机碎屑等都是它喜欢的食物。人工饲养还应投喂蛆虫、蚯蚓、小杂鱼肉、蚌肉、鱼粉、畜禽下脚料等动物性饲料及麦麸、米糠、豆渣、饼粕等植物性饲料。

一般情况下常用堆放鸡粪、牛粪、猪粪等方法来培育饵料生物供泥鳅摄食。幼苗阶段摄食动物性饲料，后逐渐转为杂食性，成泥鳅偏植物性。

泥鳅的食性与体长有关，通常，体长5cm以下的个体，摄食小型甲壳类动物；体长5～8cm时，除摄食小型甲壳类还摄食丝蚯

蚓；体长 8～9cm 时摄食硅藻，植物的根、茎及种子等；体长达 10cm 以上时，以摄食植物性饵料为主。

泥鳅的摄食强度和水温有关，水温 20～30℃是泥鳅的适温范围，水温 15℃以上时，摄食开始增加，25～27℃时，摄食旺盛，水温超过 30℃后，摄食量减少。一般泥鳅的摄食多在傍晚和夜间，如在产卵期和生长旺盛期，白天也摄食，产卵期的亲泥鳅比平时摄食量增大，雌泥鳅比雄泥鳅摄食多。

5. 饲养管理

坚持定时、定点、定质、定量投喂原则。每天投喂量视水质、天气、摄食状况而定。水温适宜时每天早、中、晚各投喂一次，水温较低时每天上午、下午各投喂一次。

不同月份的投喂量可以参考一下投喂原则。3 月分，水温较低，日投喂量为养殖池鳅苗重量的 1%～2%；4—6 月为 3%～5%；7—8 月为 10%～15%；9 月则为养殖池鳅苗重量的 4%。

不同水温条件下植物性饲料和动物性饲料投喂比例可以参考一下投喂原则。水温低于 10℃或高于 30℃时，少投或不投；水温 11～20℃，植物性饲料占 60%～70%，动物性饲料占 30%～40%；水温 21～23℃，植物性饲料和动物性饲料各占 50%；水温 24～29℃，植物性饲料占 30%～40%，动物性饲料占 60%～70%。

6. 水质管理

泥鳅放养后，根据水质肥瘦情况适时追肥，以培养浮游生物，一般每隔 30～40 天追肥一次，每次 60～75kg/亩，池水透明度控制在 15～25cm，使水体始终处于活、爽的状态。水温达到 30℃时，及时更换新水，并增加深度，以降低水温，防止浮头。发现泥鳅时常游到水面吞气时，表明水中缺氧，应停止施肥，立即注入新水。

7. 日常管理

每天早晚各巡池一次，检查泥鳅的活动、吃食、病害等情况，同时，观察养殖池有无渗漏水，泥鳅有无逃逸现象，水泥池要每天清除残留饲料，做好日常记录。

二、稻田养殖模式

养殖泥鳅的稻田一般要求水源充足，无污染，排灌方便，光照充足。土质以黏性土壤、高度熟化、肥力较高的为宜。我国长江流域以南地区的大片稻田都可以养殖泥鳅，发展潜力大。

稻田养殖泥鳅意义很大，泥鳅能充分摄取水中的饵料及杂草，减少了饵料成本；泥鳅的排泄物可作为水稻的肥料，两者互利；泥鳅呼吸产生的 CO_2 能促进水稻光合作用；泥鳅的活动起到了松土的作用，促进了水稻根系的生长；稻田养殖泥鳅节地节水，起到了保护环境的作用。

1. 稻田改造

放养泥鳅苗种之前要改造稻田（图 1）。选择受天气影响较小的田块，土壤呈弱碱性。放养前要夯实田埂，田埂应高出田面 60cm 左右，加宽加固，可用农膜插入泥中 10cm 围护田埂，进排水口要两道防逃网，内侧用金属网，外侧用聚乙烯网，做到双重保护。

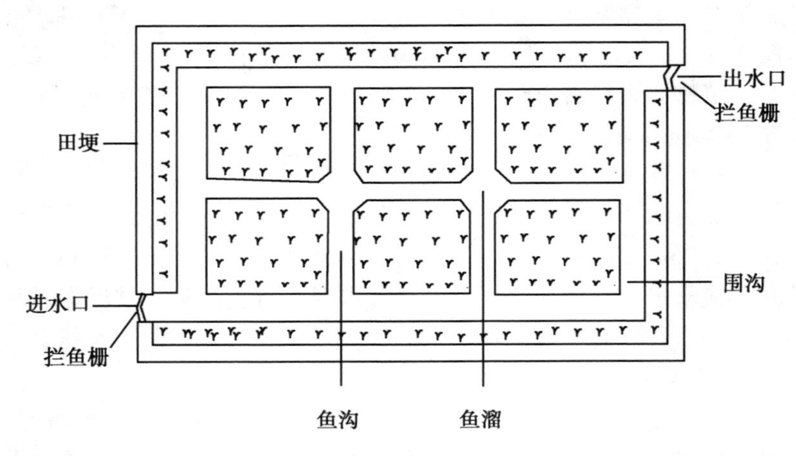

图 1　稻田改造示意图

在稻田中央开挖“田”字或“井”字形或“十”字形鱼沟，

约占稻田面积的10%，同时在田中或四角挖鱼溜，每个鱼溜面积在3～4m^2，深30～50cm，鱼溜的位置应便于投喂和管理。鱼沟渠道要与鱼溜及进、出水口处相通，便于日后捕捞。

2. 稻田施肥

稻田养殖泥鳅要施足基肥。具体方法是，可先将水放干，晒田几天，再按每平方米撒细米糠0.1～0.2kg，第2天施肥，施肥量为20～40kg/m^2，5天后灌水。由于有机肥肥效长，对泥鳅的后续生长无不良影响，一般一次施足，可减少后续的追肥次数。

3. 苗种放养

泥鳅苗种一般在插完稻秧后放养，单季稻多在第一次除草后放养，双季稻宜在第二季稻秧插完后放养。放养之前，苗种需用3%～5%的食盐水浸泡消毒，方法同池塘养殖。放养的规格尽量一致，避免残食，大小为3～5cm的苗种，放养密度为15～20尾/m^2。放养半个月后应开始投喂，后期的投饵集中在鱼溜中。

4. 饲养管理

在稻田放养泥鳅，可以利用田中蚯蚓、摇蚊幼虫、水蚤和杂草等天然饵料生物，投喂少量的饲料，就可获得较好的经济效益。由于泥鳅生活力强，即使在稻田放水晒田时，能钻进湿泥里利用肠道和皮肤呼吸来维持其生命。所以泥锹是稻田养殖较理想的对象之一。

适当投饵和施肥，秋季收稻谷后起捕，或灌水继续养殖，于翌年开春耕田时再捕捞上市。一般稻田可收获泥鳅30～50kg/亩。

5. 注意事项

稻田养殖较为特殊，农作物需要农药来防治病虫，这与泥鳅养殖存在矛盾，因此尽量避免使用农药，无法避免时应选用高效低毒、残留期短的农药；在水稻品种的选择上应选取耐肥力高、抗倒伏，特别是抗病虫能力强的品种。管理好水，可以定期施用少量的生石灰由于稻田较浅，泥鳅容易漫水逃跑，应定期检查防逃设施、加固田埂。

三、网箱养殖模式

网箱养殖泥鳅，可以实行高密度集约化养殖，单产水平较高，而且有便于捕捞和防逃等特点，但由于养殖密度大，故泥鳅的发病率也较高，管理难度较大，技术操作水平要求也较高。

1. 网箱要求

网箱可设在池塘、湖泊、沟渠等水体中。要求水流流速不能太快，水位涨落变化小。网箱多由聚乙烯网片制成，网目 0.5～1.0cm（具体以防止泥鳅逃出为准），面积 30～50m²。要求箱底着泥，箱底铺上 10～15cm 的泥土，还可以在泥土以下铺上 10cm 厚的粪肥。

无土网箱则要求箱底距水底约 50cm。放苗前，网箱也需要消毒，一般整体消毒，方法同池塘消毒。

2. 鳅苗放养

每年 3—4 月份放泥鳅苗较为理想。规格为 4～5cm 的泥鳅种，放养密度一般为 500～800 尾/m²，此外还应根据水质条件、技术水平等合理调整放养密度。苗种进网箱也要用 3%～5% 的食盐水浸泡消毒。

3. 饲料投喂

网箱养殖泥鳅基本上依赖人工投饵，可投糠麸、蚕蛹、蚯蚓，或人工配合饲料。日投喂量为在箱泥鳅体重的 4%～10%，分早、中、晚 3 次投喂，具体投喂量视水质、天气、季节、摄食情况灵活掌握。

4. 日常管理

经过一段时间饲养，当泥鳅个体出现大小差异时，要及时分箱饲养，一般一个多月分箱一次，分箱要选择晴天早晨、天气较凉爽、水体溶氧充足时进行，鱼体要进行常规消毒后重新入箱养殖，同一箱中规格要大体一致，轻拿轻放，减少损伤。

一般分箱前一天停食，分箱后第二天再投喂。网箱内应种植水葫芦或者水花生，遮盖面积不超过 1/2，过多则要及时清理，始终

控制水草量。养殖期间经常查看网箱是否有破损，勤刷网衣，保持网箱内外水体交换，溶氧丰富，经常检查网衣有无破损。

四、种养结合模式

除稻田养鳅外，泥鳅还能与其他一些水生作物套养，如莲藕、茭白及茨菇等。泥鳅的粪便可作为水生作物的肥料，而水生作物又能净化水质，为泥鳅提供更好的生长环境。套养有利于充分利用资源，两者互利共生，减少养殖成本，最终增加养殖效益。

水生经济作物套养泥鳅的养殖技术大体上一致，以藕池套养泥鳅为例进行介绍。藕池套养泥鳅，一般先种植莲藕再放养泥鳅苗种。种藕之前要先施肥、消毒，施用腐熟的粪肥，将池底泥耕翻耙平，用生石灰常规消毒，用量为75～150kg/亩。藕池水深10cm左右，藕种种植时要留足行距、株距供泥鳅活动。进出水口都应设置防逃设施。之后再追肥一次，可适当施一些无机肥，同时加注新水，使水深达到25cm左右。待藕芽长出两片立叶，水温达到20℃以上时可放养泥鳅苗种。苗种要求规格整齐，体质健壮，以3～5cm为宜，入池之前要进行3%～5%的食盐水浸泡消毒，放养密度视实际情况而定。莲藕生长期田间水位先由浅到深，再由深到浅。在不影响莲藕生长的情况下，在高温时节要及时加注新水，定期换水。此外还应定期施用少量生石灰，以调控水质、防止病害发生。

五、庭院养殖模式

庭院养殖模式指的是有条件的家庭利用房前屋后的坑、塘，整改后进行泥鳅养殖。这些闲散的坑塘水质肥，便于管理，是泥鳅良好的栖息环境。这种模式简单易行，投入较小，技术要求也不高，易于推广。

选址时应选背风向阳、水源充足的庭院或附近坑塘建池。池材不限，但要求紧固，不渗漏。面积100～300m^2，深1m，保持水深50cm。底铺30cm肥泥供泥鳅潜入栖息。池子应设进、出水口，并设置拦鳅设备。在建好防逃设施后清塘、消毒、施足基肥，以腐熟的粪肥为好。

放养泥鳅种一般有两种方式，第一种是每年放养泥鳅亲本 5 ~ 8 尾/m^2，让其自然产卵繁殖，饵料条件充足的话，产量也比较可观，一般每亩可达 50kg；另一种是放养规格为 3cm 左右的泥鳅苗种，3—4 月份晴天放苗，约 350 尾/m^2，放养时要注意使用 3%~5% 的食盐水浸泡消毒。

六、无土养殖模式

无土养殖泥鳅主要利用非泥土物质来提供给泥鳅钻入洞孔隐蔽的栖息空间。可使用多孔的塑料泡沫或者木块等，让其浮水面之下，也可以在池中放上水草，如水葫芦、水花生等，水草覆盖面积占水面的 2/3 左右。水草高温季节能吸收强紫外线对泥鳅的直接照射、调节水温；水草根系发达，可净化水质，改善泥鳅的养殖池的生态环境。

无土养殖模式中，泥鳅一直处于水中，要求水质清新无污染，不能带有异味。在夏季，水温高，生长比较旺盛，应经常加注新水，若使用微流水则效果更好。

第五节　病害防控技术

一、鳅病预防

针对泥鳅的病害，要以防为主，以治为辅。主要技术措施如下。

1. 清塘消毒

泥鳅放养前要对养殖水体消毒，定期泼洒消毒剂。

2. 水质调控

养殖期及时换水，把握好投饵量并及时捞取剩饵。定期用有益生物制剂改良水质，使水体菌相、藻相保持平衡等。

3. 提高鱼体免疫力

在饲料中加入维生素 C、光合细菌、芽孢杆菌等。

此外，严格执行无公害养殖标准，改善和稳定池塘的生态环境平衡，从而减少鳅病的发生。

二、主要病害及防治

1. 水霉病（肤霉病或白毛病）

（1）发病原因　此病大多因鳅体受伤，霉菌孢子在伤口繁殖，并侵入机体组织，肉眼可以看到发病处簇生白色或灰色棉絮状物。

（2）主要症状　病鳅行为迟缓，食欲减退，瘦弱致死。

（3）治疗方法　用小苏打和食盐（1∶1）配成混合液全池泼洒。

2. 红鳍病（赤鳍病）

（1）发病原因　短杆菌。

（2）主要症状　背鳍附近表皮脱落，呈灰白色，严重时鳍条脱落，肌肉外露，停止摄食导致死亡。此病易在夏季流行。初期症状表现为鳍条基部充血，鳍条附近的皮膜腐烂。严重时鳍条脱落，肌肉红肿，腹部及肛门周围充血。

（3）治疗方法　用 1×10^{-6}浓度的漂白粉全池泼洒；用0.2×10^{-6}的二溴海因全池泼洒，连续 3～4 天。

3. 赤皮病

（1）发病原因　嗜水气单胞菌。

（2）主要症状　病鳅体表充血发炎，可蔓延于全身，病鳅鳍、腹部皮肤及肛门周围充血溃烂，尾鳍、胸鳍发白并烂掉，常继发感染水霉病。病鳅时常平游，浮于水面，动作呆滞、缓慢，反应迟钝。死亡率高达 80%，在我国养殖泥鳅的地区一年四季都有流行。

（3）治疗方法　采用鲜蟾酥 10g 于凉水中搅拌均匀，全池泼洒，1 次/3 天。漂白粉全池泼洒；环丙沙星拌料投喂，用药量为泥鳅用药 10～15mg/kg。

4. 白尾病

（1）发病原因　荧光假单胞菌。

（2）主要症状　初期鳅苗尾柄部位灰白，随后扩展至背鳍基部后面的全部体表，并由灰白色转为白色，鳅苗头朝下，尾朝上，垂直于水面挣扎，严重者尾鳍部分或全部烂掉，随即死亡。

（3）防治方法　将大黄散加入 25 倍重量的 0.3% 氨水浸泡，连汁带渣全池泼洒；将 1kg 干乌桕叶（合 4kg 鲜品）加入 20 倍重量的 2% 生石灰水中浸泡 24h，再煮 10min 后带渣全池泼洒；漂白粉（有效氯 30%）溶于水，全池泼洒，待 4h 后，再泼洒五倍子浸泡液（磨碎后开水浸泡），以促使病灶迅速愈合。

5. 寄生虫病

（1）发病原因　车轮虫、舌杯虫和三代虫等寄生虫。

（2）主要症状　病鳅身体瘦弱，摄食量减少，影响生长；常浮于水面，在水面打转，体表黏液增多。严重时虫体密布鱼体，出现白斑，甚至大面积变白，治疗不及时会引起死亡。流行季节为 5—8 月，是泥鳅苗种培育阶段常见疾病之一。

（3）治疗方法　用硫酸铜和硫酸亚铁（5∶2）合剂全池泼洒，可治疗车轮虫和舌杯虫病；用晶体敌百虫全池遍洒，可治疗三代虫病。

6. 肠炎病（烂肠瘟、乌头瘟）

（1）发病原因　肠型点状气单胞菌。

（2）主要症状　行动缓慢，停止摄食，鳅体发乌变青，头部显得特别，腹部出现红斑，肠管充血发炎，肛门红肿，轻者腹部有血和黄色黏液流出，重者发紫，很快死亡。

（3）治疗方法　用磺胺咪 1g/kg 泥鳅，抗坏血酸盐 0.1g/kg 泥鳅的量拌饲料投喂，连喂 3 天即可；用 3g/kg 泥鳅的大蒜拌料投喂，2～6 天后减半继续投喂。

7. 打印病

（1）发病原因　由点状气单胞菌引起。

（2）主要症状　病鳅病灶浮肿、红色，呈椭圆形、圆形，患处主要在尾柄两侧，似打过印章，主要流行于7—9月。

（3）治疗方法　用1×10^{-6}浓度的漂白粉全池泼洒；用0.5×10^{-6}浓度的溴氯海因全池泼洒可达到治疗目的。

8. 气泡病

（1）发病原因　因水中氧气或其他气体含量过多而引起。

（2）主要症状　泥鳅静止漂浮于水面，病鱼肠道充气，肚皮鼓起似气泡。此病在鳅苗阶段最易发生。

（3）治疗方法　立即加入新鲜水，并用食盐溶液全池泼洒，用量为4～6kg/亩。

第六节　生产管理

一、投饲管理

投喂要坚持定时、定点、定质、定量。投喂量根据水质、天气、摄食状况而定，水温适宜时每天早、中、晚各投喂一次，水温较低时投喂两次，在食台上定点投喂。高温季节应在食台上搭棚遮阴；投喂以1h内吃完或八成饱为宜。八成饱从个体讲是达到80%的饱食程度，从群体讲是80%的个体吃饱。只达到八成饱而非全饱，不仅会使鱼能保持旺盛的食欲，提高有效投饵率。

二、水质管理

养殖期间，抓好水质是降低养殖成本的有效措施，同时，符合泥鳅生理、生态要求的水质环境也能弥补人工饲料营养不全和摄食不均匀的缺点，还能减少泥鳅病虫害，提高泥鳅产量。养殖泥鳅要求水质清新，达到“肥、活、嫩、爽”的标准，水色以黄绿色为好，透明度15～25cm。溶解氧3mg/L以上，pH值7.5～8.0。在养殖前期，应保持水位30～50cm，每5天交换一部分水量。通过控制施肥、投饵保持水色，不能过量投喂。在鳅苗生长后期，水位可逐步加深到50～70cm。日常要勤观察，发现水色发黑或过浓时要及时加注新水，一般情况下，每周加水1～2次，每次换水20～30cm。若是流水养殖泥鳅，流速不可过快，微流水即可，水流过快导致饵料、肥料流失，而且泥鳅顶水会消耗能量，不利于生长。在夏季高温阴雨天要注意防止泥鳅浮头，特别是静水养殖，若有浮头现象发生，应及时加注新水或采取增氧措施。

由于泥鳅养殖的水位较浅，在盛夏应该把水温控制在30℃以内，一般可用搭建遮阳网、加注低温水来调节水温。前期，可以在养殖池内栽种适量的水葫芦等水生植物，水葫芦不仅能净化水质，还可遮阳，为泥鳅提供天然的栖息场所。在养殖过程中，要保持养殖水色黄绿，有充足的饵料，也不能使水质过肥缺氧。养殖户应该密切观察水源水质的变化，如果发现养殖水源水色、气味、悬浮物、浑浊度等指标异常，应立即停止进水，避免中毒事件。

三、消毒

苗种放养前要清塘消毒。在日常养殖管理中，也要定期消毒，特别注意定期对食台漂白粉消毒。食台上的残饵以及池中死亡个体要及时清理，防止水质恶化和疾病的传播。疾病流行季节，应定期用少量生石灰化浆泼洒，对养殖池消毒。

四、防逃

在雨水较多的季节或者暴风雨突袭，要做好防洪防汛工作。应当定期检查防逃设施的安全情况，进出水口防逃网是否破损，查看塘埂是否有漏洞等。

五、越冬管理

当水温降至8℃时，泥鳅会钻到泥里，停止活动。当水温下降到5℃左右时，泥鳅进入冬眠期。为了在越冬期间有足够的能量，在秋季水温较高时要催料长膘，需要多投喂脂肪含量高的饵料，如蚯蚓、蚕蛹、蝇蛆等，以便泥鳅积累脂肪越冬。

自然条件下的越冬方式主要有以下几种。一种是干池越冬，泥

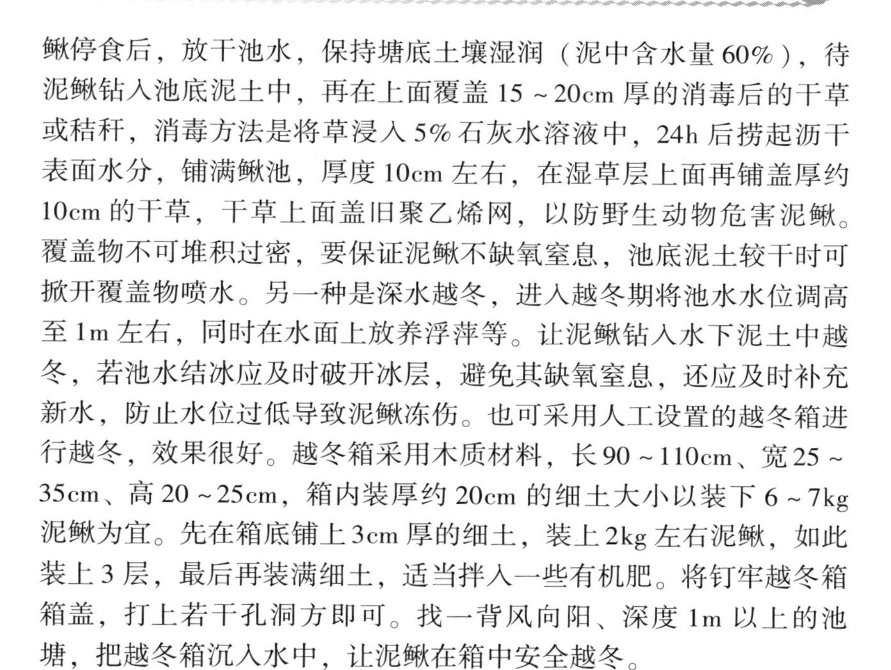

鳅停食后，放干池水，保持塘底土壤湿润（泥中含水量60%），待泥鳅钻入池底泥土中，再在上面覆盖15～20cm厚的消毒后的干草或秸秆，消毒方法是将草浸入5%石灰水溶液中，24h后捞起沥干表面水分，铺满鳅池，厚度10cm左右，在湿草层上面再铺盖厚约10cm的干草，干草上面盖旧聚乙烯网，以防野生动物危害泥鳅。覆盖物不可堆积过密，要保证泥鳅不缺氧窒息，池底泥土较干时可掀开覆盖物喷水。另一种是深水越冬，进入越冬期将池水水位调高至1m左右，同时在水面上放养浮萍等。让泥鳅钻入水下泥土中越冬，若池水结冰应及时破开冰层，避免其缺氧窒息，还应及时补充新水，防止水位过低导致泥鳅冻伤。也可采用人工设置的越冬箱进行越冬，效果很好。越冬箱采用木质材料，长90～110cm、宽25～35cm、高20～25cm，箱内装厚约20cm的细土大小以装下6～7kg泥鳅为宜。先在箱底铺上3cm厚的细土，装上2kg左右泥鳅，如此装上3层，最后再装满细土，适当拌入一些有机肥。将钉牢越冬箱箱盖，打上若干孔洞方即可。找一背风向阳、深度1m以上的池塘，把越冬箱沉入水中，让泥鳅在箱中安全越冬。

六、捕捞

泥鳅有钻泥的习性，捕捉有一定的难度，常采用干池捕捉、拖网捕捞、冲水捕捞、食饵诱捕等方法。通常可以采用，池塘排干，使泥鳅集中到鱼溜，通过排水底口张网捕捞。

泥鳅起捕后不论是内销还是外运都必须放在鱼篓、网箱、水缸或水泥池中用清水暂养（不投饵）数天。其目的是排除体内粪便，提高运输成活率；除去泥鳅肉质的泥腥味，改善食用口味。

成鳅的皮肤呼吸和肠呼吸功能很强，运输较方便。近程运输可采取干法运输，即把泥鳅装在容器内，保持皮肤湿润就可；中程运输可用木桶或运鱼大篓装运，一般1kg水可装运1～1.5kg泥鳅，气温15℃左右时，可装运5～8h；远程运输则应采用降温运送，即把鲜活的泥鳅置于5℃左右的冷藏车内，控温运输。

第九章　鲟鱼养殖

第一节　鲟鱼生物学特性

鲟鱼，属于硬骨鱼纲、辐鳍亚纲、软骨硬鳞下纲，是地球上现存最古老的鱼类之一，具有很高的学术研究价值。鲟鱼偏冷水性、喜欢洁净、溶氧量高的水环境，性成熟周期较长。鲟鱼肉质鲜美，鱼卵可加工成名贵的鱼籽酱，具有很高的经济价值，鲟鱼养殖发展前景广阔。

全世界现共有鲟形目鱼类27种，分属2科6属，其中鲟科有4属25种；白鲟科有2属2种。我国是鲟鱼资源较丰富的国家，共有8种鲟鱼分布在长江、黑龙江等水系。其中，长江水系的中华鲟属国家一级保护动物外，也是大型经济鱼类，史氏鲟、达氏鲟、小体鲟等都是重要的经济鱼类。

鲟鱼类具有个体大、寿命长、性成熟晚、群体年龄结构复杂、幼鱼成活率低、补充群体较少的生物特点。鲟鱼可分为洄游型、半洄游型和淡水定居型三种生态类型。鲟鱼一般春季开始洄游，直至秋季才结束。初次性成熟年龄为：雄性7~9龄，雌性11~13龄，产孵期为4~6年。捕捞群体的体长为14m，体重为20~400kg，最大者可达5m，体重超过1t。

我国的鲟鱼研究已有几十年的历史，由于长江沿江的建闸筑坝，阻碍了中华鲟的洄游和产卵，使这一种类涉临灭绝，为对其保护，从20世纪50年代，我国的科学工作者开始对其生态及生物学方面展开研究，70年开始人工繁殖及增殖放流。我国于20世纪90年代中期开始商业化鲟鱼养殖，发展迅猛，已形成了较大的养殖规

模和产量，2014 年全国鲟鱼产量 75 920t。目前，我国养殖的鲟鱼品种有达氏鳇、欧洲鳇、匙吻鲟、西伯利亚鲟、小体鲟、俄罗斯鲟、史氏鲟、中华鲟、杂交鲟等。下面介绍几种主要养殖鲟鱼的生物学特征。

一、俄罗斯鲟

1. 外形特征

个体延长，呈纺锤形，体高为全长的 12%~14%，头长为全长的 17%~19%，吻长为全长的 4%~6.5%，吻短而钝，略呈圆形。触须 4 根，位于吻端与口之间，更近吻端。须上无伞形纤毛，口小、横裂、较突出，下唇中央断开。背鳍不分枝，鳍条 27~51 根，臀鳍不分枝，鳍条 18~33 根。体色背部灰黑色、浅绿色、墨绿色，体侧灰褐色，腹部灰色或柠檬黄色。幼鱼背部呈蓝色，腹部白色。

2. 生态习性

俄罗斯鲟主要分布在里海、亚速海和黑海，以及流入该海域的河流。除洄游种群外部分是终生在淡水生活的定栖性种群。

3. 食性与生长

底栖软体动物，虾、蟹等甲壳类及鱼类。幼鱼以糠虾，摇蚊幼虫为食。其洄游性种群生长快于定栖性种群，雌鱼生长快于雄鱼。在亚速海俄罗斯鲟 1 龄鱼全长为 294cm，2 龄鱼全长 462cm、体重 2kg，5 龄鱼全长 666cm、体重 55kg，10 龄鱼全长 898cm、体重 12kg。俄罗斯鲟雄体初次性成熟年龄在 7~9 龄，全长 100cm 以上。

4. 繁殖

雌鱼性成熟多在 12~16 龄，重 14~18kg，雄鱼性成熟 11~13 龄。绝对怀卵量平均值 26.6 万~29.4 万粒，相对怀卵量每千克鱼体重 1.08 万~1.2 万粒，卵径 3mm，卵重 20.6mg。繁殖水温 9~12℃。

二、史氏鲟

1. 外形特征

体延长呈圆锥形，头呈三角形，略为扁平，下口位，口裂小，呈蒜瓣状，口前有四条角须，呈一字形排列并与口平行，口能伸出呈管状，伸出的口管长度因个体大小而异。幼体在吻腹面有平均7粒粒状突起，体长无鳞，背鳍位于体后部，接近尾鳍。尾鳍为歪尾型，上叶大于下叶，背部体色绿灰或褐色，腹部银白，偶鳍与臀鳍呈浅灰色，躯干部横切呈五角形，腹部较平。

2. 生态习性

史氏鲟栖息于河道中。最适生长温度21℃左右，最适孵化温度18~20℃，适温性较强。其耗氧和窒息点高于常规鱼类，溶氧不能低于6mg/L，有避光性。

3. 食性和生长

为动物食性鱼类，以水生昆虫幼虫，底栖动物及小型鱼类为食。幼鱼以底栖生物及水生昆虫幼虫为主。主要靠触觉、嗅觉捕食。史氏鲟生长速度较快，尤其是鱼体长超过15cm时，生长速度加快，人工养殖条件下，在周年水温15~25℃情况下，一周年可达0.39~0.6kg，4周年可达7.38~10.25kg。

4. 繁殖

雌鱼性成熟为9~10龄，雄鱼为7~8龄，雌鱼个体平均怀卵量在28.6万粒，相对怀卵量为1.19万粒。卵具黏性，产卵高峰持续时间短而集中。

三、匙吻鲟

1. 外形特征

匙吻鲟外形很有特点，有一个形如匙柄的长吻，约占体长的三分之一，躯干流线型，尾部侧扁，鳃盖布满梅花状花纹，尾鳍叉形，不对称。体背部灰黑色，腹部灰白色。刚孵出的仔鱼无吻，一月后吻发育完全。

2. 生态习性

生活在江河湖泊、水库和池塘中，适温广范，2～37℃水体中都能生存，能在北方安全越冬，水中溶氧要求5mg/L以上，pH值6.5～8。

3. 食性与生长

是一种滤食性鱼类，主要食浮游动物的枝角类。生长较快，放养全长25cm的匙吻鲟，当年达50cm，体重0.5kg，第二年可达80～85cm，体重2.5～3kg。

4. 繁殖

匙吻鲟雌鱼性成熟8～10龄，雄鱼7～9龄，是鲟科鱼类中性成熟最早的鱼类，相对怀卵量每千克鱼为3 500粒，卵巢占体重的15%～25%，卵径2～2.5mm，具黏性。春季产卵，水温16℃孵化约6～7天，水温18～19℃，约5～6天。

四、小体鲟

1. 外形特征

小体鲟体形呈长锥形，体被5行骨板，背骨板1行，骨板行间散布着小梳状颗粒，无背鳍后骨板和臀鳍后骨板。吻突有稍钝或尖状两种类型。口小、横裂，下唇中部断开。与其他鲟鱼的区别特征是：下领的中间部位有小口，侧骨板数超过50枚。小体鲟体色变化较大，背部常呈深灰褐色，腹部黄白色。

2. 生态习性

小体鲟是一种淡水鲟类，偏定栖型，仅产卵时作一段距离洄游。生存水温为2～33℃。

3. 食性与生长

小体鲟偏肉食性，食物种类包括水生昆虫及幼体、小型软体动物、寡毛类等水生无脊椎动物，鱼类繁殖期还喜摄食其他鱼类产出的卵。小体鲟生长速度一般，1龄鱼平均体重为142g，2龄鱼236g，3龄鱼370g，5龄鱼798g，目前已知小体鲟的最大年龄为26龄，最大体重为4.3kg。

4. 繁殖

小体鲟性成熟较早，雌鲟一般在 8 龄以下，多数种群为 6～7 龄；雄性一般在 6 龄以下，多数 3～5 龄。小体鲟怀卵量较少，个体怀卵量最少者仅数千粒，最大者在 10 万粒左右。小体鲟在每年的 4—5 月份产卵繁殖，少数河流种群的产卵时间在 5—7 月，产卵的适宜水温为 12～17℃。小体鲟的孵化时间 7～9 天。

五、中华鲟

1. 外形特征

中华鲟体呈梭形，前段略粗，躯干部横切面呈五边形，向后渐细，腹部较平。头大呈长三角形，头背部骨板光滑。眼睛以前部分扁平成犁状，并向上翘。口在头的腹面，成一条横裂，口能够自由伸缩。上下唇具有角质乳突。口前方并列着 4 根小须。眼睛很小，眼后有喷水孔。鳃孔大，鳃膜与峡部相连。头部和身体背部青灰色或灰褐色，腹部灰白色，各鳍灰色。全身无刺，只靠少量硬骨和背部 1 列、体侧和腹部各 2 列共 5 列漂亮的骨板及软骨脊椎支撑起庞大的身躯。幼体骨板之间的皮肤光滑，没有鳞片；成体较粗糙。头部皮肤布有梅花状的感觉器（陷器）。背鳍 1 个，靠近尾鳍，后缘凹入。尾鳍上叶长下叶短，成一歪形尾鳍。偶鳍具宽阔基部，背鳍与臀鳍相对。腹鳍位于背鳍前方，鳍及尾鳍的基部具棘状鳞。全身骨骼为软骨质。

2. 生态习性

中华鲟是一种典型的江海洄游性鱼类，生命周期中具有多次江海洄游历程。其亲鱼每年 7—8 月份从海洋溯河而上，在长江完成繁殖行为，受精卵在产卵场孵化后，仔鱼顺流而下至河口区育肥生长。中华鲟是一种适应于水温范围相当广的温水性鱼类，在人工养殖的条件下，中华鲟的生存水温为 0～37℃，生长适宜水温为 13～25℃，最佳生长水温为 20～22℃。中华鲟对溶氧量要求较高，一般要求 5mg/L 以上。中华鲟为广盐性鱼类，耐盐度范围较广。中华鲟适宜于 pH 值为 7.0～8.0 的弱碱性水中生活。

3. 食性与生长

中华鲟属以动物性食物为主的杂食性鱼类，主要以小型的或行动迟缓的底栖动物为食，包括虾蟹、鱼类、软体动物和水生昆虫等。幼鱼在长江中、上游江段主要以摇蚊幼虫、蜻蜓幼虫、蜉蝣幼虫及植物碎屑等为食，到了河口咸淡水域中的幼鱼则以虾类、蟹类及小鱼为食。亲鱼洄游期间不摄食。中华鲟个体大、生长速度快，有记载的中华鲟最大体重达680kg。中华鲟雌体比雄体明显生长快，雌体平均年增重8.0~14.5kg，雄体为4.55~8.59kg。

4. 繁殖

中华鲟雄性性成熟9龄以上，雌性14龄以上，产卵期为10月份至11月上旬，相对怀卵量平均值为每克体重2.99粒。水温在17~18℃时孵化时间约需6天。

六、西伯利亚鲟

1. 外形特征

西伯利亚鲟体呈长纺锤形，向尾部延伸变细，外形与小体鲟极为相似。体被5行骨板，骨板与骨板行间分布有许多小骨板和微笑的颗粒，体侧无鳞。口前有4根圆柱形的吻须，头部有喷水孔。口裂小，裂长不超过头侧，下唇中央中断，腮盖膜不相连。背鳍位于体后部，接近尾鳍，背鳍、臀鳍条不分支。尾为歪尾形，尾鳍上叶大于下叶，上叶尖长向后斜伸。背部体色棕灰色或褐色，其体色与水色有关，有时为灰黑色，腹部白色，偶鳍与臀鳍呈浅灰色。

2. 生态习性

西伯利亚鲟主要生活在河流的中、下游，可进入半咸水水域，适应性强。西伯利亚鲟是一种广温性的鱼类，适宜生长水温为15~25℃，但可忍耐严寒和酷暑，冬季冰封期尚能摄食生长，夏季能忍受30℃的水温。

3. 食性与生长

西伯利亚鲟以吃食底栖动物为主，食性广，主要吃食摇蚊幼虫、软体动物、蠕虫、甲壳类和小鱼等。西伯利亚鲟生长较慢，在不同地区、不同水温和水质环境条件下，生长速度也不相同。

4. 繁殖

西伯利亚鲟性成熟较晚，野生条件下，雌性初次性成熟年龄为19～20龄，雄性17～18龄；人工养殖等温水条件下，雌性可提前到6～7龄，雄性3～4龄。西伯利亚鲟在水温9～18℃时均可繁殖，最适产卵水温水11～16℃。水温15℃时，受精卵孵化需10天左右。

七、杂交鲟

杂交鲟是指不同种、属鲟鱼之间杂交所得的后代，包括一系列的种类。优质的杂交鲟一般个体大、生长快、抗病力强、怀卵量大，能在淡水和咸水环境中生活，因其为人工制种，不属于国际或国家保护名录中保护种类，可商业化养殖开发。

目前，我国生产杂交鲟苗种的亲本种类主要有黑龙江水产出产的史氏鲟、达氏鳇以及从国外引进的西伯利亚鲟、小体鲟、欧洲鳇和俄罗斯鲟，还有用养殖成熟的杂交鲟作为亲本繁殖生产苗种的。生产养殖规模较大、杂交优势相对明显的杂交鲟主要有两类：一类以史氏鲟和达氏鳇为亲本生产的黑龙江杂交鲟，其主要优势是个体大、生长速度快，一般都养殖到较大规格后销售；另一类以西伯利亚鲟和史氏鲟为亲本生产，其主要优势是生长速度快、成活率高、食用口感好，同时保留了西伯利亚鲟较好的体型体色，在小规格消费市场较受欢迎。

第二节 养殖条件与设施

一、场址选择

鲟鱼养殖场应选择水量充沛、水质未受污染的地方，水源的水温也是鲟鱼养殖场场址选择应考虑的一个重要因素，如在北方必需考虑冬季加温问题。温泉水或温流水水源水温不宜超过27℃，或

超过26℃水温或低于8℃的时间不宜过长，否则影响鲟鱼的生长。鲟鱼养殖场应优先选择交通运输便利的地方，有利于苗种、商品鱼及饲料的运输。鲟鱼养殖场最好处于经济中心或周边，而且周围有一定的扩展条件，便于扩大规模。依靠水库、湖泊可发展鲟鱼网箱养殖。利用空闲的虹鳟养殖场和鳗鱼养殖场等，可起到事半功倍的效果，这些场地多是工厂化养殖场，设备齐全，稍加改造即可发展鲟鱼养殖。

二、水质条件

鲟鱼对水环境变化敏感，对养殖用水的水质要求很高。鲟鱼养殖水源可用江河水、湖泊水、水库水、泉水、地下水等，均要求水质高、无污染。多数鲟鱼生长的适宜水温为17～27℃，最适范围为20～24℃，在人工养殖条件下，鲟鱼在冬季低温期还需人工越冬，适当提高温度以维持其一定的生长速度。鲟鱼生长的最佳溶氧量最好大于6mg/L，至少不能低于5mg/L。鲟鱼养殖水体要求透明度大于30cm，至少不低于25cm，最适pH值范围为7.0～8.0，最适硬度为5.5°～8.5°，总碱度以90～100mg/L为宜。鲟鱼养殖水体其他各项指标均应符合我国《渔业水质标准》的要求。

三、池塘条件

1. 室外养殖池塘

鲟鱼室外养殖池塘要求面积较大，东西向为宜，池水较深，水源充足畅通，水质稳定，一般要求池塘面积在0.3～0.7hm^2，水深2.2～3.0m。底质以黄土壤为佳，底泥厚度以15～20cm为宜。建设有独立的进排水口、坡降，配备一台增氧机，并设置饲料台。交通便利且通讯设施齐备，电力设施配套齐全，保障养殖机械的正常使用。

2. 室内水泥池

流水养殖一般采用水泥池，面积一般在50～100m^2，水深1～2m左右。鱼池可为圆形或方形圆角，用钢筋混泥土或砖砌后水泥抹边，也可用塑料或玻璃钢结构，保持内壁光滑，防止擦伤。圆形池排水口设在池中央，长方形池进、排水口分别设在池两头，池底形成一定坡降，保证水能彻底排干。

四、增氧设施

室内养殖一般采用空气压缩机充气增氧，每 300m^2 左右配备 2～3 台 2.5kW 空气压缩机即可满足供氧需求，池内投放散气石，使空气在水体中散发均匀。室外池塘养殖采用增氧机进行增氧，增氧机有水车式、叶轮式、射流式等。

五、遮光设施

鲟鱼为底层鱼类，视觉较差，趋弱光，避强光，强烈的光线影响其摄食活动，因此，需在鲟鱼养殖池上建设遮光设施，常用的有彩条大棚、遮光网等，既可遮挡阳光，也能在夏季高温季节防止水温大幅度上升。

六、增温设施

在北方地区，为延长培育时间，常配备增温设施。可以采用锅炉增温，也可建设日光温室大棚增温。

第三节　鲟鱼池塘养殖技术

鲟鱼池塘养殖是指利用静水或微流水土池进行鲟鱼养殖的一种模式，可选择单养或混养模式。不同鲟鱼品种对水质要求不同，匙吻鲟喜食浮游动物，要求水质偏肥，因此，目前在池塘中养殖匙吻鲟较多见。其他鲟鱼品种，由于对水质要求较高，水质管理难度较大，目前在池塘中养殖不多。

一、池塘条件与设施

池塘条件和水质要求见第九章第二节，其他配套设施如下。

1. 饲料台

每亩鲟鱼养殖池塘应沿长边设 1～2 个饲料台，每个饲料台面积 6～10m^2。饲料台应设在投喂方便，水交换较好的地方，离池底 20cm 左右，水面设浮标，利于定点投喂和鲟鱼寻食。由于饲养匙吻鲟一般投喂浮性饲料，养殖匙吻鲟池塘的饲料台应为浮在水面的竹制方框。

2. 增氧机

每 5～8 亩鲟鱼养殖池塘配备 2～3kW 功率的增氧机。

二、养殖模式

1. 以鲟鱼为主养品种的养殖模式

这种养殖模式是指在池塘的放养结构中，以鲟鱼为主要放养对象，少量搭配其他品种。搭配品种以能调节水质或提高水体利用率的常规品种为宜。在主养匙吻鲟的池塘中，少量搭配草鱼、斑点叉尾鮰等；在主养其他鲟鱼品种的池塘中，适量搭配鲢、鳙鱼。

2. 以鲟鱼为搭配品种的养殖模式

这种养殖模式是指在池塘的放养结构中，以常规养殖品种为主，少量搭配匙吻鲟或其他鲟鱼。在制定具体的放养方案时，应考虑食性的互补性、生态位的充分利用性，以及对可能的水质变化的适应性。在以吃食性鱼类为主养品种的池塘中，可搭配匙吻鲟，每亩放养 250g/尾的鱼种 20～30 尾；在以滤食性鱼类为主养品种时，可搭配史氏鲟、杂交鲟等，每亩放养 150～250g/尾的鱼种 50～80 尾。

三、养殖技术要点

1. 池塘准备

鲟鱼养殖池塘需清整和消毒，以改善池塘环境，杀灭野杂鱼、致病病菌、寄生虫等。池塘排干后，清除过量淤泥、平整池底、整理好池堤和进排水口、清理池中杂物和野草，再暴晒数日。鱼种下塘前，用生石灰、漂白粉、强氯精、茶饼等进行消毒，其中生石灰消毒效果最好。

2. 鱼种放养

所有鱼种均须体质健壮、活力强、无畸形、规格整齐，其中鲟鱼鱼种要求20cm以上，体色正常，体形匀称，已转食人工配合饲料。鲟鱼池塘养殖，密度不宜太高，具体视池塘条件和养殖鲟鱼品种而定，搭配品种不得与所养鲟鱼食性重复，具体品种可根据当地市场情况确定。鱼种下塘前，需经过试水、适温平衡，并用2%~3%食盐水浸泡15~20min。鲟鱼池塘养殖放养密度见表3。

表3　鲟鱼池塘养殖放养密度

规格/g	30~100	100~300	300~600	600~1 500
密度/（尾/亩）	650~900	450~650	300~450	150~300

3. 饲料投喂

匙吻鲟既可摄食浮游动物、水蚯蚓、摇蚊幼虫等天然饵料，也能摄食人工配合饲料。因此，主养匙吻鲟时，投喂人工配合饲料时，也需培育池中的浮游动物，以降低成本，匙吻鲟饲料以浮性膨化饲料为宜。主养西伯利亚鲟、杂交鲟等的池塘中，则只需投喂人工配合饲料，以沉性饲料为宜。鲟鱼偏肉食性，对饲料中蛋白质含量要求较高，仔、稚鱼饲料中蛋白质含量要求45%~55%，成鱼对食物营养要求较幼鱼低，饲料中蛋白质含量36%~40%，可选择专用鲟鱼饲料，所投饲料粒径均须适合池中鲟鱼规格，一般饵料粒径与为所喂鱼口裂2/3为佳。

鲟鱼种下塘后，需要驯食，通过声音信号和饲料投喂诱导其上饲料台摄食，经1个星期左右时间驯化，绝大多数鱼均能引上饲料台即完成。驯化后的鲟鱼投喂应坚持“四定”原则，水温15~25℃，每天投喂2次，日投喂量为吃食鱼体总重的2%~3%，水温高于或低于此范围时，日投喂量均需适当下调。根据每次投饵后鱼的吃食情况以及水温、鱼体状况、溶氧等因素调整投喂量。每次所投饵料的量，最好能在15min内吃完，最多不高于20min，最低不

少于5min。投喂时速度要慢，切忌一次性将饲料全部撒入饲料台。

4. 日常管理

每天早、中、晚各巡塘一次，观察池中所养鱼的活动、摄食、水质、发病等情况。天气闷热、气压低时，还要半夜巡塘。发现问题及时采取开启增氧机或加注新水等措施，防止泛塘。定期检查鲟鱼的生长和健康情况，及时调整投喂率和放养密度，当池中鲟鱼生长差异过大时，要按其规格及时分塘。在水质管理工作上，每天测量水温3次，pH值、溶解氧、亚硝酸盐、氨态氮等理化因子要定期测定。匙吻鲟缺氧症状较明显，鱼群在水面散游，呼吸频率增加；而西伯利亚鲟、史氏鲟、杂交鲟等底栖鲟类，一般都在池底活动，即使池中溶解氧不足时，也不会出现明显的浮头现象，缺氧严重时，会直接肚皮上翻，出现昏迷，甚至死亡。在特殊情况下，如水温过高、水色不对或天气闷热时，要加强对水质的监测，每天清晨都要测定水体溶解氧。匙吻鲟为主养对象的池塘，还要经常观察水色变化，根据水中浮游动物生长情况酌情进行追肥，保证浮游动物的生长和繁殖需求；以史氏鲟、西伯利亚鲟、杂交鲟等为主养对象的池塘，可采取混养滤食性鱼类或使用光合细菌、EM菌等方式调节水质。鲟鱼生长最适合的pH值为6.5～8.0，pH值过低会影响鲟鱼的代谢活动和生长，甚至危及生命。pH值过低时，可施用生石灰调节。随时捞出池中杂物、死鱼等，清除池边杂草，定期清洗并消毒饲料台。做好养殖日志记录，便于产品追溯、经验总结。

第四节　鲟鱼工厂化养殖技术

鲟鱼工厂化养殖是指利用水泥池高密度流水养殖鲟鱼的方式，其特点是养殖全过程均可监控，并可直接观察到鲟鱼的摄食、活动、病害、死亡等情况。这种情况可为鲟鱼提供适宜的条件，从而促进生长，提高单位产量。但工厂化养殖投资大、成本高，对养殖技术和生产管理的要求高。随着社会的发展，淡水资源的缺乏及水环境污染对渔业生产的不利影响等因素，进一步发展出了鲟鱼工厂化生态循环水养殖模式，该模式基于工厂化循环水养殖和人工湿地技术发展而来，可节约养殖用水、对环境无污染，运行成本低，但水处理单元占地面积和建设投入较大。

鲟鱼工厂化养殖主要对象为西伯利亚鲟、史氏鲟、杂交鲟等吃食性品种，匙吻鲟养殖较少。

一、池塘条件与设施

池塘条件和水质要求见第九章第二节，水泥池可成并联或串联排列，新建水泥池使用前要用水浸泡15天左右，旧池要洗刷干净，用2%~4%的食盐水或30mg/L的高锰酸钾溶液消毒。生态循环水养殖则还要建设集水池、沉淀池、生物滤池、人工湿地等，需综合考虑，总体规划，充分利用已有场地。

二、鱼种放养

鱼种要求和放养前准备同第九章第三节。

鲟鱼工厂化养殖放养密度和养殖规模必须根据水源供水量，生态循环水系统的最大养殖载荷、放养规格、养殖周期和预期商品鱼规格来确定。可能情况下应尽量放养大规格鱼种，以缩短养殖周期，提高存活率。鲟鱼工厂化养殖放养密度见表4。

表4　鲟鱼工厂化养殖放养密度

规格/g	<30	31~120	121~300	301~600	601~1 500	2 000~3 000
密度/(尾/m^2)	60~80	40~55	25~40	15~25	10~15	5~10

三、饲料投喂

鲟鱼工厂化养殖所使用的饲料和基本投喂方法与池塘养殖类似。但每天的投饲次数可增加至4~6次，日投喂量为鱼体重的2%~4%，根据水温和鱼摄食情况适当调整。鲟鱼夜间摄食活动更加活跃，可多安排夜晚投食次数，白天酌减。饲料应有很好的适口

性，投入水中后能耐受一定时间的浸泡而不溶散，饲料中的粉末必须严格筛除。

四、日常管理

每天上下午各测水温 1 次，每周测量溶氧、pH 值一次并做好记录；每天排污一次，及时排掉残饵和粪便，静水池每天换水 1 ~ 2 次，每次换掉池水 50% ~ 100%，并及时开动增氧设备，确保池水溶解氧保持在 6mg/L 以上。每个月抽样检查鲟鱼的生长情况，根据生长情况适时调整放养密度。如池内鱼生长出现差异，应进行分筛，大小分养，达到商品鱼规格时及时上市。注意鱼病防治，每日观察鱼的吃食和活动情况，发现异常及时采取措施。

第五节　病害防控技术

随着鲟鱼养殖规模不断扩大，养殖环境随着也发生了巨大变化，高密度养殖使养殖水体恶化，病害频发。症状多样，病因复杂，病原种类多，已成为制约鲟鱼产业健康持续发展的因素之一。有效控制鲟鱼病害，不仅关系到鲟鱼养殖效益，还关系到养殖水域环境和水产品质量安全。目前，鲟鱼病害有十几种，按照病原可分为生物和非生物因素引起的疾病，生物因素引起的主要有细菌性、真菌性和寄生虫病等，非生物因素引起的主要有营养性和环境因素引起的疾病等。控制鲟鱼病害的发生，一方面要树立“以防为主，防重于治”的观念，通过调节鲟鱼养殖池塘水质，给鲟鱼提供良好的水体环境，另一方面当病害发生时，要及时对症治疗，不能使用违禁鱼药，少用抗生素，以保证产品品质。鲟鱼养殖过程中发生的主要病害及其防控措施有如下几种。

一、细菌性肠炎

（1）病原菌　点状产气单胞杆菌。

（2）主要症状　病鱼肛门红肿，鱼体消瘦，轻压腹部有黄色液体从肛门流出，不进食，解剖，可见肠壁充血发炎，弹性差，无食物，内有很多淡黄色黏液。

（3）流行情况　常见于夏季高温时节，多见于苗种养殖。

（4）治疗方法　成鱼可用漂白粉挂袋消毒处理，口服大蒜素等抗菌药饵，大蒜素用量每千克饲料2～3g，疗程7天，长期使用可以起到预防作用。针对苗种可用氯、碘制剂消毒，每千克鱼体重内服氟苯尼考50mg，疗程3～5天。

二、红嘴病

（1）病原菌　嗜水气单胞菌。

（2）症状　嘴部肿大，四周充血，常伴有出血现象，口腔不能活动自如，进食能力差，肛门红肿，有时伴有水霉病发生，游动能力减弱。

（3）流行情况　多见于夏季高温季节的西伯利亚鲟，特别是产后亲鱼或受应激较大的亲鱼如经过运输等。

（4）治疗方法　注射水产用青霉素钠效果良好。另外，在日常管理中，应及时清除养殖池中残饵，定期清理饵料台，发现病鱼及时捞出以免交叉感染，还可以通过降低水温（水温在20℃以下），控制发病。

三、败血病

（1）病原菌　点状产气单胞菌。

（2）症状　病鱼吃食量迅速下降，体表充血，肛门红肿。剖检腹腔内有淡红色混浊腹水，肝脏肿大呈土黄色，肠膜、脂肪、生殖腺及腹壁上有出血斑点，肠内多无食物，肠壁及中肠以后部位螺旋瓣充血，后肠充满泡沫状黏液物质。

（3）流行情况　常见夏季高温时节。

（4）治疗方法　可以通过药敏实验选出合适的抗生素，拌药饵控制疾病。应定期在饲料中添加维生素C和维生素E，可增强鱼体的抗病力。

四、烂鳃病

（1）病原菌　弧菌或假单胞菌。

（2）症状　病鱼体表发黑，鳃盖内充血，鳃丝呈白色、浮肿、腐烂，并有黏液附着，形成团块状，严重时有些部分被腐蚀成不规则小洞，常伴随有浮头现象。

（3）流行情况　多发生于高温时节，水环境较差时，也有可能与其他疾病并发。

（4）治疗方法　及时降低养殖密度，减少发病数量，隔离治疗病鱼，用1×10^{-6}浓度的二氧化氯消毒3天。

五、疖疮病

（1）病原菌　点状产气单胞菌。

（2）症状　病鱼病灶部位肌肉组织长脓疮，隆起并出现红肿，抚摸有浮肿的感觉，脓疮内部充满脓汁。

（3）流行情况　常见受伤部位或是注射部位。

（4）治疗方法　加强水质监测，增强鱼体抗病能力，发现病鱼时，可用注射器将脓疮内部的浓汁抽出，帮助排毒，涂抹红药水，可辅助病鱼康复。

六、性腺溃烂病

（1）病原菌　嗜水气单胞菌。

（2）症状　此时内部性腺已经开始溃烂，再后是生殖孔附近出现小孔，颜色发生变化，最后生殖孔烂开，性腺脱落出体外，同时生殖孔有粉色液体流出，直至病鱼死亡。

（3）流行情况　常见产后的雌性亲鱼。

（4）治疗方法　在发病前，注射水产用青霉素钠有一定的预防效果。另外，在生产过程中要适当操作，减少鱼体损失，并通过水质及营养调控，加强产后亲鱼护理，可降低产后亲鱼死亡率。

七、水霉病

（1）病原菌　水霉属和绵霉属真菌。

（2）症状　鱼体冻伤或受伤后经病原菌感染，伤处滋生大量絮状水霉。

（3）流行情况　常见春季初，水温上升时期。

（4）治疗方法　对于发病较轻的鱼体，人工擦掉鱼体表的水霉，用亚甲基蓝涂抹患处，用盐消毒，加强投喂，一段时间能很明显的看到水霉脱落的现象。还可以用五倍子预防和治疗。另外，一般发生鱼体冻伤的品种多为鳇鱼和鳇鱼杂交，因此针对该品种鱼体冬季可以放入水位高（1m 以上）的池子或盖保温棚，避免冬季冻伤，春季长水霉。

八、小瓜虫病

（1）病原　小瓜虫。

（2）症状　肉眼观察病鱼鳃部与背鳍等部位有白点或片状，鳃丝和鳍条处较多。

（3）流行情况　常见于春季或秋季的河水养殖苗种过程中。

（4）治疗方法　提高养殖水温至 25℃以上，小瓜虫病不治而愈，此外可用福尔马林浸泡。

九、车轮虫病

（1）病原　车轮虫。

（2）症状　鱼体消瘦，游泳能力低下，不摄食，当鱼体和鳃耙上数量过多时直接影响生长，严重时造成苗种大量死亡。

（3）流行情况　常见苗种养殖。

（4）治疗方法　病鱼用 2%~3% 食盐水或 1×10^{-6}浓度的硫酸铜浸泡 1h 后，一般能自愈。另外，需要加强管理，调节水质，提高鱼体抗病力。

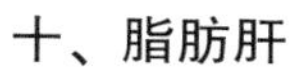

十、脂肪肝

（1）病因　主要是饲料中的脂肪含量过高或营养搭配不合理。

（2）症状　解剖后可发现肝胰脏有大量脂肪淤积，肝胰脏器官肿大，颜色不正常，触摸有较重油腻感。

（3）治疗方法　以预防为主，搭配好饲料营养成分，定期添加维生素 C 和维生素 E，加强鱼体脂肪代谢，提高抗病力。

十一、大头病（萎蔫病）

（1）病因　病因主要是养殖密度过高，鱼摄食不够，或饵料成分不合理。

（2）症状　病鱼消瘦发黑，呈现出头大身细，病鱼游动缓慢，最终衰竭而死。

（3）流行情况　在高密度养殖和大水面养殖中容易导致此类疾病，尤其是在越冬期间，投喂少，更容易大量发生此病。

（4）治疗方法　以预防为主，搭配好饲料营养成分，定期添加维生素 C 和维生素 E，加强鱼体脂肪代谢，提高抗病力。冬季可以适当提高温度，适当投喂。

十二、气泡病

（1）病因　多是因为水中氮气或氧气过饱和，使得鱼的体内形成微气泡，然后汇聚成大气泡。

（2）症状　病鱼游动能力下降、上浮、贴边，解剖肉眼可见肠内有许多小气泡，胃内有气泡。

（3）治疗方法　将有气泡病的鱼体捞出，集中放置，降低密度，关掉气泵，减少投喂，用 1%~2% 食盐水消毒。

第六节　生产管理

一、水质管理

每天测量水温、pH 值、溶解氧、亚硝酸盐等水体理化指标，当池塘水色过浓时，水体透明度低 25cm 或溶解氧小于 5mg/L 时，要及时加注新水，保持水质清新。

二、水温控制

鲟鱼是冷水鱼，多数鲟鱼生存的温度上限为 30～34℃，水温超过 30℃则对鲟鱼生长有危险。为了提高存活率和养殖效果，要选择合适的放养时间，投放大规格鱼种，以缩短养殖周期；争取在每年高温期过后再投放大规格鱼种，在翌年高温期到来之前达到养成规格上市，可以避开高温；在高温期到来时加深水位，减小放养密度；有条件的地方还可以采取加大换水量和搭棚遮光等措施；高温期加强水温监测，加大换水量，有条件的可采取微流水养殖。

三、及时分池

对于工厂化养殖，要每月抽检鲟鱼的生长情况，根据生长情况适时调整放养密度。如池内鲟鱼生长出现差异，应进行分级过筛，大小分养，保持规格整齐。

四、生产记录

每天早、中、晚各巡塘一次，坚持做好生产日记，记录气候、水温、水质，鲟鱼的吃食、活动、生长、疾病，养殖池的投饵施肥、调节水质、治病用药及产品出池销售情况等具体内容，定期整理归档生产记录，并保存生产档案 2 年以上。

第十章　鳜鱼养殖

第一节　鳜鱼生物学习性

鳜鱼（*Siniperca chuatsi*）又名桂花鱼、季花鱼，属于鲈形目、鮨科、鳜鱼属。鳜鱼是名贵鱼类，有翘嘴鳜、大眼鳜、斑鳜等多个品种，以翘嘴鳜生长最快，其次是大眼鳜。一般所说鳜鱼即翘嘴鳜，终生以活鱼为食，是典型的肉食性鱼类。

鳜鱼膘肥体壮，古词有“桃花流水鳜鱼肥”，因而闻名。鳜鱼肥厚鲜美，肉质丰腴细嫩，味道鲜美可口，营养丰富，富含人体必需的8种氨基酸及多种维生素、钙、钾、镁、硒等营养元素。鳜鱼因无肌间刺，为小孩和老人的理想高蛋白质（19.3%）、低脂肪（0.8%）来源，被誉为“淡水石斑”。鳜鱼具有补气血、益脾胃的滋补功效，对儿童、老人及体弱、脾胃消化功能不佳的人来说，吃鳜鱼既能补虚，又不必担心消化困难，所以鳜鱼历来被认为是鱼中上品、宴中佳肴，春季的鳜鱼最为肥美，被称为“春令时鲜”。

20世纪70年代初，我国就开始研究鳜鱼人工繁养殖技术，人工繁殖、苗种培育和养殖技术已非常成熟。现在已在全国多数地区开展养殖，特别是华南方地区，已成大规模化养殖。养殖品种主要为翘嘴鳜，近几年，斑鳜养殖逐渐发展起来。斑鳜经驯化后，可摄食静止饵料，出口价格较高，很有发展前途。

2015年全年鳜鱼的价格在40～50元/kg左右，在水产品价格普遍走低的情况下，鳜鱼市价基本持续稳定，可见发展鳜鱼养殖市场前景良好。

一、形态特征

鳜鱼体肥肉厚，高而侧扁（体长为体高的 2.7～3.1 倍），背部隆起，腹部圆。头较尖；眼较大，上侧位；嘴较大，端位，口裂略倾斜；上颌骨向后延伸至眼后缘，下颌稍突出，下颌明显长于上颌。上下颌、犁骨和口盖骨均有大小不等的犬齿状小齿；前鳃盖骨后缘锯齿状，下缘有 4～5 个齿状棘，后鳃盖骨后缘有 1～2 个扁平的棘。鳞片为细小的圆鳞；侧线沿背沿作弧状弯曲；背鳍较长，分为前后两部分，前半部的鳍条为硬棘 12 根，后半部为软鳍条 13～15 根；胸鳍圆形；腹鳍位于胸鳍基部下方；臀鳍具 3 硬棘；尾鳍圆形。身体呈黄绿色，腹部黄白色，体两侧有大小不规则的褐色条纹和斑块。第 6～7 背鳍棘的下方有一条较宽的暗棕色横带，自吻部穿过眼部至背鳍前下方有一条狭长的褐色条纹。

二、生态习性

鳜鱼广泛分布在江河、湖泊、水库中，喜欢栖息于清洁、透明度较好、有微流水的环境中，尤其喜欢生活于水草繁茂的水域。冬季不大活动，在水深处越冬。春季游向浅水区，白天常钻入洞穴石缝中或草丛内休息，夜间活动频繁，到鱼群密集的水草觅食。在我国多数淡水河、湖中均有发现。一年四季均产，以春季 2—3 月鳜鱼最肥美。

鳜鱼可耐受的温度范围是 1～36℃，在我国的大部分地区都可养殖。生长适温 7～32℃，最适 18～25℃。水温低于 7℃时，活动呆滞，潜入深水层越冬。春季水温回升到 7℃以上时开始在水草丛中觅食，随着水温升高生长速度加快；但水温高于 32℃食欲减退，生长放缓。

三、食性

鳜鱼是典型的肉食性凶猛鱼类。孵出后刚开口就以其他鱼类的鱼苗为食，饥饿时自相残食。鳜鱼一般摄食活饵料，在生长的不同

阶段，其摄食对象有所不同。自然条件下，刚开口的仔鱼即可捕食其他鱼类的仔鱼，幼鳜主要摄食小鱼和小虾，成鳜则以鲤鱼、鲫鱼、餐条等鱼类为食。鳜鱼极贪食，鱼苗阶段能吞食相当于自身长度70%~80%的其它鱼苗，成鳜可吞食的最大饵料鱼长度为本身长度的60%，而以本身长度26%~36%者适口性较好。

鳜鱼的摄食方式随其生长阶段不同而改变。在鱼苗阶段，主动追捕饵料鱼，先咬住尾部，然后慢慢吞入，乃至大苗种或成鱼阶段，通常是在水中隐藏起来，当发现饵料鱼以一侧眼睛盯着饵料鱼，并随时调整自身方位和姿态，一旦距离靠近，便突然袭击，直接咬住然后吞下。鳜鱼吞食饵料鱼的个体大小，并不取决于饵料鱼的体长，而是体高，只要饵料鱼的体高小于鳜鱼的口裂的高度，一般都能吞入，即使饵料鱼体长与其自身体长相同，也能整条吞入。

四、生长

鳜鱼生长较快，在饵料充足的条件下。1 冬龄个体体重可达 300 ~800g，2 冬龄个体体重可达 900 ~1 500g。与天然水域的鳜鱼相比，在饲养条件下，因饵料适口、充足，生长速度明显加快。据研究报道，在网箱中饲养的 1 冬龄鳜鱼，平均体长达到 32cm，相当于天然水域中 3 冬龄鳜的体长。1 龄鳜鱼生长速度快于 2 龄，而 1 龄以上的雌鳜鱼明显快于雄鳜。2 ~3 龄鳜鱼体长和体重均处于生长旺盛期，4 龄后速度显著减缓。

五、繁殖习性

鳜鱼性成熟较早，一般雄性 1 龄可达性成熟，性成熟最小个体体长 15. 6cm，体重 78g；雌鱼 2 龄成熟，性成熟最小个体体长 21cm，体重 250g，性腺 20g 以上，怀卵量 3 万 ~20 万粒。自然环境下，鳜鱼的繁殖季节在 5 月中旬至 8 月初，6—7 月为繁殖盛期，成熟的亲鱼在江河、湖泊、水库中均可自然繁殖，每年的 11 月卵巢可达Ⅲ期，以Ⅲ期卵巢越冬，第二年的 4—5 月，卵巢从Ⅲ期发育至Ⅳ期。鳜鱼怀卵量为 1 万 ~60 万粒，个体越大怀卵量越多，而相对怀卵量与体长无明显的关系。成熟亲鱼无珠星和婚姻色。在繁殖季节，亲鱼在下雨天或微流水环境中产卵，产卵多在夜间，受精卵随水漂流孵化。鳜鱼卵为半浮性，内含较大油球，在静水中下沉，在流水中呈半漂浮状态，卵径 1.2～1.4mm。受精卵的适宜孵化水温为 20～28℃，最适 25～30℃。在 21～25℃条件下，受精卵经 43～62h 胚体孵出，出膜后，3～4 天可开口摄食。

第二节　养殖条件与设施

一、网箱养殖条件与设施

1. 水域选择

鳜鱼网箱养殖要求水域开阔，向阳避风，水草较少，水流平缓，有微流水或较小的风浪，水深在 3m 以上，水质良好，清新无污染，透明度大于 50cm，溶解氧在 5.5mg/L 以上，pH 值 6.5～8.5。尽量不在航道边放置网箱，避免来往船只对鳜鱼的惊吓，从而影响其生长，更要避开工业和农业污染源。

2. 网箱设施

箱体形状为正方形或长方形。网箱为全封闭六面体，网片一般用聚乙烯网线编织而成，用石块作沉子和锚子，框架用毛竹或钢管制成，其规格应比网箱的长、宽尺度大 10cm 左右或等同，框架应平整、牢固、形状稳定，网箱框架高出水面 10～15cm。箱距在 1m 以上，行距 10m 以上，箱底距水底大于 0.5m 箱体用 3×5 线编结，双层，内衣网目 1.5cm，外衣网目 5cm，盖网网目 5cm，网目的大小也可根据实际情况调整，以保证网箱内外水流通畅，饵料鱼逃不出原则。鳜鱼网箱规格一般有 2.0m×4.0m×2.5m，3.0m×3.0m×2.5m，4.0m×5.0m×2.0m，4.0m×7.0m×2.0m。网箱在下水前必须进行检查，发现破损应及时补好。新网箱在使用前要放在水中浸泡 10 天左右，泡软，避免擦伤鱼体。旧网箱应用 8～10g/m^3 的漂白粉或强氯精消毒。

网箱呈“品”字或“一”字形排列，利于水体交换和保持小鱼、小虾自由进入箱体，增加鳜鱼对天然饵料的摄取。在网箱两端25～30cm的铁锚或者牢固的桩，用于固定箱体，以防网箱自行移位。

二、池塘养殖条件与设施

1. 主养鳜鱼池塘条件

池塘选择在避风向阳，四周无高大树木环抱，远离工厂区及生活区，禁止人、禽、畜靠近，创造安静的养殖环境。池塘附近需有稳定的水源，水质符合渔业用水标准，排灌方便。池塘面积以3～10亩为宜，太大不方便管理，太小水质容易恶化，不利于鳜鱼健康生长。与饵料鱼培育池面积比例为1：（3～4），池塘水深1.5～2m，池底平坦，底质最好是砂质壤土，没有淤泥或者淤泥不超过10cm为宜。

养殖鳜鱼池塘要求瘦水，透明度高，溶氧充足，在池塘四周种植沉水植物，如金鱼藻、轮叶黑藻、马来眼子菜、鸭舌草等，利用植物光和作用增加水中溶氧，也可以为鳜鱼提供隐蔽的场所，便于捕食，又能消耗池底的肥料和有机质，使池水变清瘦。另外根据需要在池塘中放置少量浸泡清洗干净的棕榈片、柳树根须、网片等，供饵料鱼（鲤、鲫）产卵用。但是像菱角、睡莲、水花生、水葫芦、水浮莲等漂浮植物和浮叶植物，要尽可能彻底清除，因为它们大量生长后，将会覆盖水面，造成鳜鱼缺氧浮头，也影响沉水植物的光和作用。

鳜鱼池塘要配备增氧机，进排水设备，可随时进、排水，沟渠畅通无阻，进排水口安装拦鱼栅（网），防止鱼随进、排水逃跑。

2. 套养鳜鱼池塘条件

池塘要避风向阳，水源充足，水质清新，溶氧充足，排灌便利，野杂鱼较多。池塘面积以5～10亩为宜，水深1.5～2.5m。水质过肥或者养殖肥水鱼为主的池塘，不适宜套养鳜鱼，这是因为鳜鱼对溶氧要求高，更容易缺氧浮头。

3. 池塘清整

鳜鱼种放养前要进行池塘修整和清淤。新开挖的池塘视土质而定，酸性池塘及易浑浊的池塘不适宜养殖鳜鱼。

(1) 修整　冬季抽干池水，暴晒30天，清除杂草和过多淤泥，淤泥厚度不超过10cm，修补池塘缺口并加固塘埂，疏通进、排水渠道，安装拦鱼栅（网），移植沉水植物，蓄水。

(2) 清塘　清塘一般有干法清塘和带水清塘两种方式。清塘药物有漂白粉和生石灰，常用生石灰。干法清塘是将水排至5～10cm深，在池底挖几个小坑，将生石灰放入其中加水溶解，并趁热向池塘四周均匀泼洒，生石灰用量50～75kg/亩。次日用铁耙翻动底泥使石灰浆与底泥充分混合，这样做不仅能杀灭野杂鱼、敌害生物和各种病原体，还能使底泥里的休眠浮游生物卵露出泥面得以萌发，加快了浮游生物的繁殖速度和增加水中钙离子含量，有利于鳜鱼的健康生长。带水清塘是在水源不方便和无法排水的池塘采用。在池边挖几个小坑，将生石灰放入坑中吸水化开，趁热向池中均匀泼洒，带水（水深1m）清塘生石灰用量120～150kg/亩。漂白粉用量为$20g/m^2$。可根据具体情况增加或减少用量。

第三节　鳜鱼网箱养殖技术

一、养殖方式

可分为专养和套养两种。专养是把鳜鱼种放入专养网箱，配备一定比例的饵料鱼网箱饲养饵料鱼，再根据鳜鱼捕食、生长情况定期投喂饵料鱼。套养则是采用鳜鱼和饵料鱼一次放足的办法养殖，另外不设饵料鱼网箱。套养时宜投放鲢鱼、鳙鱼鱼种作为饵料鱼，这样使套养箱中鲢鱼、鳙鱼从水中摄食浮游生物，而鳜鱼以鲢鱼、鳙鱼为食。

二、网箱培育鳜鱼苗

网箱一般设置在水质较好的水体中，对鳜鱼的生长有利，另外网箱体积较小，投喂饵料鱼后，便于鳜鱼摄食，因此网箱培育是鳜鱼培育较好的方式，也是常用的方式。网箱的规格根据苗种培育阶段不同，可分为3级。网箱分级培育，可提高鳜鱼苗的成活率。第一级可用40目的聚乙烯缝制的敞口箱，规格为5m×1m×1m；第二级网箱可用网目为0.3cm的网片缝制敞口箱，规格为2m×1m×1m；第三级网箱网目为0.5cm，规格为2m×1m×1m。一级、二级和三级网箱面积配比为1：10：20。网箱的箱口高出水面30cm，沉入水下70cm。一级网箱放养开口2天后的鱼苗，放养密度为每平方米2 500～5 000尾，饲养12天左右，体长可达2cm，即可转入二级网箱培育，每平方米可放养400～600尾；饲养7～10天，体长达到3cm左右时，再转入三级网箱，每平方米密度为100～200尾，再培育30天左右，即可生长到10cm左右。网箱培育鳜鱼的关键是保持清洁的水质和足量适口的饵料鱼。

三、鱼种投放

鱼种要求健康无病，规格均匀整齐。为防止鱼种相互刺伤，大规格鱼种宜在冬季放养；7月以放养夏花为主。鱼苗入箱前用3%～5%的食盐水或$10g/m^2$的高锰酸钾溶液浸泡10～15min，以杀灭鱼体上的寄生虫或细菌。

网箱养鳜一般采取三级分养，即一级养殖从鳜鱼夏花养到体重50g左右的鱼种，大概需要30～45天，密度为每平方米放养3～4cm的夏花250～300尾；二级养殖从体重25～50g的鱼种养到250g左右，大概需要60天左右，养殖密度为每平方米放养50g的鱼种50～60尾；三级养殖将体重250g的鱼种养殖成500g左右的商品鱼，养殖密度为每平方米放养250g的鱼种40～50尾，这一过程需要90～120天。套养密度为每平方米放养50g/尾的鳜鱼种6～10尾。

四、饵料鱼投喂

网箱养鳜可以投喂活饵料鱼，也可以驯化鳜鱼摄食冰鲜鱼或人工配合饲料。一般单养鳜鱼的饵料鱼来源以配套网箱培育为主，按鳜鱼生产计划产量的 4 ~ 5 倍生产，以近区捕捞的野杂鱼为补充。网箱培育的活饵料鱼可以是鲢、鳙鱼种，其价格较低，另一方面，捕捞来自库、河道、湖泊里的野杂鱼，如餐条、麦穗鱼、花骨鱼、棒花鱼、鲤、鲫和杂虾。

1. 活饵投喂

其投喂方式有两种，每天投喂和阶段性投饵，按日粮 5% ~ 10% 以及预计饲养时间计算阶段性饵料总量。投喂的次数根据水温和鳜鱼摄食情况而定，在水温较低时，每周投喂一次；水温较高，鳜鱼摄食旺盛期，一般每 2 ~ 3 天投喂一次，使网箱内始终保持一定密度的适口饵料鱼，饵料鱼的规格应控制在鳜鱼体长的 30% ~ 50% 较好。套养鳜鱼网箱一次性放入鲢、鳙鱼，按 5 ~ 6 的饵料系数投喂饵料鱼，中后期在适当投喂不同规格的饵料鱼，以确保不同规格鳜鱼的摄食、生长。

2. 冰鲜鱼块

鳜鱼成鱼饲养之所以成本高，未能大面积推广，除了苗种培育困难、天然鱼苗资源太少，另一个很重要的原因是鳜鱼饲养需要大量的活饵料鱼，为了有效解决鳜鱼吃活饵料鱼这个问题，驯化鳜鱼吃冰鲜鱼块或者人工配合饲料就势在必行。

驯化方法如下。

（1）饥饿引诱　饥饿引诱在鳜鱼投放初期进行，即在分箱后的 3 ~ 5 天内，让鳜鱼处于高度饥饿。

（2）击掌引诱　即每次在投喂时先击掌下，以声音来引诱鳜鱼进食，让鳜鱼形成条件反射。

（3）掺鱼引诱　掺鱼引诱在鳜鱼饥饿时进行。经过饥饿引诱的鳜鱼已渴望得到进食，但此时鳜鱼希望进食活鱼，拒绝进食死鱼，不过此时可利用其饥不择食掺进部分死鱼或鱼块。掺鱼引诱要

以先投喂活鱼开始，待鳜鱼形成抢食掀起网箱水中波浪时，再投入鱼块或死鱼。这样，死鱼随水波浪流动，鳜鱼会误认为活鱼而吞食。首次掺入的死鱼数量不宜过多，一般为投量的10%，以后每天视鳜鱼投食情况逐渐增加死鱼的分量，直到最后用死鱼完全取代活鱼为饵料。同时，在掺鱼引诱阶段，要让鳜鱼仍处于轻度饥饿状态，投喂至六七成饱即可。

死饵的处理：为脱去鲜鱼身体中的水分和防止死鱼饵料带菌，每次投喂时用盐水浸泡15～20min，（盐：死饵重量=1：100），并摊开晾干，使死饵成半干状态。开始时投饵频率为3～5min一次，当驯食成功后可一次性投足，阴天略少，晴天略高。待残饵漂浮后每天打捞干净，绝对不允许拉箱清残饵。

（4）暗中引诱　是鳜鱼驯食的关键性技术之一，即在鳜鱼驯食时每天选择在清晨和傍晚进行。此时，天色较暗，鳜鱼在抢食之时，容易将死鱼当活鱼进食，能提高鳜鱼驯食成功率。

五、鱼病防治

养殖鳜鱼的病害较少，但一旦发病则损失较大。网箱养殖过程中，应以预防为主。鳜鱼对药物敏感，硫酸铜、敌百虫应慎用，其他的药物在用药量上一定要计算准确。危害最大的也就是车轮虫病和锚头鳋病，以及由之引发的烂鳃和赤皮病。

一般可以采取把鱼集中到网箱一角水体密集起来，再用吸饱高浓度的高锰酸钾溶液的聚氨脂泡沫塑料块吊在鱼群水体中心，让鱼洗药浴，重复2～3次，效果为佳。或者将鱼赶到网箱一侧，用不透水的彩条布等从网箱底下穿过，将鱼带少量水包起来进行药浴。

另外经常在网箱中心使用硫酸铜和硫酸亚铁按5：2混成合剂与漂白粉交替挂袋，悬挂于饲料台上方，药袋入水50cm，每箱挂1袋，药物溶解完后间隔3～5天再添加，对预防和治疗鱼类疾病有很好的作用。

定期泼洒生石灰。每隔15天，每箱1～1.5kg生石灰兑水趁热泼洒，每天1次，连续3天。

第四节　鳜鱼池塘养殖技术

我国鳜鱼养殖形式多样，以在池塘养殖为主，池塘养殖又可分为池塘主养和池塘套养。

一、池塘主养

1. 鱼种放养

（1）放养规格　直接投放当年鳜鱼夏花（体长 3cm 左右，体重 0.5g 左右）饲养成商品鱼；成鱼池多以投放第二年的鳜鱼鱼种，规格有体长 5～6cm（体重 1g）的，有体长 7～8cm（体重 4.5g）的，有体长 10～12cm（体重 40g）的，生产上也常用大规格的 1 龄鳜鱼种 15～25cm（体重 50～100g）

（2）放养密度　一般体长 3cm 左右的夏花每亩放养 2 000尾左右，体长 5～6cm 的鳜鱼鱼种每亩放养 1 000～1 200尾，体长 7～8cm 的鳜鱼鱼种放养 800～1 000尾，体长 10～12cm 的鳜鱼鱼种放养 600～800 尾左右，体长 15～25cm（体重 50～100g）的鳜鱼鱼种可放养 500 尾。

（3）鱼种消毒　鳜鱼鱼种及饵料鱼入池要消毒和试水。消毒可用 2%～4% 的食盐水或者用 $3g/m^3$ 的硫酸铜溶液或 $20g/m^3$ 高锰酸钾溶液浸洗 5～10min，防止放养的鳜鱼鱼种和饵料鱼将病原体带入到养殖池内。

（4）鱼种投放　鱼种入池前放数尾小鱼试水，若小鱼活动正常说明毒性消失时，即可放鱼，否则要缓放。如果经长距离运输的鳜鱼鱼种，入池前必须平衡水温 10～20min，以避免温差过大，引起鳜鱼鱼种产生应激反应。鱼种宜在池塘的上风处投放。

2. 饵料投喂

根据养殖规模、产量指标、收获时间，预先制定饵料鱼的生产和订购计划，包括供应时间、品种、规格和数量。饵料鱼来源广泛，除人工饲养饵料鱼外，还可在湖泊、水库、河流中用刺网、撒

网捕捞小野杂鱼，也可以每天清晨到湖边、水库边收购渔民捕获的各种小杂鱼。鳜鱼对饵料鱼的要求主要有供应及时、鲜活、大小适口、无硬棘刺，最好体形较长。常见的饵料鱼种类有：鲮鱼、团头鲂、鲢、鳙、草、鲫、鲤、麦穗鱼及餐条等野杂鱼，从来源、经济、喜食等方面考虑则以鲤、鲫鱼为好。如果仅靠人工培育饵料鱼，则需要饵料鱼塘与鳜鱼池塘5：1的面积比例培育饵料鱼。

饵料鱼的投喂量应该根据季节和鳜鱼摄食强度确定，全年饵料系数为4左右，夏秋季节应适当多投一些，冬春季节应适当少投一些，一般鳜鱼日摄食量为其体重的5%~12%。鳜鱼与饵料鱼的数量比应掌握在1：（5~10）。当池中饵料鱼充足时早晨及傍晚鳜鱼摄食最旺盛，通过观察可探知饵料鱼的存池量以便提前安排饵料鱼的投喂计划。

鳜鱼喜欢吃活饵，且对饵料有较强的选择性。在不同生长阶段，都喜欢吃体形长、无硬棘刺、个体较小的饵料鱼，投喂时按照先投虾类，再投喂鱼类，鱼类先大鱼后小鱼。投喂饵料鱼投喂时应掌握其适口性，适口饵料鱼的规格一般为鳜鱼体长的1/3左右，如饵料鱼规格不均匀时，需用鱼筛将过大规格的饵料鱼筛去。

二、池塘套养

套养是将鳜鱼放养到其他成鱼塘中，以野杂小鱼虾为食，一般不用投喂饵料鱼，但放养量少、单产较低。池塘套养主要有成鱼池和亲鱼池套养鳜鱼，且以养殖吃食性的鱼类为主的池塘套养较好。

套养鳜鱼苗种可采用夏花鱼种或1龄鱼种。放养时间一般在6~7月份。青鱼、草鱼的亲鱼塘，由于青、草鱼规格较大，塘中野杂鱼规格也可能较大，所放养的鳜鱼种也要大一些，以充分利用亲鱼池中的野杂鱼。通常买每亩投放体重50~100g的1龄鳜鱼种20~40尾。鲤鱼、鲫鱼的亲鱼一般都混养在各级成鱼池中。所以在以青、草、鲤、鲫、鲂、鳊为主的成鱼池塘中，套养的鳜鱼规格不宜太大，以免鳜鱼生长过快捕食主养鱼，一般要求主养鱼规格应比鳜鱼种大1.5倍以上，一般套养2.5~3.5cm规格的鳜鱼夏花，每亩放养40～70尾。套养池一般不需专门投饵，利用原池中的野杂鱼即可，因而在夏花放养前，应对池塘中野杂鱼的数量和大小作一次调查，如果塘内野杂鱼数量较多，则放养量可适当加大。

饲养过程中，必须注意三点：一是套养池内除饵料鱼外，不宜再套养其他鱼类夏花鱼种，以免被鳜鱼所食；二是鳜鱼对药物敏感，特别是杀虫药，要谨慎使用；三是鳜鱼易发生缺氧浮头，故水质不宜过肥，特别是以肥水鱼为主的成鱼池更要注意，定期加注新水，保持池水清新。

成鱼池套养主要考虑鳜鱼对养殖鱼类是否造成危害，这取决于成鱼池的养殖水平、放养规格、是否套养夏花鱼种、野杂鱼数量多少与鳜鱼的捕食能力等。

亲鱼池的载鱼量较低，饲料投喂也较丰裕，又无需年年清池，池中小杂鱼数量较多，小杂鱼与亲鱼争食、争氧，影响亲鱼培育。亲鱼池套养鳜鱼，以池中小杂鱼为饵料，可以控制亲鱼池中小杂鱼的数量，变害为利，具有一举两得的效果，可以积极提倡。

第五节　病害防控技术

随着鳜鱼养殖规模的不断扩大，疾病的发生也日趋严重。鳜鱼一旦发病，将给养殖户造成严重损失，这也成为鳜鱼养殖的主要限制性因素。既要解决鳜鱼疾病的防治，又要使商品鳜鱼达到《GB 18406.4—2001 农产品质量安全无公害水产品要求》，疾病防控和安全用药已经成为鳜鱼无公害养殖环节中重中之重的关键技术。

一、鳜鱼病害预防

鳜鱼暴发性流行病发病速度快，死亡率高，会给养殖户造成严重的经济损失。鳜鱼生活在池塘底层，发病初期不易被察觉，一旦游于水面或浅滩，病情已较为严重，鳜鱼属凶猛性鱼类，只吃活鱼、活虾，内服治疗只能通过饲料鱼间接治疗，效果较差。鳜鱼的病害较为复杂，在鱼种阶段，主要表现为寄生虫病，如车轮虫病、

斜管虫病、指环虫病等。在成鱼养殖阶段主要表现为细菌性病，如烂鳃、肠炎、烂尾等；少数还暴发病毒病，如白肝白鳃病；有时出现虫、菌、毒并发症。因此，必须十分重视预防工作，坚持预防为主、防治结合的原则。

1. 选择良好的养殖环境

养殖区域选择远离有毒有害场所及污染源或污染物。养殖区域内水源充足、排灌方便，且没有工业“三废”及农业、城镇生活、医疗废弃等污染源，符合《GB/T 18407.4—2001 农产品质量安全 无公害水产品产地环境要求》。养殖鳜鱼的池塘须清除过多淤泥，干池暴晒，把底质晒硬。

2. 选用优质苗种

鳜鱼原是江河野生性鱼类，抗病力较强，自人工繁殖成功后，人们在繁殖过程中往往只注重繁殖性能，忽视了鳜鱼的其他经济性状，如生长速度、抗逆性、体型等，导致群体内与优良经济性状有关的基因出现频率降低，出现优良性状退化现象，抗病力下降，发病率、死亡率提高。因此要投放优质的鳜鱼苗种，一是选用种质纯正的苗种；二是投放规格整齐、游动活泼、体质健壮、无病无伤的鳜苗种；三是杜绝近亲繁殖，定期更换鳜鱼亲本；四是采用科学的运输方法，减少损伤，提高苗种成活率。

3. 合理投喂

配套养殖足够的饵料鱼，避免缺乏食物而相互残食或咬伤。饵料鱼投喂前必须消毒，做到不投喂有病的饵料鱼。鳜鱼放养防止密度过大，造成缺氧和吃食不均，大小两极分化，小鳜鱼可能吃不到饵料而饿死。在套养池中，鳜鱼密度过大可能会伤害到主养鱼，导致鱼病发生。

4. 消毒防病

苗种放养前，用生石灰或漂白粉清塘；苗种及饵料鱼在放养之前用2%~4%的食盐水或20mg/L的高锰酸钾溶液浸泡消毒5～10min；拉网、运输过程中轻快操作，避免鱼体受伤感染；养殖用具要经常暴晒，以除去病原体。

二、鳜鱼常见疾病及防治

（一）病毒性病

病毒是一类非常微小且无细胞形态的微生物，与细菌等微生物比较，它只含一种核酸（DNA 或 RNA），只能在活细胞中增殖，病毒颗粒较小，能通过细菌滤器，多数病毒只有在电镜下才能观察到。

1. 暴发性传染病

（1）病原体　大型球状彩虹病毒。

（2）症状及危害　病鱼口腔周围、鳃盖、鳍条基部和尾柄处充血，有的病鱼眼球突出或有蛀鳍现象；大部分病鱼鳃、肝脏发白，内脏器官充血，特别是胃部有块状充血，伴有腹水，肠内充满黄色黏液，往往与寄生虫及细菌交叉感染。

（3）流行情况　本病发生于专养鳜鱼池中，主要发生于鱼种和成鱼养殖阶段，大多呈急性流行传染性强，发病率 50% 左右，死亡率 50%~90%。流行高峰期江西省为 7—9 月，广东为 5—10 月，流行水温为 20~30℃，主要危害 10cm 以上的鳜鱼种。

（4）防治方法　保持水质良好，增强鱼体抵抗力，采取措施控制早期病情发展和定期泼洒含氯制剂（二氧化氯、溴氯海因、二溴海因等）或聚维酮碘水溶液等来预防此病；发病后可用巨威碘、双氧氯全池泼洒（具体用量见产品说明书），隔天 1 次，连续泼洒 2~3 天，并同时将乳酸、恩诺沙星与维生素 C、维生素 E 提前 1h 喂饵料鱼，再用饵料鱼投喂鳜鱼，连续 2~3 天。

2. 鳜鱼综合性出血性败血症

近年来，养殖的鳜鱼发生一种以“白鳃、白肝”为特征的严重疾病，被称为鳜鱼综合性出血性败血病、暴发性流行病、出血病等。在成鱼养殖阶段，常由饵料鱼将病原体带入。患有细菌性疾病的饵料鱼被鳜鱼摄食后，常出现体表炎症、肝脏带菌、肠道发炎、腹水等症状。此病流行快、死亡率高，属危害最大的暴发性疾病，在夏、秋季流行最为严重；苗种期少发，成鱼期多发。该病被认为

是一种新病，一旦得病，死亡率高达90%，有的发病池全池鳜鱼死完。目前尚无特别有效的药物和治疗措施。只能通过改善水质环境，控制继发感染和提高鱼病体抵抗力等控制该病的发生。

可采取以下措施进行预防。

① 对旧池池底淤泥彻底清理，阳光暴晒。

② 保持水质清新，溶氧充足，定期使用生石灰泼洒。

③ 避免大换水，对鱼产生新的应激。

④ 有条件的养殖户可投放有益菌群、活性酵素或光合细菌，改善养殖环境；在多发病季节通过饵料鱼投喂药饵饲料，同时外用药物泼洒减少或消灭病原体，可避免环境恶化时引发的暴发性疾病。

治疗方法：

① 用“强氯精”0.4mg/L溶解后全池泼洒，间隔一天重复一次。如长期用药而未换水的池，要先换水再用药，以防用药过量；

② 用鳜鱼专用的“鳜血宁”，每袋可加饲料12.5kg。

药饵制作方法：用麦粉50%、菜饼50%，拌匀；按饲料量的60%称取一定量的水，再按饲料量加入药物，待药物溶解成药水后拌入饲料中，用手搓成团或块，1h后投喂。尽量在16:00前后投喂，因为鳜鱼在傍晚捕食最凶猛，饲料鱼吞食药饵后即可被鳜鱼捕食。

（二）真菌性疾病

水霉病

（1）病原体　水霉属和绵霉属种类，以游动孢子传播。

（2）症状及危害　霉菌最初寄生时，肉眼不易察觉。随着菌丝大量生长，在鱼卵表面或鱼苗表皮可以肉眼观察到棉絮状附着物。鱼卵感染水霉后停止发育，菌丝也会大量生长，染病卵粒呈白色绒球状，进而导致胚胎死亡。鱼苗感染时，背鳍、尾鳍均带有黄泥状丝状物，鱼苗浮出水面，活力减弱，最后消瘦死亡。成鱼感染时，感染部位出现灰白色棉絮状物，鳜体负担加重，其后伤口扩大、腐烂而导致死亡。一年四季均可发生，但以早春、晚冬水温较低时（13～18℃）最为流行。鱼卵或早期鱼苗容易发病，成鱼较少患病。

（3）防治方法　①保持良好水质，孵化（环）缸进出口用60目网片过滤；②亚甲基蓝1.5～2.0mg/L浸泡，每日1次，连续2～3次，换水1/2以上；③水霉净0.3～0.5mg/L，每日1次，连续2～3次，每日换水1/3左右；④用2%～3%的食盐水浸洗5～10min，或用1%的食盐水加食醋数滴浸泡5min。

（三）细菌性疾病

细菌是属于原核生物界的一种单细胞微生物，形体微小，结构简单，无成形细胞核，主要有球菌、杆菌和螺旋菌三种形态。它比病毒大，一般在光学显微镜下可见。

1. 烂鳃病

（1）病原体　柱状屈桡杆菌、鱼害黏球菌、柱状嗜纤维菌。

（2）症状及危害　病鱼鳃丝末端溃烂成残缺不全，鳃丝软骨外露，鳃烂处常黏附污泥，看上去很脏。病鱼鳃盖内表皮往往充血发炎，严重者主鳃盖中央部位的内表皮溃烂，形成一个透明小区，俗称“开天窗”。

（3）流行情况　流行高峰期为5—9月，水温为15～30℃，水温越高，越容易发生，且病情越严重。种鱼发病率高于成鱼。鱼体受伤、放养密度大、水质不良，可促进其流行。

（4）防治方法　定期泼洒生石灰液可防此病。发病时可用五倍子2～4mg/kg，磨碎后浸泡过夜全池泼洒；也可全池泼洒二氧化氯0.2～0.3mg/kg或二氯海因0.4mg/kg等含氯制剂。

2. 败血症

（1）病原体　嗜水气单胞菌等细菌、温和气单胞菌。

（2）症状及危害　病鱼体表光滑，鳍条和臀鳍基部充血，有时口腔、上下颌、鳃盖、眼眶及体表两侧充血，肝、脾肾肿大，肝肾颜色变浅呈淡红色。

（3）流行情况　发病高峰期为7—9月，鱼种、成鱼都会感染发病，水质较差和防病措施不严更容易发生。

(4) 防治方法　定期泼洒生石灰或二氧化氯以调节水质可防此病。发病时可用二氯异氰尿酸钠（优氯净）0.5mg/kg 或漂粉精 0.4～0.5mg/kg 全池泼洒，同时在 100kg 饲料中加 10kg 灰茎辣蓼（粉碎后温水浸泡）均匀拌和、晾干，于 15:00～16:00 按鱼体重 10% 投喂池塘中饵料鱼，连喂 2～3 天。

3. 肠炎病

(1) 病原　肠型点状单胞菌、豚鼠气单胞菌等。

(2) 症状及危害　病鱼不摄食，体色发黑，浮游于水面，肠道有气泡及积水，病鱼的直肠至肛门段充血红肿；严重时整个肠道肿胀，呈紫红色，轻压腹部有黄色黏液和血脓流出。病因常是鳜鱼吞食了带肠炎病的饵料鱼而受感染，或因饥饿后又饱食引发该病。

(3) 防治方法

① 加强鳜鱼的饲养管理，不要让鳜鱼时饥时饱。选择适口饵料鱼，一般为鳜鱼体长的 30%～50%，以防过大规格的饵料鱼擦伤肠腔诱发鱼病。

② 将鳜鱼池和饵料鱼池的水体予以消毒。水体消毒可用 0.4～0.5g/m^3 漂白精化水或 0.1～0.2g/m^3 二氧化氯或 0.2～0.3g/m^3 二溴海因等，全池泼洒，每半月消毒一次。

③ 饵料鱼投喂前用 10% 食盐水浸洗进行消毒处理，并清除病、残、弱饵料鱼，消灭传染源。

④ 给饵料鱼投药饵：投喂大蒜素，每 100kg 饲料添加大蒜素 0.1kg，连续投喂 5～7 天。吞食药饵后再被鳜鱼吞食，使鳜鱼间接服药得以治疗。

（四）寄生虫疾病

引起水生动物疾病的寄生虫较多，主要有原生动物、蠕虫、环节动物、软体动物、甲壳动物等。原生动物主要包括鞭毛虫、肉足虫、孢子虫、纤毛虫、吸管虫等，蠕虫主要包括单殖吸虫、复殖吸虫、绦虫、线虫、棘头虫等，甲壳动物主要包括桡足类、鳃尾类、等足类、蔓足类、十足类等。已查明了的鱼类寄生性病原体约有 1 360多种，其中寄生原虫 460 种，单殖类 590 种，复殖类 140 种，绦虫35种，线虫74种，棘头虫49种，甲壳类78种。

对鳜鱼危害较大的寄生虫主要是车轮虫、斜管虫、鳃隐鞭虫、杯体虫、小瓜子虫、锚头鳋等。

1. 孢子虫病

(1) 病原　孢子虫病。

(2) 症状及危害　黏孢子虫病常见于淡水鱼类，危害较大，尤其危害幼龄鳜鱼，破坏其皮肤、鳃组织，影响呼吸功能，病鱼体表和鳃部肉眼可见白色点状物，肛门拖一未消化的粪便，鱼体负担过重，失去平衡在水面上打滚，影响正常摄食，2天内死亡率40%左右。

(3) 防治方法　目前尚无理想的治疗方法。晶体敌百虫(90%以上) 全池遍洒使池水达0.1mg/L浓度，多次使用可减轻病情。或使用灭孢灵0.1mg/L浓度，全池泼洒。

2. 指环虫病

(1) 病原　指环虫。

(2) 症状及危害　由指环虫寄生鳃部引起，少量寄生时没有明显症状，大量寄生时可引起鳃丝肿胀，贫血并易引发细菌性疾病，不仅可引起苗种大批死亡，而且危害成鱼。

(3) 防治方法

① 鱼种阶段定期用晶体敌百虫全池泼洒，浓度0.2mg/L效果较好。成鱼阶段对敌百虫十分敏感（1mg/L浓度8h开始死亡，48h死亡率100%），应慎用。

② 环道培育夏花发生此病时，可用晶体敌百虫遍洒，使水体达0.7～1.0mg/L浓度。

③ 鱼种放养前用15～20mg/L浓度的高锰酸钾水溶液药浴15～30min，杀死鳜鱼身上寄生的指环虫。

④ 用特效灭虫灵（B型）0.4mg/L浓度全池泼洒（不能与碱性药物合用，安全期为用药后7天），隔3～5天再用1次。

⑤ 做好水源和饵料鱼杀虫处理，杜绝传染。

3. 车轮虫病

（1）病原　车轮虫和小车轮虫两个属中的许多种。

（2）症状　车轮虫大量寄生在鱼鳃上可使鳃丝失血、肿胀，如在鳃丝间寄生 8～10 个虫体，就会使鳜鱼苗种呼吸困难，寄生再多时会造成鱼种死亡。寄生在皮肤和鳍条上，往往使鱼体表出现苍白色的白翳，鳍条充血、腐烂失去游泳和摄食能力，病鱼头朝上、尾朝下在水中旋转翻滚，离群独游，最后会失去平衡与摄食能力而死亡。

（3）流行与危害　各种年龄层的鳜鱼均会感染，但受危害最大的是鳜鱼鱼苗和夏花鱼种阶段，可能造成鳜鱼苗种大量死亡。流行地区遍及我国各地，一年四季均会发生，发病严重时期为 5—8 月。是鳜鱼鱼苗至寸片阶段最常见和危害最严重的疾病之一。

（4）预防措施　①应彻底清塘消毒以杀灭病原体。②在鱼苗孵化阶段，用硫酸铜（0.5g/m^3 水体）和硫酸亚铁（0.2g/m^3 水体）合剂溶液在孵化设施中泼洒并停水 5～10min，每天泼洒一次，一直到出孵化设施为止。③在苗种培育阶段，用硫酸铜（0.5g/m^3 水体）和硫酸亚铁（0.2g/m^3 水体）合剂，定期泼洒消毒杀虫。

（5）治疗方法　①用 100g/m^3 水体甲醛溶液浸洗鱼体 5～10min；②用 20g/m^3 水体新洁而灭溶液浸洗鱼体 5～10min；③用硫酸铜 0.5g/m^3 水体和硫酸亚铁 0.2g/m^3 水体合剂全池泼洒。

4. 小瓜虫病（白点病）

（1）病原　多子小瓜虫。

（2）症状及危害　表现为鱼体大量寄生时，病鱼鳍条、体表出现一个个白点，感染的鱼体由于受到刺激，体表和鳃部分泌大量的黏液，鱼因呼吸困难而死亡。此病主要危害 5cm 以下的鱼种。

（3）防治方法　①用 150mL/m^3 福尔马林浸洗鱼种 10～15min；②用福尔马林泼塘，浓度是 15～25mL/m^3，治疗时要充分充氧，治疗后立即换清洁的水并充氧。注意对小瓜虫病千万不能用硫酸铜或者食盐去治疗，这些药物不但不能杀灭小瓜虫，反而会引起小瓜虫形成胞囊，从而大量繁殖，使病情恶化。

5. 锚头蚤病、中华鳋和鱼鲺

(1) 症状及危害　锚头鳋、鱼鲺主要寄生在鳜鱼体表，鱼体被锚头鳋头部钻入的部位，其周围组织常发炎红肿，继而组织坏死，鱼体消瘦，失去游泳及捕食能力。中华鳋主要寄生在鳃部，破坏鳃组织，影响呼吸能力。鳋类主要危害鳜鱼种，危害较大，1 尾 5cm 的幼鱼体上如寄生 2 个锚头鳋，就要导致幼鱼苗死亡，因此在养殖中应及早预防和治疗。

(2) 防治方法　用 $30g/m^2$ 生石灰兑水全池泼洒。

第六节　生产管理

一、日常管理

1. 网箱养殖鳜鱼日常管理

网箱养鳜鱼的密度大，一定要加强管理，勤洗箱、勤消毒。还应随时注意网片有无破洞，如有应及时缝补。饲养中应经常将不同规格的鱼分级饲养，每 30 天进行 1 次分级，以便分别投喂不同规格和数量的饵料鱼。网箱养殖饲养管理得当，当年的鱼种饲养 5 ~ 6 个月，可达到 600 ~ 750g。

(1) 网箱检查　每天傍晚和第二天早晨，轻轻提起网箱的四角，仔细观察鳜鱼的吃食、活动及生长情况，防止投饵不足或缺氧浮头。仔细察看网衣是否有破损或堵塞，如破损应及时修补，防止逃鱼，堵塞及时洗刷，促进水体交换。在洪水期、枯水期等水位变动剧烈时，需要注意检查网箱的位置并及时调整、固定。

(2) 鱼种检查　每月至少一次，定期检查鳜鱼种生长状况，随着鳜鱼的生长要及时把大规格的鱼分箱，注意同一网箱内的鳜鱼种规格要求一致，以避免相互残杀。鳜鱼喜在弱光下摄食，可在网箱内移植一部分水浮莲，其覆盖面积应低于网箱总面积的 50%，也可在箱盖上覆盖黑色塑料编织布。

(3) 适当投喂　饵料鱼，务必做到及时、充足、适口，使网

箱内始终保持一定密度的饵料鱼，有利于鳜鱼快速生长。

（4）清洗网箱　因网衣长期在水里浸泡，容易被浮泥、青苔等附着，堵塞网眼，所以必须及时洗刷网箱。

① 人工清洗。网衣附着物较少时，可将网衣提起，抖落污物或者直接将网衣浸入水中漂洗。当附着物过多时，可用竹片抽打使其脱落。操作要细心，防止伤鱼、破网。洗网的间隔时间以网目不堵塞为原则。

② 机械清洗。采用潜水泵，管直径为 3.3cm，用水流把网箱上的污物冲掉。

③ 生物清污法在网箱内适当配养罗非鱼、鳊鱼、鲴鱼等喜刮食附生藻类的鱼类，使网衣保持清洁，水流畅通；同时也可提供鳜鱼饵料，并且增加鱼产量。

（5）四防措施　为了确保网箱养殖鳜鱼的成功，减少不必要的损失，要求做到：防止水鸟对鳜鱼的侵袭；防止水獭、水鼠偷吃鳜鱼或咬坏网箱；防备洪水、风浪对网箱的冲击损坏；做好防逃防盗工作。

（6）生产日志　生产日志应记录日期、天气、水温、放养、捕鱼记录，投饲种类及数量，鱼类活动情况，鱼病、防治措施及用药情况等。

（7）水质管理　由于网箱养殖密度大，要保持水质清新，增加水中溶氧，有必要安装增氧机或冲水装置，在天气变化和出现缺氧时，应及时开启增氧机或冲水机增氧。及时清除网箱周围垃圾等漂浮物，防止网目堵塞而影响水体交换。

2. 池塘养殖鳜鱼日常管理

（1）巡塘　养殖鳜鱼池塘应该专人管理，强化责任，坚持早中晚巡塘。早晨巡塘观察鳜鱼有没有浮头，饵料是否充足，如遇鳜鱼浮头及时开机增氧或加注新水，若饵料鱼不足，则要增加投喂量和投喂次数。中午巡塘要观察水色、透明度和天气状况；水色过浓要冲水，透明度低于 40cm 要冲水，天气闷热也要冲水或开增氧机。傍晚巡塘，观察鱼的摄食情况，如发现鱼群不活泼，离群独游的情况要及时采取措施。另外鳜鱼比较名贵，售价较高，要做好防盗工作，这也是巡塘的一个重要任务，有条件的地方可以安装摄像头全天候监控。

（2）水质管理　养殖鳜鱼对水质要求比传统的四大家鱼高。在日常管理中一定要将控制水质放在首要位置。这是由于专养池放养密度高，投饵量大，残饵和粪便对池塘水质的影响大，需要经常注入新水，定期泼洒生石灰调节水质，保持水质清新。

对于不便大量换水的池塘，要配备增氧机，定期打开增氧机，防止缺氧浮头或泛塘。合理使用增氧机：每5亩左右鳜鱼池塘配备一台3kW叶轮式增氧机。在晴天中午开机1～2h，如遇阴雨天气需提前至凌晨开机，至日出后2h停机，同时要备好一定数量的增氧灵，以便在遇到连续阴雨天时急救使用。一般开增氧机的可以按照如下的规律：晴天中午开，阴天清晨开，连阴雨半夜开；傍晚不开，浮头早开；天气炎热延长开机时间，天气凉爽缩短开机时间；半夜开机时间长，中午开机时间短；负荷水体大开机时间长，负荷水体小开机时间短。开机时间根据具体情况灵活掌握。

进入7月份选用固态的微生物制剂，每10～15天用一次，第二次施用可减半，始终保持池水肥、爽、活、嫩，pH值稳定在7～8、溶氧高于5mg/L、氨氮低于0.5mg/L、亚硝酸盐低于0.1mg/L。鳜鱼对水体溶氧的要求在5mg/L以上，才有利于鳜鱼的摄食、生长。当降低至2.3mg/L时，鳜鱼会出现滞食；1.5mg/L时出现严重浮头；1mg/L时出现窒息死亡。清新的水质是养殖鳜鱼成败的重要因素。

（3）鱼病防治　投放鳜鱼鱼种和饵料鱼前一定要消毒，防止病原体带入。养殖期间要定期消毒，消毒药物可选择硫酸铜、漂白粉、高锰酸钾等，一般每月预防消毒2～3次。平时注意观察养池塘内鱼群的活动情况，鱼群吃食不正常或者有鱼独自在岸边游动，及时捞出检查，并备好相关药物，如杀虫剂、消毒剂等，一旦发现病原体，即时查阅相关资料进行综合治疗。

二、鳜鱼捕捞管理

1. 鱼苗苗种捕捞

鳜鱼为底栖鱼类，在水泥池中用网拉捕夏花鱼种时，它会紧贴底壁，起捕率不足20%。有时鳜鱼种会把头插入淤泥中，使淤泥进入鳃中，导致部分死亡。高温季节，死亡率更高。因此，鳜鱼种的捕捞只能是干塘法。但又不能让其完全离水，因而生产中多采取半干塘法，即池中出水口设一深坑，能让鳜鱼种顺流而下，并将部分留在浅水处的鱼和中迅速捞入带水的桶内。

2. 商品鳜鱼捕捞

人工养殖鳜鱼的捕捞常用摸捉法，此法适用于浅水湖、河道、池塘、用手或脚，接触水底，一般在坑中可以捉到。在天然水域中，每年的5—8月，特别是汛期，鳜鱼总是成群结对地汇集，溯水上游，寻找产卵场。常用的捕捞鳜的工具和捕鳜方法有以下几种，仅供参考。

(1) 鱼筒捕捞　利用鳜鱼有潜伏水底及钻洞穴的习性，可根据不同季节鳜体的大小，做成长40~42cm、入口处有倒钩状竹刺构成的竹筒，沉入鳜鱼经常栖息的水底中，并用浮子做成标记，鳜鱼钻入后即被捕获。

(2) 花篮捕捞　鳜鱼喜欢成对钻入草多水清的地方繁殖，可以利用这个习性，把花篮放在湖泊或河道湾汊有水草的浅水区，或鳜鱼经常洄游的水道上，覆盖水草，便鳜鱼误入篮中而被捕获。

(3) 鳜鱼夹网　鳜鱼夹网的捕捞时期为冬春两季。单丝网用锦纶单丝制作，利用鳜鱼的摄食行为设置单丝网拦捕。用单丝网捕鳜鱼时，起网时间不宜间隔过长，一般应在下网0.5~1h后收网起鱼，这样可以保证起捕鲜活鳜鱼。

第十一章　螺蚌养殖

田螺和河蚌，是我国传统水产品，它们肉质鲜嫩可口，风味独特，营养丰富，具有良好的食疗功能，是高蛋白质、低脂肪、高钙质的天然动物性保健食品。田螺肉含有丰富的蛋白质、胡萝卜素、维生素和多种矿物质，其味甘、咸，性寒。具有清热利水、除湿解毒功能，对于黄疸、脚气、水肿、消渴、痔疮、便血、狐臭、目赤肿痛、疔疮肿毒、热结小便不通等病症有明显食疗作用。河蚌肉富含蛋白质、磷、钙，具有壮骨、清热、明目、解酒功效，还可调节心律、降低血压、缓解贫血，提高免疫力。河蚌更重要的在于淡水育珠，由于技术及设备简单、投入低、效益高，已成为淡水养殖中的重要产业之一。

第一节　螺蚌生物学特性

一、田螺

田螺，属软体动物门（Mollusca）、腹足纲（Gastropoda）、田螺科（*Viviparidae*；*pond snail*）、圆田螺属（*cipangopaludina*）；广泛分布于我国的江、河、湖、沼中，喜栖息于水草茂盛的水域。适应性强，有较强的抗干燥及寒冷的能力。

1. 形态特征

田螺体外被一个螺旋形贝壳，螺壳表面光滑，呈黄褐色或深褐色，有明显而细密的生长线，常用卵圆形角质厣关闭壳口。身体柔软，不分节，无内骨骼，分头、足、内脏囊 3 部分。头部发达，具眼、触角，口腔形成口球，内有齿舌可刮食食物；腹足发达，叶

状，位于腹侧；内脏囊在发育过程中经过旋转成为左右不对称，缩在一个螺旋形的贝壳内。

2. 生活习性

田螺用鳃呼吸，营底栖生活。自然界中，它们喜栖息于底泥富含腐殖质的、水质清新的浅水水域中，特别喜集于有微流水的地方。田螺为杂食性动物，喜夜间摄食，常以泥土中的微生物、腐殖质、水中浮游生物等为食，也喜食人工投喂的饲料，如蔬果、菜叶、米糠、麦麸、豆粉（饼）和各种动物下脚料。它们一般耐寒而畏热，生活适宜温度为20～28℃，水温低于10℃或高于30℃即停止摄食，钻入泥土、草丛里避寒避暑。

3. 繁殖习性

田螺为雌雄异体，异体受精，卵胎生，其胚胎发育和仔螺发育均在母体内完成；每年3—4月份，雌雄螺性腺发育成熟，可开始繁殖，繁殖时间可持续到8—9月份，其中6—7月份是雌螺产仔旺季，繁殖适宜水温为21～25℃。自然界中，雌螺一般分批产仔，1年每只可产3～4批，每批间隔时间25～30天，每只每批产仔螺20～30只；产出后的仔螺在水中营自由生活，生长迅速，1年后可发育成熟。雄螺寿命一般为2～3年，雌螺寿命一般为4～5年。

二、河蚌

河蚌，属软体动物门（Mollusca）、瓣鳃纲（Lamellibranchia）、蚌科（*Unionidae*）；广泛分布于内陆淡水水域中。自然界，河蚌种类较多，大多数能形成珍珠，但能用于育珠生产的只有10余种。目前我国育珠生产上用得较多的河蚌有三角帆蚌、褶纹冠蚌和池蝶蚌，最常用的是三角帆蚌。

1. 形态特征

河蚌外形呈椭圆形或卵圆形，具两片贝壳；两片外套膜外表皮分别紧密贴在贝壳的内表面，与内脏团之间形成外套腔，在外套腔中还有足和鳃。河蚌身体柔软、头部退化、无内骨骼。

（1）贝壳　两片，左右对称，前端钝圆，后端稍尖。贝壳一般由外到内可分为3层，即角质层、棱柱层和珍珠层。贝壳的化学成分主要是碳酸钙和壳质素，其中碳酸钙占比为95%。

（2）外套膜　两片，分别紧贴于左右两侧贝壳的内表面，与内脏团之间形成外套腔，左右两侧外套膜在后端联合形成进水管和出水管，外界水由此进出外套腔。根据外套膜特点，可将其分为中央膜和边缘膜，中央膜薄，呈半透明，具有辅助呼吸的作用以及育珠手术时为植片区；边缘膜厚，结缔组织丰富，其外表皮是制作细胞小片的材料，也可插植珍珠核或小片，育成有核珍珠。

外套膜由外到内通常由3层组成，分别为外表皮、皮层、内表皮。外表皮靠近贝壳，能够分泌珍珠质，是天然珍珠形成的基础；皮层最厚，位于外表皮和内表皮之间，由肌肉与结缔组织交织而成；内表皮靠近内脏团的细胞，常生有纤毛，依靠纤毛摆动获得呼吸、排泄等生理功能需要的水流及食物。

（3）内脏团　主要由消化、循环、神经、生殖、排泄系统组成。

（4）足和肌肉　河蚌足一个，位于内脏团的腹方，斧状、肌肉质，被称为斧足，其主要功能是挖掘泥沙潜埋身体，以及使身体缓慢移行。河蚌肌肉主要有前、后闭壳肌，前、后缩足肌及伸足肌。闭壳肌控制河蚌贝壳开闭，缩足肌与伸足肌与斧足活动相关。

（5）鳃　位于内脏团的两侧，每侧鳃由内鳃瓣和外鳃瓣两片组成。内、外鳃瓣均有许多鳃丝，水流经过鳃丝时进行气体交换，完成呼吸作用，同时还可携带食物，辅助河蚌滤食。繁殖时，雌蚌将成熟的卵排放并粘附在外瓣鳃鳃丝上，遇到含雄蚌精子的水流时便会完成受精作用，形成受精卵。受精卵在外鳃瓣上发育成钩介幼虫，发育成熟的钩介幼虫破膜后随水流经排水管排出到体外，因此，外鳃瓣在此起到了“育儿囊”的作用。

2. 生活习性

河蚌生活于淡水湖泊、池沼、河流等浅水水底，身体埋在泥沙中，营埋栖生活；依靠斧足运动，行动缓慢，活动范围小；身体后端有进、出水管，水可流入流出外套腔，借此完成其摄食、呼吸、

排出粪便和代谢产物、生殖等；主要滤食水中的浮游生物，也可滤食细小的动植物碎屑及小型微生物；生长缓慢，适宜生长水温20～28℃。

3. 繁殖习性

河蚌为雌雄异体，异体受精。河蚌繁殖季节一般在夏季，适宜水温为18～30℃，成熟精子、卵在外瓣鳃的鳃腔内结合，完成受精作用，受精卵在雌蚌鳃腔中发育成钩介幼虫。钩介幼虫发育成熟后随水流离开母体，排出到体外；当其遇到寄主鱼时，就会寄生于鱼体的鳍或鳃上，形成白色包囊，营寄生生活。钩介幼虫在鱼体上发育一定的时间后成为稚蚌，稚蚌可破包囊，离开鱼体，落入水底，营自由独立生活。

不同种类河蚌性成熟的时间不同，三角帆蚌一般需4～5年，褶纹冠蚌一般需3～4年。成熟雌蚌怀卵量为20万～30万粒，繁殖季节，分批多次产卵。5～6龄河蚌繁殖能力最强，宜被选做人工繁殖亲本。河蚌繁殖适宜水温为18～30℃。

第二节　养殖条件与设施

田螺养殖与河蚌育珠在很多方面存在不同之处，例如，田螺养殖水面要求不宜过大，而育珠蚌养殖水面则要求大水面。下面分别介绍田螺养殖与河蚌育珠的生产条件与设施。

一、田螺养殖条件与设施

主要包括选择养殖场地、控制好养殖水质条件及建造养殖池。

1. 养殖场地

田螺养殖场地要选择水源充足，水质良好，富含腐殖质的土壤，交通方便，无污染的地方。

2. 水质条件

水质条件是养殖田螺成败的关键。养殖田螺的水源水应是“肥、活、嫩、爽”，水色呈黄绿色，无污染；养殖池中的水深控制在30cm左右，水体无污染。通过控制换水频次和换水量，调节池内水温和补充池内水体溶解氧量。田螺对水体中的溶解氧含量变化敏感，其正常生活要求养殖水体的溶解氧含量应不低于4.0mg/L，pH值7.0～7.5；田螺生长季节，水温应控制在20～26℃范围内。

3. 建造养殖池

田螺养殖池面积不宜太大。养殖池规格一般为：宽1.5～1.6m，长10～15m，面积15～20m²，池子四周作埂，埂高50cm左右。池底保留厚约10～15cm的淤泥，质地柔软，便于田螺爬行、摄食、栖息等。池子两端分设进水口和出水口，并安装拦网，防止田螺逃逸。同时，养殖池可栽种一些菱白和少量沉水植物，炎热季节可为田螺遮荫，这样不仅可有效提高池塘利用率，而且还为田螺生长创造一个良好的生态环境。

二、河蚌育珠条件与设施

河蚌育珠条件与设施主要从河蚌人工育苗，稚、幼蚌培育，手术操作及育珠蚌养殖4个方面进行考虑。

1. 河蚌人工育苗与稚蚌培育条件与设施

首先，育苗水源要充足，水体无污染，含有一定数量的饵料生物。其次，需要建造育苗池。育苗池面积2.0～4.0m²，深30～50cm，进排水分开，进水最好采用孔流方式，育苗期间能保持微流水，利于水体增氧。再次，需要供钩介幼虫寄生的寄主鱼，常用寄主鱼为体重50～100g的黄颡鱼。最后，河蚌人工育苗和稚蚌培育过程都需要配备增氧设施。

2. 幼蚌培育条件与设施

首先，幼蚌培育需要适宜的养殖水域。水域要求面积在3亩以上，水深1.5～2.5m，幼蚌培育池塘要套养一定数量的鲢、鳙鱼，每3～5亩须配增氧机1台；养殖水域要求水质良好，无污染，水体颜色呈黄绿色，含丰富幼蚌生活需要的饵料生物。其次，幼蚌吊养时，需要小网箱。小网箱规格为40cm×40cm×10cm，框架材料

可以是杉木条或竹片，用网目为 0.8 ~ 2.0 的网片围成，网箱底铺薄膜或防雨布，小网箱固定需要胶绳、泡沫浮筒或可乐瓶。再次，幼蚌培育过程需要配备 1 艘以上小船，便于对养殖水域施肥、投喂和查看幼蚌生长情况。

3. 手术操作要求

要有一支技术精湛的人员组成的相对稳定的队伍。手术队伍中人员分工要精细而明确，这有利于提高工作效率。其次，手术操作需要工具。常用的手术工具分别是：送片针、开口针、钩针、开壳器、切片刀、通道针、有核珠送片针、送核器、木塞、手术架。育有核珍珠时，还需要制备珠核用的切割、打磨工具。再次，手术过程中需要消耗大量的无菌水、配备营养液和消炎用液。

4. 育珠蚌养殖条件与设施

首先，要选择育珠蚌养殖水域。池塘养殖育珠蚌时，其面积一般应在 10 亩以上，水深 1.5 ~ 2.5m，要套养一定数量的鲢、鳙鱼，以调节水质；每 3 ~ 5 亩水面配增氧机 1 台。湖泊、河沟、水库等水域养殖育珠蚌时，要求水深 5m 以内，底部平坦，消落区小，抗洪能力强。水质条件应是：水源充足、水质良好、无污染，符合渔业用水标准，有一定的水流最好；pH 值在中性略偏碱的范围，以 7 ~ 8 为宜；水体中钙离子含量在 10 ~ 15mg/L 以上，且含有一定量的镁、硅、锰、铁离子等营养盐类。水体中含饵料生物丰富，以硅藻、金藻、绿藻、裸藻等浮游植物为主，再加上小型浮游动物和有机碎屑，水色以黄绿色为好，透明度以 30cm 左右为宜，始终保持养殖水体“肥、活、嫩、爽”。

其次，养殖育珠蚌时需要吊养工具。目前常用的有网笼、网夹等。网笼是用竹片盘成直径为 50cm 的圆框或边长为 35cm 的正方形框作底架，再用网线编织而成，其形状可以是圆柱形、圆锥形或棱锥形。网夹由聚乙烯网片固定在 2 根长约 40cm 的竹片上而成。网笼或网夹固定还需要胶绳、泡沫浮筒或可乐瓶。

最后，育珠蚌养殖过程需要配备 1 艘以上小船，便于对养殖水域施肥、投喂育珠蚌和查看育珠蚌生长情况。

第三节　田螺养殖技术

田螺养殖主要包括养殖池消毒与肥水、种螺放养、田螺饲养与管理和田螺捕收与运输。其特点是：利用田螺很强的自然繁殖能力，繁殖出大量仔螺，通过培育仔螺获得较高产量，实现经济创收。

一、养殖池准备

1. 消毒

投放种螺 10 天前，要用生石灰水全池泼洒，消毒养殖池，用量为 100～150kg/亩，以清除野杂鱼虾和其他杂螺。

2. 肥水

消毒 3～4 天后，在养殖池中投施适量发酵后的有机肥料，培育田螺摄食需要的饵料生物。

二、种螺放养

种螺放养时应该考虑种螺来源和选择、放养时间与密度。

1. 种螺来源和选择

种螺来源途径有 2 种，一是从自然水域中捕捞，二是从市场购买。应选择色泽淡褐、壳薄而完整、体圆顶钝的鲜活健康螺为种螺。

2. 放养时间与密度

种螺放养时间一般为每年 3 月下旬。养殖池水深保持 30cm 左右，种放养密度 100～120 个/m^2，同时，套养少量夏花鲢、鳙鱼，以调节水质，套养密度：鲢 2 尾/m^2、鳙 1 尾/m^2。

三、饲养管理

在精养池中，天然饵料往往满足不了田螺的生长需要，必须补充投喂一定量的人工饲料。常用米糠、麦麸、豆粉以 60%、25%、15%

的比例配成田螺人工饲料，也可投喂青菜、动物下脚料，但注意要切碎青菜、动物下脚料，与米糠等饲料拌匀投喂，以便于田螺摄食。

投喂量要根据气候情况和田螺摄食状况确定。天气好，水温20～28℃时，田螺食欲旺盛，可每2天投喂1次，每次投饵量为饲养田螺总重量的2%～3%，天气不好，可少投或不投饵料；天气好，水温在15～20℃、28～30℃时，每周投喂2次，每次投饵量为饲养田螺总重量的1%左右。当温度低于15℃或高于30℃，停止投饵。投饵时间选择每天下午，采用多点投饵，投饵位置要保持适当距离，不必固定。

繁殖季节，要经常检查养殖池内田螺的数量。若发现养殖密度过高，应及时转移种螺，专养仔、幼螺。

冬季，当水温下降到8～9℃时，田螺开始冬眠。冬眠时，田螺用壳顶钻土，只在土面留个圆形小孔，不时冒出气泡呼吸。田螺在越冬期不吃食，但养殖池仍需保持水深10～20cm，每隔3～4天需换水1次，保持水体溶氧，供田螺正常呼吸需要，并向水体撒一些切碎的稻草，以利田螺越冬。

要获得田螺高产，平日要注意加强日常管理。水源要严防受农药、化肥污染，养殖池要防止鸭、蛇、鼠、鸟等敌害生物入侵，要经常换水，保持水位30cm左右，调节水质，确保田螺在养殖池中能健康生长发育。

四、捕收与运输

1. 捕收

田螺捕收适宜时间为每年12月份到次年2月份。经过一年的精心饲养，投放的幼螺生长可达10～20g，当年孵出的仔螺生长也可达到5g以上。收获时，采用干池捕捉田螺，捕大留小、分批上市，田螺上市规格是10g以上的个体，同时，可选部分健壮成螺留做种螺。

2. 运输

田螺的运输简便，可用普通竹篓、木桶等盛装，也可用编织袋包装，运输途中只要保持田螺湿润，防止暴晒即可。

第四节　河蚌育珠技术

河蚌育珠技术主要内容包括亲蚌选择与培育，河蚌人工育苗，稚蚌、幼蚌培育，育珠手术操作，育珠蚌养殖，珍珠的采收。

一、亲蚌选择与培育

选择的亲蚌应为亲缘关系较远、不携带病原体的健壮成熟个体；其年龄4~6龄为宜，贝壳完整，色泽光亮，闭壳能力强，喷水有力。雌蚌个体较雄蚌稍大，外鳃丝较细、排列紧密，数目100~120条，卵巢成熟时呈淡黄色；雄蚌外鳃丝较宽、排列稀疏，数目50~60条，精巢成熟时呈乳白色。河蚌人工繁殖，雌雄比例1∶1为宜。

二、河蚌人工育苗

目前，河蚌的人工授精、人工孵化技术虽未解决，但在生产上已经能够从钩介幼虫的采集开始，大规模培育稚、幼蚌，有效保证了育珠手术蚌的来源。这项技术普及推广，很快被广大农民掌握，使河蚌育珠已经实现了规模化生产。

在繁殖季节，河蚌受精卵在母蚌的外瓣鳃中发育35~50天，成为钩介幼虫。钩介幼虫在母蚌内发育成熟后，长约0.5mm，离开母体，到寄主鱼体的鳍或鳃上营寄生生活，寄生生活时间一般4~9天。钩介幼虫在寄主鱼体上经变态发育后成为稚蚌，一般长约1~2mm。稚蚌从鱼体上脱落，落入水底，营自由生活，这个过程叫脱苗。

1. 鉴别钩介幼虫成熟度

判断钩介幼虫成熟度常用两种方法，即肉眼观察法和显微镜检查法。鉴别工作要在连续几日晴天后进行，否则会影响河蚌繁殖。

（1）肉眼观察　用开壳器撑开河蚌，加塞固定到一定的宽度，

先观察孕育鳃瓣的颜色与丰满度，如发现孕育鳃瓣呈丰满厚实的状态，颜色橙紫，这表明其上的钩介幼虫大多已经成熟或即将成熟。然后，用解剖针穿刺孕育鳃瓣的中段部位，并取出少许钩介幼虫，如用解剖针能挑起一条连丝状，即可视钩介幼虫已成熟。反之，如拉不成连丝，则表明钩介幼虫尚未成熟。

（2）显微镜检查法　用开壳器撑开河蚌，用解剖针将钩介幼虫挑在载玻片上，滴注少许清水，在低倍显微镜或解剖镜下观察，如发现视野中80%以上的钩介幼虫已破膜，两壳张开活动，足丝互相粘连，这说明钩介幼虫已成熟，可以用寄主鱼采苗。

2. 钩介幼虫的采集与发育

钩介幼虫离开母蚌到体外，营寄生生活，需要寄主，寄主鱼合适与否，直接影响钩介幼虫的附着效果和变态率。选择合适的寄主鱼，是钩介幼虫顺利完成变态发育，获得更多稚蚌的关键。钩介幼虫在寄主鱼的鳃或鳍上寄生生活一定的时间后，发育成为稚蚌，稚蚌从寄主鱼体上脱落，落入水底，营自由生活。

3. 寄主鱼选择

目前普遍使用的寄主鱼是黄颡鱼，其原因主要是黄颡鱼具有耐低氧、生活力强、不易死亡、外鳃大，寄生率高，性情温和，操作方便，容易管理等特点。一般选择体重50～100g，体质健壮，鱼体鳍条完整、无病害的黄颡鱼个体作为寄主鱼，每尾寄主鱼体上可寄生钩介幼虫数为100～200个，适量的钩介幼虫对黄颡鱼（寄主）正常生活影响不大。

4. 钩介幼虫的采集与培育

采集河蚌的钩介幼虫，目前常用的方法是微流水采集法。

微流水采集法：在育苗棚内，建造微流水育苗池，育苗池面积2～4m^2，高30～50cm。每平方米育苗池置放雌蚌3～5只，黄颡鱼（寄主鱼）20～30尾；控制育苗池水流，流量不能太大，流速不可过快；采集持续时间2～3天。因为河蚌分批产卵，所以第一次采集工作完成后，应及时将寄生有钩介幼虫的黄颡鱼转移到育苗棚内的浅水池中进行流水培育，放养密度20～30尾/m^2，控制水流，为下一次钩介幼虫采集工作做准备。每天要给黄颡鱼（寄主）投喂饵料，让其正常生长。不同水温，钩介幼虫在鱼体上成熟的时间不同。水温21℃时，钩介幼虫成熟需10～15天；水温25℃时，钩介幼虫成熟需7～9天；水温28℃时，钩介幼虫成熟需5～7天。钩介幼虫成熟后，就会从黄颡鱼（寄主）体上脱落，落入水底，开始营自由生活，成为稚蚌。

三、稚蚌、幼蚌培育

河蚌育珠需要大量优质的手术蚌，其是通过逐步培育稚蚌、幼蚌获得，因此，精心培育出数量充足、品质优良的稚蚌和幼蚌对育珠，十分重要。下面分别介绍稚蚌、幼蚌的常用培育方法。

1. 稚蚌培育

稚蚌一般在微流水育苗池中培育。育苗池面积2～4m^2，深30～50cm，其上有棚遮阴。培育稚蚌最好用内含丰富饵料生物的池塘水；进出育苗池的水量不要太大，水流要缓，形成微流水，保持池内水位10～15cm。育苗池内，稚蚌放养密度为1万～2万只/m^2。在培育初期（前约20天），稚蚌主要滤食池内水体中的浮游生物，如单细胞藻类、轮虫、原生动物等；在培育后期（后约30天），稚蚌除滤食水体浮游生物外，还可滤食加投的适量人工饲料，如花生麸、菜籽麸等。稚蚌经过35～50天培育，生长至体长为2～3cm的个体，成为幼蚌；幼蚌须被转移培育。

2. 幼蚌培育

幼蚌一般采用大水面小网箱培育方法。培育水体面积应在10亩以上，水深1.5～2.5m。稚蚌入箱前3～5天，应先施基肥，培肥水质，使水色呈淡褐色或黄绿色，透明度30～40cm。稚蚌在体长3.0cm前，水质不能过肥，否则稍高的氨、亚硝酸根离子浓度就会抑制其生长。

采用40cm×40cm×10cm小网箱培育幼蚌，网箱底铺薄膜、铺泥，每个网箱放养幼蚌150～200只，每亩水面放养数量要视水域情况而定，一般每亩放养1.5万～2.5万只。网箱吊在水面下30～

40cm 富含饵料生物的水层中。培养幼蚌一定时间后，根据养殖情况，应多次、及时将幼蚌按大小分级；分级培养幼蚌，幼蚌生长整齐，多出合格手术蚌。培育过程中，应根据透明度和水色变化及时追肥，向网箱内投喂豆浆，向水域内投施充分发酵后的有机肥，肥水，有力保证幼蚌正常生活需要的营养。养殖 3 ~ 4 个月，幼蚌可长至 6 ~ 8cm，此蚌去泥暂养 10 ~ 15 天后，可作为育无核珍珠手术蚌；育有核珍珠手术蚌则需要幼蚌长至 14cm 以上。

四、育珠手术操作

育无核珍珠和有核珍珠的手术时间、手术蚌的选择及其操作要点如下。

1. 手术季节

育珠季节一般为 3—5 月份或 9—11 月份，水温 10 ~ 30℃，最适水温为 15 ~ 25℃。水温高，伤口愈合快，珍珠囊形成迅速，但细胞小片成活时间短，育珠蚌脱水快，须加快手术操作和吊养速度，提高细胞小片和育珠蚌的成活率。

2. 手术蚌的选择

（1）切片蚌的选择　选择的切片蚌，蚌体完整无残，健壮无病，闭壳肌有力，腹缘新生边明显，外套膜色白细嫩，蚌长 6 ~ 8cm，蚌龄 2 龄以下。

（2）育珠蚌的选择　育珠蚌是育珠生产的基础，其选择标准为：蚌体完整无残，健壮无病，闭壳肌关闭迅速，喷水有力，腹缘新生边明显；外套膜发达、厚实、无伤；无核珍珠育珠蚌，蚌长 6 ~ 8cm，蚌龄 2 龄以下；有核珍珠育珠蚌，蚌长 14cm 以上，蚌龄 4 ~ 6 龄。

3. 手术操作要点

（1）制备细胞小片　a. 将色线和外套缘肌切除干净。b. 切片应果断、干脆，使切口平滑，制备的无核珍珠小片为长方形，一般 3mm × 4mm；有核珍珠小片为正方形，一般 2mm × 2mm，其边长为核径的 1/5 ~ 1/4。c. 始终保持小片湿润，并不断滴加营养液和消炎液。d. 浸洗玻璃板的水为无菌水，水温与养蚌水域的水温相近。

（2）手术操作：a. 开壳宽度为0.8cm左右，且前端较小，后端可稍大，以不损伤闭壳肌为准。b. 无核珍珠手术操作时，应做到“四个一”，即一次点片、一次钩伤口、一次送片、一次整圆。每边插15～17片，呈“品”字均匀排列。c. 有核珍珠手术操作时，创口刀须锋利，一刀创伤口，伤口大小以刚好通过核为准，伤口深度为核径（长度）的1.5～2.0倍，以核上部的外套膜伤口粘合为准。每边插3～6片，均匀排列。

（3）手术操作注意事项：a. 所有工具都必须严格洗净、消毒，手术室、手术台及手术操作人员须保持干净、整洁，避免带菌操作。b. 手术操作避免阳光直射、吹风和熏烟，提高小片成活率。c. 手术操作要熟练、轻巧，育珠蚌手术接种后及时吊养，提高育珠成活率。

五、育珠蚌养殖

育珠蚌养殖时间以2～4年为宜，其养殖过程应注意以下几点。

1. 选择养殖水域

手术后的育珠蚌，蚌体有创伤，要恢复体质，需要优良的水域环境。10亩以上的大池、湖泊、水库等大水面具有水体活、溶氧足、蚌可滤食的浮游生物多，有害浮游生物少，水体氨氮含量低，水温较稳定等特点，是养殖育珠蚌的最佳水域。

2. 养殖方式与养殖密度

无核珍珠育珠蚌手术后初期，放养于40cm×40cm×10cm网箱中，一般每个网箱放蚌3～5个；当蚌长至12cm以上时，可用网袋吊养，每个网袋放育珠蚌1～2个。有核珍珠育珠蚌手术后初期，需采用笼养法，每笼放蚌3～5个，当蚌长到17cm以上时，可用长网夹吊养，腹缘朝上，避免吐核。养殖密度，视养蚌水域环境而定，一般每亩放养1 000～2 000只。

3. 吊养深度

应把育珠蚌吊养在适宜水温和饵料生物丰富的水层中，春、秋

季一般吊养在水面下20cm左右处，夏、冬季为避免水温过高或过低，应吊养稍深，一般吊养在离水面30～40cm为宜，冬季不能使蚌体结冰。

4. 术后培育

育珠蚌手术后一个月培育须认真仔细，必须预先培育水中的饵料生物，且保持水质清新，创造良好的水域环境，避免水中细菌感染伤口和污物、杂质污染珍珠。勤检查育珠蚌的生长情况，发现死蚌应及时清除。

5. 水质管理

保持养蚌水域微流水，水色为黄绿色，水质为“肥、活、嫩、爽”。如水过肥，应加大流水量；如水过瘦，应加大施肥量。在育珠蚌生长季节，每10～20天泼洒一次生石灰，每次用量为15～20kg/亩，既满足育珠蚌生长和珍珠合成所需的钙质，又起到调节pH值和水域消毒的作用。在7—9月份，可通过加施钙肥的方式，加大水体中钙离子的含量，保证水体中钙离子含量在15mg/L以上。

6. 施肥

施有机肥为主，施用前应充分发酵。有机肥常用有鸭粪、鸡粪、鸟粪、猪粪、牛粪等，以鸭粪为最佳。施肥数量应随水温上升而逐渐加大，其原因是随着水温上升，育珠蚌新陈代谢日益旺盛，摄食量也不断增加，必须加大施肥数量以培育足够的饵料生物，但须避免水质过肥，引起水体老化，影响育珠蚌的生长。在秋末，应适当加大施肥量，并追施一些豆浆，强化培育育珠蚌，并保持水中的肥度，使育珠蚌安全越冬。

六、珍珠的采收与处理

采收珍珠应注意选择适宜的时间、采收方法以及采收的珍珠初处理。

1. 珍珠采收时间

经过夏季珍珠生长的黄金时期和秋季育珠蚌的生理迟延作用

后，沉积的珍珠质地细腻，富有光泽，因此采收季节宜在冬季育珠蚌停止分泌珍珠质后进行，最好在翌年二月采收，但此时气候严酷，一般提倡在秋末冬初采收。

2. 珍珠采收方法

(1) 剖蚌取珠　洗净育珠蚌外壳上的污泥和其他附着物，用小刀切断前后闭壳肌，用手或镊子直接取出珍珠。

(2) 活蚌取珠　此法用于再生珠生产。用木塞把蚌壳撑开，用镊子取出珍珠，再把育珠蚌放回养殖水域中，这样可提高育珠蚌的资源利用率。

3. 珍珠处理

采下的珍珠外表附有体液和污水积淀物，若放置过久，会使珍珠的光泽暗淡，影响质量，因此，必须立即处理刚采的珍珠。

处理方法是：采下的珍珠先用水洗涤干净，后放入饱和盐水中浸洗 5 ~ 10min，捞出后用布揩去珠面土的污物，再用 0.15% ~ 0.2% 十二醇硫酸钠浸泡 12h，最后用绒布或细软的毛巾打光、晾干，便可收藏，以备后续加工所用。

第五节　病害防控技术

病害防控技术好坏是田螺养殖、河蚌育珠成败的关键，其作用特点是：以病害预防为主，预防与治疗相结合，实现阻止病害发生、控制病害发展、传染。

一、病害预防

养殖螺蚌要从以下几方面做好病害预防工作。

1. 水质

选择水源充足、水质良好的养殖场地，避免有污染、带病原或有毒有害物质的水进入养殖水体。

2. 消毒

螺蚌放养前，应对养殖池或养殖水域全面、彻底地杀菌、消

毒，为螺蚌提供无病无害的健康、安全养殖环境。消毒方法：用生石灰消毒，每次用量为100～150kg/亩。

3. 亲螺蚌选择

选用的亲螺、亲蚌应是体质健壮、无病无害的健康性成熟个体，为繁殖出的仔螺、仔蚌拥有抗病能力强，能够健康地生长发育打下良好的遗传基础。

4. 合理放养

放养螺、蚌密度要适宜，若密度过大，会使养殖水体溶解氧含量长时间偏低，严重影响螺、蚌的正常生长发育，甚至会导致大量螺、蚌死亡；养殖水面较大时，应套养一定数量的鲢鱼、鳙鱼，调节水质，以防养殖水体水质恶化。

5. 科学投喂

投放饵料要适量。若饵料量少，会满足不了养殖螺、蚌的营养需要，从而影响它们的生长发育；若多投饵料量，剩下的饵料腐败分解，恶化水质。施肥要适时适量，要多施有机肥，少施或不施无机肥。有机肥在使用前，必须要充分发酵，彻底腐熟。否则可能会把外源病害生物带入养殖水域中。

6. 水质调节

经常注入部分新水，排出部分养殖老水。螺、蚌养殖全过程，要注意经常注入新水，排出老水，以确保养殖水体水质优良，利于螺、蚌生长。每次要控制换水量，不宜换水过大，否则，也会影响螺、蚌的生长发育。

7. 严格管理

管理上要注重螺、蚌养殖的每一个细节，认真做好管理日志。例如，河蚌育珠时，要严格把好手术工艺及消毒关，减少人为污染，手术操作过程中的废水、废渣要与养珠蚌水体严格分开，避免污染养殖水体。

二、螺蚌养殖常见病害与治疗

螺蚌的致病病原体多为细菌类、寄生虫类，鲜见病毒类和真菌类。对螺蚌养殖中的病害，一定要注意观察、及时隔离，做到早发现早治疗。

1. 细菌性烂鳃病

（1）症状　一般鳃色灰暗。镜检时发现，鳃上皮脱落，或呈小块状，或为全部分散的单个细胞。

（2）治疗　流行高峰期为5—7月份。可用漂白粉或五倍子全池泼洒，漂白粉用量为浓度1.0×10^{-6}，五倍子用量为浓度$1.0\sim4.0\times10^{-6}$；严重时，可用浓度为20.0×10^{-6}的高锰酸钾或2.0%的食盐水浸泡螺体、蚌体15min，可有效防止该病发展。

2. 细菌性肠炎

（1）症状　肝色趋淡，停食，随病程发展蚌的晶杆体先变柔软、易断，而后渐至消失。

（2）治疗　流行季节4—10月，可用漂白粉或生石灰水全池泼洒，漂白粉用量为浓度1.0×10^{-6}，生石灰用量为15kg/亩；与此同时，可给病蚌注射1‰~2‰的盐酸四环素。严重时，可用3%食盐水浸泡蚌体5min，能有效控制该病发展。

3. 蚌瘟病

（1）症状　蚌体内大量黏液排出体外，出水管喷水无力，排泄减少，两壳微开；斧足、外套膜发炎；死亡率可达60%。

（2）治疗　在流行季节5—8月，可用0.1%~0.2%四环素对病蚌注射，每只蚌注射（斧足）1~2mL，隔日注射一次，注射后置于5.0×10^{-6}的土霉素溶液中浸泡30min，两次即可见效。

4. 轮虫病

（1）症状　表现为黏液多泡沫或粘染污泥。低倍镜下可检出寄生虫。

（2）治疗　用敌百虫杀虫一次即可，用量浓度为$1.0\sim2.0\times10^{-6}$。

5. 车轮虫病

（1）症状　螺体、蚌体表现为黏液清淡透明，在低倍镜下，可检出虫体。

（2）治疗　用敌百虫杀虫一次即可，用量为 $1.0 \sim 2.0 \times 10^{-6}$ 浓度。

第六节　生产管理

日常生产管理主要包括养殖水质管理、投喂饲养管理、养殖投入品管理、日常管理等方面的工作。

一、养殖水质管理

螺、蚌只有当养殖水体适宜时，才能正常生活，健康生长发育，因此管理好养殖水体是养殖螺、蚌成败的关键。适合养殖螺、蚌的水域特点是：微流水，水色呈黄绿色，水质为“肥、活、嫩、爽”。在实际生产中，要想使养殖水体成为螺、蚌生活适宜的水域，必须加强养殖水体的管理工作。养殖水体的管理工作包括控制好水源水质、养殖水体水质调节两个方面。

1. 控制好水源水质

要经常监测水源的水质状况，若发现水源水质恶化，应立即停止该水源供水，换新的水质条件良好的水源供水。

2. 养殖水体水质调节

导致养殖水体水质恶化的因素很多，因此，调节其水质时，应该综合考虑。调节养殖水体水质，一般采取的措施有换水、减少投饵量和施肥量、泼洒生石灰水、泼洒水质改良剂等。换水时要注意只换掉部分老水，注入部分新水，换水量控制在养殖水体总量的1/10～1/5，不能多换，否则会影响养殖螺、蚌的正常生活；减少投饵量和施肥量，可以控制养殖水体中有害微生物的营养源，从而限制有害微生物的发展；泼洒生石灰水，可以使养殖水体 pH 值增大，从而直接或间接杀死部分有害微生物，还可有效抑制有害微生物的发展；泼洒水质改良剂可有效增加养殖水体的有益微生物，有益微生物通过竞争，有效有害微生物的发展，从而达到改良水质的作用。

二、投喂饲养管理

为了提高饵料的利用率，降低饵料系数，必须坚持“四定”原则。

定时：天气正常，每天投喂时间相对固定，一般以下午 4 时以后投喂。因为螺、蚌类具有避光性，喜阴湿，晚上摄食较多。

定量：投喂饵料量一定要根据养殖螺、蚌的不同生长期，做到均匀适量，避免一顿多一顿少的现象发生。这样对降低饵料系数，减少螺、蚌病和促进正常生长具有良好的效果。

定质：投喂的饵料必须做到新鲜、适口、营养价值高，不投喂腐败、霉变、质量不合格的饵料，以免污染水质，导致养殖螺、蚌发病，降低螺、蚌类产品质量，并且要根据螺、蚌的不同生长阶段及摄食习性上的差异，投喂不同的饵料。

定位：投喂的饵料位置相对固定，不可堆积在一起，分布应均匀。螺类饵料以投喂在池塘四周为佳。

养殖田螺时，除坚持“四定”原则外，决定当天投饵量，还需了解当天螺的摄食情况、天气变化情况、水温高低情况、溶解氧含量波动情况以及养殖水体 pH 值的变化等。一般每次饵料投入螺池后，如第二天早上被吃光，则应增加投喂量；如果长时间没吃完，则应减少投喂量。天气晴朗，可以适当增加投喂量，阴雨天气应该少投或不投，水色淡时可增加投喂量，水色浓则减少投喂量，并及时调整池塘水质。

另外，育珠蚌养殖时，要根据实际情况，适当调整蚌在水体中吊养的深度。

三、投入品管理

养殖投入品主要包括饲（饵）料、肥料、药品、水（底）质改良剂等。投喂的饵料应保持鲜度，不能腐败变质；投喂的人工饲料要放在通风性好、干燥的环境中储存，保证其质量合格；饲（饵）料的投喂量要根据气候、生长、摄食等具体情况适时调整，

避免少投或多投。

向养殖水体施肥时，应多用有机肥料，少用或不用无机肥料。有机肥料使用前一定要经过充分发酵。

防治疾病使用的药物必须是正规合格产品，禁止使用违禁药品。使用药物时，要对症下药，准确计算，适量用药，不能乱用、多用，避免危害养殖螺、蚌和污染环境。

使用水质、底质改良剂、免疫增强剂时，应该注意适时使用，用量适宜，不能乱用、多用。

四、日常管理

养殖人员，要明确分工，建立岗位责任制，每天巡视养殖池或养殖水域2次以上；发现螺、蚌摄食或生长异常时，应及时处理、汇报；发现死螺、死蚌应及时清除并作无害化处理；流水养殖螺、蚌时，还应多次查看养殖池内的水流量、水位和水温；坚持做好日志，每天详细记录水质、投饵、施肥、发病、用药以及螺蚌活动情况。

参考文献

曹克驹，等. 2010. 名优水产动物养殖学［M］. 北京：中国农业出版社.

付佩胜，等. 2009. 淡水优良新品种健康养殖大全［M］. 北京：海洋出版社.

何志刚，等. 2013. 鳜鱼生态养殖［M］. 长沙：湖南科技出版社.

黄爱平，等. 2010. 鳜鱼健康养殖技术［M］. 北京：化学工业出版社.

黄权，王艳国. 2005 经济蛙类养殖技术［M］. 北京：中国农业出版社. 金宏. 2009. 黄鳝泥鳅高产养殖新技术［M］. 长沙：湖南科学技术出版社.

李传武，等. 2012. 1. 龟鳖安全生产指南［M］. 北京：中国农业出版社.

李家乐，等. 2014. 淡水珍珠高效生态养殖新技术［M］. 北京：海洋出版社.

李应森，王武. 2011. 河蟹高效生态养殖问答与图解［M］. 北京：海洋出版社.

钱银龙. 2014. 全国水产养殖主推技术［M］. 北京：海洋出版社.

司亚东，等. 2007. 黄鳝养殖技术［M］. 北京：金盾出版社.

王冬武，等. 2013. 8. 黄鳝生态养殖［M］. 长沙：湖南科学技术出版社.

王冬武，等. 2013 鳖生态养殖［M］. 长沙：湖南科学技术出版社.

王凤，白秀娟. 2010. 食用蛙类的人工养殖和繁育技术［M］. 北京：科学技术文献出版社.

伍远安，等．2015. 6. 大鲵生态养殖［M］．长沙：湖南科学技术出版社．

杨德国，等．2012. 鲟鱼高效生态养殖新技术［M］．北京：海洋出版社．

叶雄平，郑卫东．2013. 黄鳝养殖技术一本通［M］．郑州：河南科学技术出版社．

周刚，周军．2014. 河蟹高效生态养殖新技术［M］．北京：海洋出版社．